高等学校土建类专业系列教材

中国矿业大学教材建设专项资金资助出版

钢筋混凝土结构设计实践指导

李庆涛　舒前进　卢丽敏　主　编

袁广林　李维松　夏浩然　副主编

化学工业出版社

·北京·

内容简介

《钢筋混凝土结构设计实践指导》主要介绍钢筋混凝土结构的设计实例。本书选取学生在进行钢筋混凝土结构设计实践学习过程中的设计实例，以在实践课程中需要用到的钢筋混凝土结构设计相关专业知识、原理、方法以及规范为依据，介绍了钢筋混凝土单层厂房结构、多层框架结构和高层建筑结构设计的基本步骤，并深入浅出地介绍了典型的钢筋混凝土结构设计计算实例。

本书通过对钢筋混凝土结构设计计算过程简单易懂的介绍，帮助学生根据已学的理论知识进行设计实践应用，加深学生对课程基础理论和基本知识的理解，提高学生的知识应用能力。

本书可作为高等学校本科、高职高专土木工程、建筑工程、工程管理、工程造价等专业师生的教学用书，也可供工程技术人员参考使用。

图书在版编目（CIP）数据

钢筋混凝土结构设计实践指导/李庆涛，舒前进，卢丽敏主编．—北京：化学工业出版社，2023.9
ISBN 978-7-122-43721-1

Ⅰ.①钢…　Ⅱ.①李…②舒…③卢…　Ⅲ.①钢筋混凝土结构-结构设计　Ⅳ.①TU375.04

中国国家版本馆 CIP 数据核字（2023）第 116816 号

责任编辑：陶艳玲　　　　　　　　　　文字编辑：罗　锦　师明远
责任校对：李雨晴　　　　　　　　　　装帧设计：张　辉

出版发行：化学工业出版社（北京市东城区青年湖南街 13 号　邮政编码 100011）
印　　装：北京科印技术咨询服务有限公司数码印刷分部
787mm×1092mm　1/16　印张 14¾　字数 360 千字　2023 年 10 月北京第 1 版第 1 次印刷

购书咨询：010-64518888　　　　　　售后服务：010-64518899
网　　址：http://www.cip.com.cn
凡购买本书，如有缺损质量问题，本社销售中心负责调换。

定　　价：79.00 元　　　　　　　　　　　　　　　　版权所有　违者必究

前言

钢筋混凝土结构具有材料来源广、整体性强、耐久性好和可模性好等优点，是目前在中国应用最多的一种结构形式之一。党的二十大指出，中国已建成世界最大的高速铁路网、高速公路网，机场港口、水利、能源、信息等基础设施建设取得重大成就。中国目前也是世界上使用钢筋混凝土结构最多的国家之一。"钢筋混凝土结构设计"是土木工程专业的核心课程之一，《钢筋混凝土结构设计实践指导》是与"混凝土结构设计原理""钢筋混凝土结构设计"等理论课程相关的实践课程指导书。钢筋混凝土结构设计实践是学生学习完相关理论课程后进行的一次全面综合练习，与之相关的实践教学内容有钢筋混凝土单层厂房结构课程设计、建筑结构综合课程设计、毕业设计等课程，是土木工程专业建筑工程方向重要的教学组成部分。

本书主要以需要完成钢筋混凝土结构课程设计实践的学生为对象，介绍学生在进行钢筋混凝土结构设计实践练习的过程中需要完成的基本任务。通过钢筋混凝土结构设计范例指导学生根据已学习的理论知识进行设计，能够加深学生对课程基础理论和基本知识的理解，提高学生的知识应用能力。本书希望能够帮助学生正确运用土木工程相关专业知识、原理、方法，以及查找相关规范，完成对常见的钢筋混凝土单层厂房结构、多层框架结构和高层建筑结构的设计练习，为后续理论课程的学习、课程设计及毕业设计奠定基础。

为了培养学生理论联系实际和解决实际工程问题的能力，编者结合多年来的教学和实践经验编写了此书。全书共分四章，分别介绍了钢筋混凝土结构设计的基本内容、钢筋混凝土单层厂房结构设计实例、钢筋混凝土多层框架结构设计实例和钢筋混凝土框架-剪力墙结构设计实例。在每个设计实例中，主要包括结构平面布置、构件截面尺寸选择、荷载统计、框架内力计算、荷载效应组合、侧移验算、抗震设计以及构件设计等内容。在编写的过程中，本书密切结合现行设计规范，力求简洁、易懂。

本书的编写参考了国家最新的钢筋混凝土结构设计相关规范和标准，包括《混凝土结构设计规范（2015年版）》（GB 50010—2010）、《建筑结构可靠性设计统一标准》（GB 50068—2018）、《建筑地基基础设计规范》（GB 50007—2011）、《建筑抗震设计规范（2016年版）》（GB 50011—2010）、《装配式混凝土建筑技术标准》（GB/T 51231—2016）、《混凝土结构通用规范》（GB 55008—2021）、《工程结构通用规范》（GB 55001—2021）、《建筑与市政工程抗震通用规范》（GB 55002—2021）、《建筑与市政地基基础通用规范》（GB 55003—2021）等。

本书由李庆涛、舒前进、卢丽敏、袁广林、李维松、夏浩然等共同编写，中国矿业大学的研究生刘普、屈路阳、朱明权、李华轩等绘制了本书的插图，在此表示感谢。本书的出版得到了中国矿业大学教材建设专项资金资助，在此表示感谢。

由于编者水平和时间有限，疏漏之处在所难免，敬请读者和专家批评指正，以便再版之时进行补充和完善。

编者

2023 年 5 月

目录

第4章 钢筋混凝土框架-剪力墙结构设计实例　　123

第1章
钢筋混凝土结构设计的基本内容

1.1　钢筋混凝土结构设计实践教学目标和主要依据

1.1.1　钢筋混凝土结构设计实践的教学目标

"钢筋混凝土结构课程设计"课程是土木工程专业本科实践教学内容的一个重要环节，其先修课程是"理论力学""材料力学""结构力学""混凝土结构设计原理""土力学与基础工程""钢筋混凝土结构设计"等。该课程内容主要包括钢筋混凝土单层工业厂房结构设计、钢筋混凝土多层框架结构设计和钢筋混凝土高层建筑结构设计。通过该实践课程的学习，能够使学生掌握常见的钢筋混凝土结构的基本设计理论和实用设计方法，具备根据建筑工程项目的特点、性质、功能和业主的要求正确、合理地进行结构设计的基本能力。

在钢筋混凝土结构设计实践课程中，学生能通过综合运用所学知识，加深对所学理论课程的理解；独立自主地完成该课程设计，把理论知识运用于实际工程设计，培养工程设计意识，进一步掌握钢筋混凝土结构单层工业厂房结构设计、多层框架结构设计、高层建筑结构设计的有关理论和技术；理解并遵守有关钢筋混凝土结构的设计规范，对钢筋混凝土结构设计的全过程有一个基本的了解。同时学生还能得到一次分析和解决工程技术问题能力的基本训练，巩固学习内容，检验学习效果，进一步提高计算和绘图能力，培养独立解决工程技术问题的能力，并为今后的工作打下坚实的基础，同时培养工程责任意识、顽强拼搏精神和持续发展创新能力。

1.1.2　钢筋混凝土结构设计的主要依据

钢筋混凝土结构是目前土木工程中应用最广泛的结构。为了达到安全、适用和经济的目的，保证钢筋混凝土结构设计的质量，我国制定了相关的规范和标准，提出了对钢筋混凝土结构设计的基本要求。

我国现行的与钢筋混凝土结构设计相关的规范和标准主要包括：《混凝土结构通用规范》（GB 55008—2021）、《工程结构通用规范》（GB 55001—2021）、《建筑与市政地基基础通用规范》（GB 55003—2021）、《混凝土结构设计规范（2015 年版）》（GB 50010—2010）、《建筑结构可靠性设计统一标准》（GB 50068—2018）、《建筑结构荷载规范》（GB 50009—

2012)、《建筑抗震设计规范（2016年版）》（GB 50011—2010)、《建筑地基基础设计规范》（GB 50007—2011)、《高层建筑混凝土结构技术规程》（JGJ 3—2010)、《房屋建筑制图统一标准》（GB/T 50001—2017)、《建筑结构制图标准》（GB/T 50105—2010)、《建筑制图标准》（GB/T 50104—2010)、《建筑结构静力计算实用手册》、《混凝土结构施工图平面整体表示方法制图规则和构造详图》及其他相关的标准、规范和手册、图集。

1.2　钢筋混凝土结构设计的基本流程

1.2.1　钢筋混凝土结构设计的阶段

钢筋混凝土结构设计是钢筋混凝土工程设计的重要组成部分，一般分为三个阶段，即初步设计阶段、技术设计阶段和施工图设计阶段。

初步设计阶段的主要内容是：对地基、上下部结构等提出设计方案，并进行技术经济比较，从而确定一个可行的结构方案；同时对结构设计的关键问题提出技术措施。

技术设计阶段的主要内容是：进行结构平面布置和结构竖向布置；对结构整体进行荷载效应分析，必要时应对结构中受力情况特殊的部分进行更详细的结构分析；确定主要的构造措施及重要部位和薄弱部位的技术措施。

施工图设计阶段的主要内容是：给出准确完整的各楼层的结构平面布置图；对结构构件及构件的连接进行设计计算，并给出配筋和构造图；给出结构施工说明并以施工图的形式提交最终设计图纸；将整个设计过程中的各项技术工作整理成设计计算书存档。

钢筋混凝结构设计的主要阶段及其内容如图1-1所示。

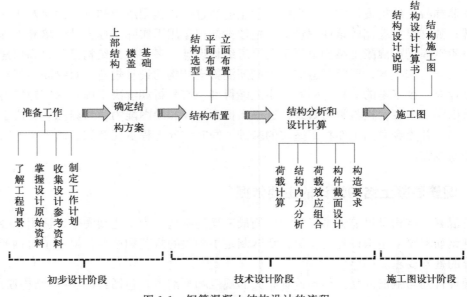

图 1-1　钢筋混凝土结构设计的流程

1.2.2　钢筋混凝土结构设计的内容

1.2.2.1　钢筋混凝土结构方案设计

在整个钢筋混凝土结构方案设计流程中，主要的内容包括结构选型、结构布置和主要构件的截面尺寸估算。无论是钢筋混凝土单层厂房结构，还是钢筋混凝土多层框架结构，或是钢筋混凝土高层结构，基本上都是按此流程进行设计。

（1）结构选型

结构选型包括上部结构选型和基础选型，主要依据建筑物的功能要求、场地的工程地质条件、现场施工条件、工期要求和当地的环境要求，经过多方案比较和技术经济分析后加以确定。方案的选择应体现科学性、先进性、经济性和可实施性。科学性要求结构受力合理；先进性要求采用新技术、新材料、新结构和新工艺；经济性要求尽可能降低材料的消耗量和劳动力使用量以及建筑物的维护费用；可实施性要求方便施工。

（2）结构布置

结构布置包括结构的平面柱网布置、立面布置、构件布置和变形缝设置。

在柱网布置中，定位轴线用来确定所有结构构件的水平位置，一般有横向定位轴线和纵向定位轴线，当建筑平面形状复杂时还应采用斜向定位轴线。

构件布置就是确定构件的平面位置和竖向位置。平面位置由与构件定位轴线的关系加以确定，竖向位置由标高确定。在建筑物中存在两种标高：建筑标高和结构标高。建筑标高指包含粉刷层、装饰层在内，完成装修以后的标高；结构标高指不包括构件表面粉刷层、装饰层在内的标高，结构标高等于建筑标高扣除粉刷装饰层的厚度。

变形缝包括伸缩缝、沉降缝和防震缝。变形缝的设置要求由相应的结构设计规范规定。由于变形缝的设置会给建筑平面、立面处理以及建筑使用带来不少的麻烦，特别是地下室，在设变形缝后经常出现渗水等问题，所以应尽量通过平面布置、结构构造和施工措施做到不设缝或少设缝。

（3）构件截面尺寸估算

为了进行结构分析，需要确定构件的截面尺寸。构件截面尺寸一般根据变形条件和稳定条件，利用经验公式初步确定。截面设计时，若尺寸不满足，则再作调整。梁、板等水平构件可根据挠度的限值和整体稳定条件得到截面高度和跨度的近似关系，柱、剪力墙等竖向构件的截面尺寸可根据结构的水平侧移限制条件估算。

1.2.2.2　结构分析

结构分析是计算结构在各种作用下的效应，它是结构设计的重要内容。结构分析的正确与否直接关系到所设计结构能否满足安全性、适用性和耐久性等结构功能要求。

1.2.2.3　构件设计

构件设计包括截面设计和节点设计两个部分。对于混凝土结构，截面设计有时也称为配筋计算，因为截面尺寸在方案设计阶段已初步确定，构件设计阶段所做的工作是确定钢筋的类型、位置和数量。节点设计也称为连接设计。

构件设计有两项工作内容：计算和构造。构件设计中一部分内容是根据计算确定的，而另一部分内容是根据构造确定的。一个合理的设计，一方面在于计算的正确，另一方面在于构造的正确，所以说构造是计算的重要补充，两者同等重要，各设计规范中也对构造都有明确的规定。构造的内容非常广泛，在方案设计阶段和构件设计阶段均涉及构造，所以结构设计人员切忌重计算轻构造。需要进行构造处理的情况大致分为以下几大类：

① 在确定计算简图时，作为计算假定的保证，如保证钢筋与混凝土之间的连接必须有足够的锚固长度等；

② 在计算内力或者配筋时，作为计算中忽略某个因素或某项内容的补充，如板中设置分布筋是对忽略温度因素的弥补；

③ 在结构尺寸的估算时，需要满足强度、刚度、经济等方面的要求；

④ 在配筋图中，对钢筋的直径、间距及钢筋的锚固等提出了具体要求。

1.2.2.4 施工图绘制

施工图是工程师的语言，工程师的设计意图要通过图纸来表达。图面的表达应该做到正确、规范、简明和美观。国家建筑标准设计图集《混凝土结构施工图平面整体表示方法制图规则和构造详图》（22G101—1、22G101—2、22G101—3）是目前混凝土结构施工图通用的表达规范。

1.2.3 钢筋混凝土结构设计的一般原则

钢筋混凝土结构设计的一般原则是安全、适用、耐久和经济合理。其中安全性、适用性和耐久性是建筑结构应满足的功能要求。

结构的安全性，是指结构在正常设计、正常施工、正常使用条件下，能够承受可能出现的各种作用的能力，即具有足够的承载力。结构的适用性，是指结构在正常使用条件下具有良好的工作性能，能满足预定的使用功能要求，其变形、挠度、裂缝及振动等不超过规范规定的相应限值的能力。结构的耐久性，是指结构在预定工作环境、预期维护和使用条件下，结构及其构件能在预定的期限内维持其需要的最低性能要求的能力。

结构设计应考虑功能要求与经济性之间的均衡，在保证结构可靠的前提下，设计出经济的、技术先进的、施工方便的结构。

1.3 钢筋混凝土结构设计的基本规定

1.3.1 钢筋混凝土结构设计的一般规定

《混凝土结构设计规范（2015年版）》（GB 50010—2010）、《混凝土结构通用规范》（GB 55008—2021）、《工程结构通用规范》（GB 55001—2021）等从结构设计方法、作用的计算原则、结构设计工作年限、结构构件的安全等级、施工水平的考虑等方面对混凝土结构设计进行了如下规定。

1.3.1.1 钢筋混凝土结构的设计方法

钢筋混凝土结构设计采用以概率理论为基础的极限状态设计方法，以可靠指标度量结构构件的可靠度，采用分项系数的设计表达式进行设计。钢筋混凝土结构的极限状态应包括承载能力极限状态、正常使用极限状态和耐久性极限状态。

① 当结构或结构构件出现下列状态之一时，应认定为超过了承载能力极限状态：

a. 结构构件或连接因超过材料强度而破坏，或因过度变形而不适于继续承载；

b. 整个结构或其一部分作为刚体失去平衡；

c. 结构转变为机动体系；

d. 结构或构件丧失稳定；

e. 结构因局部破坏而发生连续倒塌；

f. 地基丧失承载力而破坏；

g. 结构或结构构件的疲劳破坏。

② 当结构或结构构件出现下列状态之一时，应认定为超过了正常使用极限状态：

a. 影响正常使用或外观的变形；

b. 影响正常使用的局部损坏；

c. 影响正常使用的振动；

d. 影响正常使用的其他特定状态。

③ 当结构或结构构件出现下列状态之一时，应认定为超过了耐久性极限状态：

a. 影响承载能力和正常使用的材料性能劣化；

b. 影响耐久性能的裂缝、变形、缺口、外观、材料削弱等；

c. 影响耐久性能的其他特定状态。

对结构的各种极限状态，均应规定明确的标志或限值。结构设计时应对结构的不同极限状态分别进行计算或验算；当某一极限状态的计算或验算起控制作用时，可仅对该极限状态进行计算或验算。

当采用结构上的作用效应和结构的抗力作为综合基本变量时，结构按极限状态设计应符合下列规定：

$$R-S\geqslant0 \tag{1-1}$$

式中　R——结构的抗力；

　　　S——结构上的作用效应。

1.3.1.2　结构上的作用及其计算原则

使结构产生内力和变形的原因称为作用，分为直接作用、间接作用和偶然作用。直接作用即荷载；温度变化、混凝土收缩与徐变、基础的差异沉降、地震等引起结构外加变形或约束称为间接作用；偶然作用主要是指爆炸、撞击、火灾等。

结构上的各种作用，当在时间和空间上可认为是相互独立时，则每一种作用可分别作为单个作用；当某些作用密切相关且有可能同时以最大值出现时，也可将这些作用一起作为单个作用。同时施加在结构上的各单个作用对结构的共同影响，应通过作用组合来考虑；对不可能同时出现的各种作用，不应考虑其组合。

结构上的直接作用（荷载）应根据《建筑结构荷载规范》（GB 50009—2012）、《工程结构通用规范》（GB 55001—2021）及相关标准确定，地震作用应根据《建筑抗震设计规范(2016 年版)》（GB 50011—2010）、《建筑市政工程抗震通用规范》（GB 50002—2021）确定，间接作用和偶然作用应根据有关标准或具体条件确定。

直接承受吊车荷载的结构构件应考虑吊车荷载的动力系数。预制构件制作、运输及安装时，应考虑相应的动力系数。对现浇结构，必要时应考虑施工阶段的荷载。

1.3.1.3　设计工作年限和耐久性

房屋建筑结构的设计基准期应为 50 年，在结构设计时，应根据工程的使用功能、建造和使用维护成本及环境影响等因素规定设计工作年限。房屋建筑的结构设计工作年限，应符合表 1-1 的规定 [参考《工程结构通用规范》（GB 55001—2021）表 2.2.2-1]。

表 1-1　房屋建筑的结构设计工作年限

类别	设计工作年限/年
临时性建筑结构	5
普通房屋和构筑物	50
特别重要的建筑结构	100

设计工作年限是指设计规定的结构或结构构件不需要进行大修即可按其预定目的使用的时间，应根据建筑物的用途和环境的侵蚀性确定。各类建筑结构的设计工作年限应按照《工程结构通用规范》（GB 55001—2021）的规定取用。

需注意的是，结构的设计工作年限虽与其使用寿命有联系，但不等同于使用寿命。超过设计工作年限的结构并不意味着其已损坏而不能使用，只能说明其完成预定功能的能力越来越差了。

建筑结构设计时应对环境影响进行评估，当结构所处的环境对其耐久性有较大影响时，应根据不同的环境类别采用相应的结构材料、设计构造、防护措施、施工质量要求等，并制定结构在使用期间的定期检修和维护制度，使结构在设计工作年限内不因材料的劣化而影响其安全或正常使用。环境对结构耐久性的影响，可通过工程经验、试验研究、计算、检验或综合分析等方法进行评估。

结构的耐久性极限状态设计，应使结构构件出现耐久性极限状态标志或限值的年限不小于其设计工作年限。结构构件的耐久性极限状态设计，应包括保证构件质量的预防性处理措施、减小侵蚀作用的局部环境改善措施、延缓构件出现损伤的表面防护措施和延缓材料性能劣化速度的保护措施。应根据结构构件及其连接所处的环境及材料的特点确定其耐久性极限状态的标志和限值。对于钢筋混凝土结构的配筋和金属连接件，宜以出现下列状况之一作为达到耐久性极限状态的标志或限值：

① 混凝土构件表面出现锈蚀裂缝；

② 构件的金属连接件出现锈蚀；

③ 预应力钢筋和直径较细的受力主筋具备锈蚀条件；

④ 阴极或阳极保护措施失去作用。

建筑结构的耐久性可采用经验的方法、半定量的方法及定量控制耐久性失效概率的方法进行设计。对缺乏侵蚀作用或作用效应统计规律的结构或结构构件，宜采用经验的耐久性极限状态设计方法；具有一定侵蚀作用和作用效应统计规律的结构构件，可采取半定量的耐久性极限状态设计方法；具有相对完善的侵蚀作用和作用效应统计规律的结构构件且具有快速检验方法予以验证，可采取定量的耐久性极限状态设计方法。

1.3.1.4　安全等级和可靠度

建筑结构设计时，应根据结构破坏可能产生的后果的严重性，即根据危及人的生命、造成经济损失、对社会或环境产生影响等的严重性，采用不同的安全等级。结构安全等级的划分应符合表 1-2 的规定。

表 1-2　建筑结构的安全等级的划分

安全等级	破坏后果	安全等级	破坏后果	安全等级	破坏后果
一级	很严重	二级	严重	三级	不严重

钢筋混凝土结构中各类结构构件的安全等级，宜与整个结构的安全等级相同。对于结构中部分结构构件的安全等级可进行调整，但不得低于三级。

除上述规定外，混凝土结构设计还应考虑施工技术水平及实际工程条件的可行性。有特殊要求的混凝土结构，应提出相应的施工要求。

可靠度水平的设置应根据结构构件的安全等级、失效模式和经济因素等确定。对结构的安全性、适用性和耐久性可采用不同的可靠度水平。当有充分的统计数据时，结构构件的可靠度宜采用可靠指标 β 度量，结构构件设计时采用的可靠指标，可根据对现有结构构件的可靠度分析，并结合使用经验和经济因素等确定。各类结构构件的安全等级每相差一级，其可靠指标的取值宜相差 0.5。

结构构件持久设计状况承载能力极限状态设计的可靠指标，根据《建筑结构可靠性设计统一标准》（GB 50068—2018）规定，不应小于表 1-3 的规定。结构构件持久设计状况正常使用极限状态设计的可靠指标，宜根据其可逆程度取 0~1.5。结构构件持久设计状况耐久性极限状态设计的可靠指标，宜根据其可逆程度取 1.0~2.0。

表 1-3　结构构件的可靠指标 β

破坏类型	安全等级		
	一级	二级	三级
延性破坏	3.7	3.2	2.7
脆性破坏	4.2	3.7	3.2

1.3.2　钢筋混凝土结构方案的设计要求

结构方案的确定主要是指配合建筑设计的功能和造型要求，综合所选结构材料的特性，从结构受力、安全、经济及地基基础和抗震等条件出发，综合确定出合理的结构形式。它是结构设计中最重要的一项工作，是结构设计成败的关键。对钢筋混凝土建筑结构而言，结构方案的确定主要包括：确定上部主要承重结构、楼（屋）盖结构和基础的形式、变形缝的设计、结构构件的布置及连接等。

1.3.2.1　钢筋混凝土结构方案设计要求

① 选用合理的结构体系、构件形式和布置方式。
② 结构的平、立面布置宜规则，各部分的质量和刚度宜均匀、连续。
③ 结构传力途径应简洁、明确，竖向构件宜连续贯通、对齐。
④ 宜采用超静定结构，重要构件和关键传力部位应增加冗余约束或有多条传力途径。
⑤ 宜减小偶然作用的影响范围，避免发生局部破坏引起的结构连续倒塌。

1.3.2.2　钢筋混凝土结构中变形缝的设计要求

变形缝包括伸缩缝、沉降缝、防震缝等。设置变形缝应符合下列要求：
① 应根据结构受力特点及建筑尺度、形状、使用功能要求，合理确定变形缝的位置和构造形式；
② 宜控制变形缝的数量，并应采取有效措施减小变形缝对结构使用功能的不利影响；
③ 可根据需要设置施工阶段的临时性变形缝。

1.3.2.3　钢筋混凝土结构构件连接的设计要求

结构构件的可靠连接是保证有效传力并使结构形成整体的关键。结构构件的连接应符合下列原则：

① 连接部位的承载力应保证被连接构件之间的传力性能；

② 当混凝土构件与其他材料构件连接时，应采取可靠的连接措施；

③ 应考虑构件变形对连接节点及相邻结构或构件造成的影响。

1.3.3　钢筋混凝土结构的分析要求

结构分析可采用计算、模型试验或原型试验等方法进行。结构分析的精度，应能满足结构设计要求，必要时宜进行试验验证。在结构分析中，宜考虑环境对材料、构件和结构性能的影响。

结构分析采用的基本假定和计算模型应能合理描述所考虑的极限状态下的结构反应。根据结构的具体情况，可采用一维、二维或三维的计算模型进行结构分析。结构分析所采用的各种简化或近似假定，应具有理论或试验依据，或经工程验证可行。

当结构承受自由作用时，应根据每一自由作用可能出现的空间位置、大小和方向，分析确定对结构最不利的荷载布置。

结构分析应根据结构类型、材料性能和受力特点等因素，采用线性、非线性或试验分析方法。当结构性能始终处于弹性状态时，可采用弹性理论进行结构分析，否则宜采用弹塑性理论进行结构分析；当结构在达到极限状态前能够产生足够的塑性变形，且所承受的不是多次重复的作用时，可采用塑性理论进行结构分析；当结构的承载力由脆性破坏或稳定控制时，不应采用塑性理论进行分析。

对没有适当分析模型的特殊情况，可通过试验辅助设计进行结构分析。

结构构件极限状态设计表达式中所包含的各种分项系数，宜根据有关基本变量的概率分布类型和统计参数及规定的可靠指标，通过计算分析，并结合工程经验，经优化确定；当缺乏统计数据时，可根据传统的或经验的设计方法，由设计人员根据有关标准确定各种分项系数。

1.3.3.1　按承载能力极限状态设计

结构或结构构件按承载能力极限状态设计时，应考虑下列状态：

① 结构或结构构件的破坏或过度变形，此时结构的材料强度起控制作用；

② 整个结构或其一部分作为刚体失去静力平衡，此时结构材料或地基的强度不起控制作用；

③ 地基破坏或过度变形，此时岩土的强度起控制作用；

④ 结构或结构构件疲劳破坏，此时结构的材料疲劳强度起控制作用。

结构或结构构件按承载能力极限状态设计时，应符合下列规定：

① 结构或结构构件的破坏或过度变形的承载能力极限状态设计，应符合下式规定：

$$\gamma_0 S_d \leqslant R_d \tag{1-2}$$

式中　γ_0——结构的重要性系数，其值按表 1-4 中的数值采用；

R_d——结构或结构构件的抗力设计值；

S_d——作用组合的效应设计值。

表 1-4　结构重要性系数

结构重要性系数	对持久设计状况和短暂设计状况			对偶然设计状况和地震设计状况
	安全等级			
	一级	二级	三级	
γ_0	1.1	1.0	0.9	1.0

② 承载能力极限状态设计表达式中的作用组合，应符合下列规定：

a. 作用组合应为可能同时出现的作用的组合；

b. 每个作用组合中应包括一个主导可变作用或一个偶然作用或一个地震作用；

c. 当结构中永久作用位置的变异，对静力平衡或类似的极限状态设计结果很敏感时，该永久作用的有利部分和不利部分应分别作为单个作用；

d. 当一种作用产生的几种效应非全相关时，对产生有利效应的作用，其分项系数的取值应予以降低；

e. 对不同的设计状况应采用不同的作用组合。

③ 对持久设计状况和短暂设计状况，应采用作用的基本组合，基本组合的效应设计值按下式中最不利值确定：

$$S_d = S\left(\sum_{i \geqslant 1} \gamma_{G_i} G_{ik} + \gamma_P P + \gamma_{Q_1} \gamma_{L_1} Q_{1k} + \sum_{j>1} \gamma_{Q_j} \psi_{cj} \gamma_{L_j} Q_{jk}\right) \tag{1-3}$$

式中　$S(\cdot)$——作用组合的效应函数；

G_{ik}——第 i 个永久作用的标准值；

P——预应力作用的有关代表值；

Q_{1k}——第 1 个可变作用的标准值；

Q_{jk}——第 j 个可变作用的标准值；

γ_{G_i}——第 i 个永久作用的分项系数，应按表 1-5 中的数值采用；

γ_P——预应力作用的分项系数，应按表 1-5 中的数值采用；

γ_{Q_1}——第 1 个可变作用的分项系数，应按表 1-5 中的数值采用；

γ_{Q_j}——第 j 个可变作用的分项系数，应按表 1-5 中的数值采用；

γ_{L_1}、γ_{L_j}——第 1 个和第 j 个考虑结构设计工作年限的荷载调整系数，应按表 1-6 中的数值采用；

ψ_{cj}——第 j 个可变作用的组合值系数，应按现行有关标准的规定采用。

表 1-5　建筑结构的作用分项系数

作用分项系数	当作用效应对承载力不利时	当作用效应对承载力有利时
γ_G	1.3	≤1.0
γ_P	1.3	≤1.0
γ_Q	1.3	0

表 1-6　建筑结构考虑结构设计工作年限的荷载调整系数 γ_L

结构设计工作年限/a	γ_L
5	0.9
50	1.0
100	1.1

④ 当作用与作用效应按线性关系考虑时，基本组合的效应设计值按下式中最不利值计算：

$$S_d = \sum_{i \geqslant 1} \gamma_{G_i} S_{G_{ik}} + \gamma_P S_P + \gamma_{Q_1} \gamma_{L_1} S_{Q_{1k}} + \sum_{j>1} \gamma_{Q_j} \psi_{cj} \gamma_{L_j} S_{Q_{jk}} \tag{1-4}$$

式中 $S_{G_{ik}}$——第 i 个永久作用标准值的效应;

S_P——预应力作用有关代表值的效应;

$S_{Q_{1k}}$——第 1 个可变作用标准值的效应;

$S_{Q_{jk}}$——第 j 个可变作用标准值的效应。

1.3.3.2　按正常使用极限状态设计

结构或结构构件按正常使用极限状态设计时,应符合下式规定:

$$S_d < C \tag{1-5}$$

式中 S_d——作用组合的效应设计值;

C——设计对变形、裂缝等规定的相应限值,应按有关的结构设计标准的规定采用。

按正常使用极限状态设计时,宜根据不同情况采用作用的标准组合、频遇组合或准永久组合,并应符合下列规定:

(1) 标准组合应符合下列规定:

① 标准组合的效应设计值按下式确定:

$$S_d = S\left(\sum_{i \geqslant 1} G_{ik} + P + Q_{1k} + \sum_{j>1} \psi_{cj} Q_{jk}\right) \tag{1-6}$$

② 当作用与作用效应按线性关系考虑时,标准组合的效应设计值按下式计算:

$$S_d = \sum_{i \geqslant 1} S_{G_{ik}} + S_P + S_{Q_{1k}} + \sum_{j>1} \psi_{cj} S_{Q_{jk}} \tag{1-7}$$

(2) 频遇组合应符合下列规定:

① 频遇组合的效应设计值按下式确定:

$$S_d = S\left(\sum_{i \geqslant 1} G_{ik} + P + \psi_{f1} Q_{1k} + \sum_{j>1} \psi_{qj} Q_{jk}\right) \tag{1-8}$$

② 当作用与作用效应按线性关系考虑时,频遇组合的效应设计值按下式计算:

$$S_d = \sum_{i \geqslant 1} S_{G_{ik}} + S_P + \psi_{f1} S_{Q_{1k}} + \sum_{j>1} \psi_{qj} S_{Q_{jk}} \tag{1-9}$$

(3) 准永久组合应符合下列规定:

① 准永久组合的效应设计值按下式确定:

$$S_d = S\left(\sum_{i \geqslant 1} G_{ik} + P + \sum_{j \geqslant 1} \psi_{qj} Q_{jk}\right) \tag{1-10}$$

② 当作用与作用效应按线性关系考虑时,准永久组合的效应设计值按下式计算:

$$S_d = \sum_{i \geqslant 1} S_{G_{ik}} + S_P + \sum_{j \geqslant 1} \psi_{qj} S_{Q_{jk}} \tag{1-11}$$

1.4　钢筋混凝土结构设计实践的要求

在课程设计过程中,学生应按照课程设计任务书的要求完成课程设计。钢筋混凝土结构设计主要是根据建筑施工图、相关的荷载以及相关的地质、环境等区域资料,选择合理的结构类型和结构布置方案,确定结构形式,结构使用的材料,结构的安全性、适用性和耐久性,结构构件的连接构造措施,通常包括钢筋混凝土结构方案的确定、结构计算分析、绘制结构施工图等内容。

与"钢筋混凝土结构设计"相关的课程设计是重要的综合性实践教学环节，其目的是培养学生综合应用所学基础理论、专业知识和专业技能的能力。学生需按照教学大纲的要求，在指导教师的引导下，针对某一钢筋混凝土结构工程，结合具体的设计条件，综合运用已学理论知识和专业知识，独立系统地完成一个钢筋混凝土建筑物结构设计及计算的全过程，锻炼理论分析、设计计算和解决工程实际问题的能力。

在进行钢筋混凝土结构设计的实践训练过程中，学生需要运用所学理论知识，联系具体的工程背景，了解设计的依据和标准，明确设计的内容和具体要求，掌握设计步骤和计算方法；需要运用已有的知识进行结构方案的选取，模型的建立，内力的计算等，锻炼主动查阅和正确使用国家现行的设计规范、标准、手册等专业参考资料的能力。在设计过程中，可以体现方案的多样性，但是计算的过程需要完整、合理、准确，施工图纸的绘制要求正确、规范。

钢筋混凝土结构的课程设计要求学生在指导教师的指导下，独立地完成一项工程的部分结构设计，解决与之相关的问题，熟悉相关的规范、规程、手册、标准及工程实践中常用的方法。课程设计具有较强的工程背景和实用性，但是又与设计院的设计有一定的区别，一般在课程设计任务书中给定一些以实际工程为背景的资料，对结构设计深度的具体要求低于实际工程的要求。

1.5 本书的内容

本书主要针对不同类型的钢筋混凝土结构课程设计，阐述典型的钢筋混凝土结构设计的基本步骤、主要内容和全部过程，具体内容如下。

① 钢筋混凝土结构设计的主要内容和基本步骤。包括结构平面布置、计算简图的确定、构件截面尺寸选择、荷载计算、内力分析、荷载效应组合、侧移验算、抗震设计以及构件配筋设计等内容。并通过课程设计的任务书表述课程设计的要求及设计要达到的深度。

② 单层厂房结构设计实例。主要内容包括：单层厂房结构的布置、计算简图的确定、主要构件的选型、排架结构的荷载计算、排架结构的内力分析、荷载效应组合、排架柱和牛腿的配筋计算、排架柱下独立基础等设计的详细过程。

③ 多层框架结构设计实例。主要内容包括：混凝土框架结构的承重方案、结构布置、梁柱截面尺寸估算、计算简图确定、荷载计算、框架结构内力分析、荷载效应组合、框架梁柱构件的配筋计算和构造要求、框架结构的侧移验算、屋盖设计、楼梯设计及基础的设计等内容。

④ 框架-剪力墙结构设计实例。主要内容包括：高层建筑的结构布置、剪力墙结构的布置，构件截面尺寸选择、荷载计算、内力计算、荷载效应组合、侧移验算、抗震设计、屋盖设计、楼梯设计及基础的设计等内容。

思考题

1.1 对比《混凝土结构设计规范（2015 年版）》（GB 50010—2010）与《混凝土结构

通用规范》（GB 55008—2021）对混凝土结构设计要求的变化有哪些？

1.2 试述钢筋混凝土结构设计一般分为哪三个阶段，各有什么要求？

1.3 进行钢筋混凝土结构设计时，结构选型需要考虑哪些因素？

1.4 进行钢筋混凝土结构设计时，结构布置主要包括哪些内容？

1.5 进行钢筋混凝土结构设计时，如何保证结构的安全性？

1.6 进行钢筋混凝土结构设计时，其极限状态主要包括哪几种？

1.7 房屋建筑的结构设计工作年限主要分为哪几种？

1.8 确定钢筋混凝土结构方案的时候需要考虑哪些要求？

第 2 章

钢筋混凝土单层厂房结构设计实例

2.1 工程概况及设计资料

假定某厂金属加工车间（不设天窗），室内地面标高±0.000，相当于绝对标高 22.000m，工程地点位于某市郊区。

根据工艺布置的要求，该车间为等跨的双跨等高厂房，跨度为18m；每跨各设两台软钩吊车（16/3.2t 吊车），工作级别 A5，吊车规格详见专业标准《吊车轨道联结及车挡》（17G325），吊车轨道顶标高为9.000m；厂房总长度不小于60m。

(1) 自然条件

基本风压值 $0.311kN/m^2$

基本雪压值 $0.20kN/m^2$

地震烈度   非抗震设防区

地基承载力特征值 $186kN/m^2$

(2) 建筑构造做法

① 屋面做法：

4mm 厚 SBS 卷材防水层 $0.05kN/m^2$

20mm 厚水泥砂浆找平层 $0.40kN/m^2$

250mm 厚水泥珍珠岩保温层 $1.0kN/m^2$

20mm 厚水泥砂浆找平层 $0.4kN/m^2$

② 围护墙：240mm 厚实心砖墙。

内墙面：石灰砂浆抹面纸筋灰罩面 $0.50kN/m^2$

外墙面：清水砖墙

③ 门窗：纵墙每开间设窗三层，第一、二层窗台标高1.100m 和 5.500m，其洞口尺寸为4500mm×2100mm（宽×高）；第三层窗台标高9.600m，其洞口尺寸为 4500mm× 1800mm。两端每山墙各设大门一个，其门洞尺寸为 3900mm × 4500mm。钢门窗按 $0.45kN/m^2$ 计算。

④ 地面：混凝土地面。

（3）吊车资料

参见《吊车轨道联结及车挡》（17G325）。

（4）厂房结构构件选型

主要结构构件自重见表2-1。

表2-1　主要厂房结构构件选用参考表

构件名称	图集型号	外形尺寸	自重
1.5m×6m预应力混凝土屋面板	04G410-1	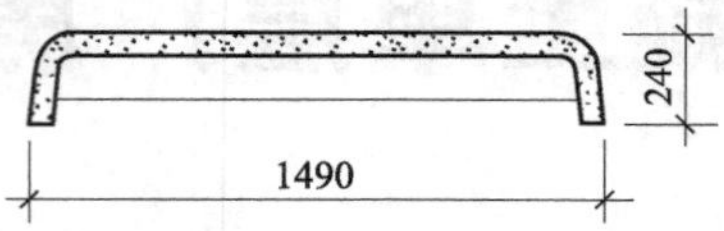 240 1490	1.5kN/m²（包括灌缝）
钢筋混凝土天沟板	04G410-2	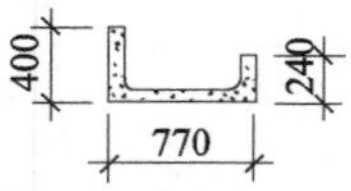 400 240 770	2.24kN/m（外沟） 2.01kN/m（内沟）
18m预应力混凝土折线形屋架	04G415-1		65.5 kN/榀（18m）
6m钢筋混凝土吊车梁	15G323-2	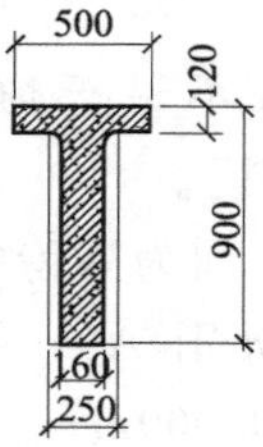 500 120 900 160 250	27.5 kN/根（28.2 kN/根）
6m钢筋混凝土基础梁	16G320	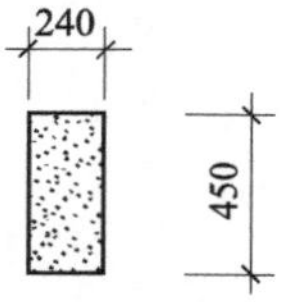 240 450	16.1 kN/根
吊车梁轨道及连接	17G325	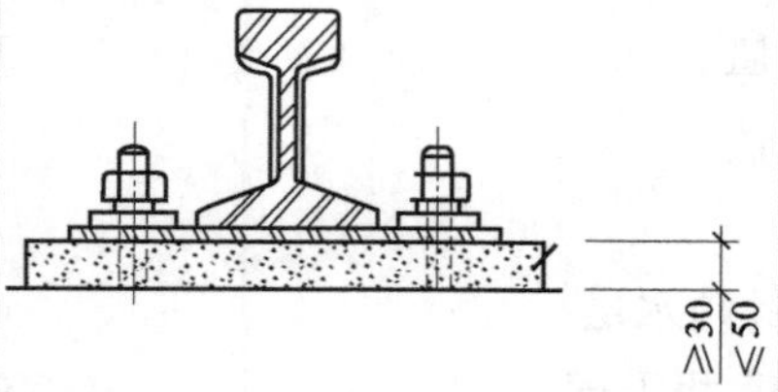 ≥30 ≤50	1.0 kN/m（包括垫层）

注：全书尺寸除标注外，均为 mm。

（5）材料

混凝土强度等级：柱、基础混凝土均为 C40；

钢筋：柱及基础内受力主筋用 HRB400 级钢筋。

2.2　结构布置

因该厂房跨度为18m，在15～36m 之间，且柱顶标高大于 8m，故采用钢筋混凝土排架结构。为了保证屋盖的整体性和刚度，屋盖采用无檩体系。由于厂房屋面采用卷材防水做法，故选用屋面坡度较小而经济指标较好的预应力混凝土折线屋架及预应力混凝土屋面板。普通钢筋混凝土吊车梁制作方便，当吊车起重量不大时，有较好的经济指标，故选用普通钢筋混凝土吊车梁。厂房各主要构件选型见表 2-1。

2.2.1 柱截面尺寸的确定

由设计资料可知，吊车轨顶标高为 9.00m。对起重量为 16/3.2t，工作级别为 A5 的吊车，当厂房跨度为 18m 时，取吊车轨道中心线到纵向定位轴线间的距离 e 为 750mm，可求得吊车的跨度 $L_k=18-2e=18-2\times0.75=16.5(\mathrm{m})$，由相应规范可查得吊车轨顶以上高度为 2.0m，选用吊车梁的高度 $h_b=0.9\mathrm{m}$，暂取轨道顶面至吊车梁顶面的距离 $h_a=0.20\mathrm{m}$，则牛腿顶面标高可按下式计算：

$$牛腿顶面标高=轨顶标高-h_b-h_a=9.00-0.90-0.20=7.90(\mathrm{m})$$

由建筑模数的要求，故牛腿顶面标高取为 7.8m。实际轨顶标高 $=7.8+0.9+0.20=8.9(\mathrm{m})<9.0(\mathrm{m})$

考虑吊车行驶所需空隙尺寸 $h_7=220\mathrm{mm}$，柱顶标高可按下式计算：

柱顶标高 $=$ 牛腿顶面标高 $+h_b+h_a+$ 吊车高度 $+h_7=7.8+0.9+0.2+2+0.22=11.12(\mathrm{m})$ 故柱顶（或屋架下弦底面）标高取为 11.40m。

取室内地面至基础顶面的距离为 0.5m，室内外地面高差 0.150m，则计算简图中柱的总高度 H，下柱高度 H_1 和上柱高度 H_u 分别为：

$$H=11.4+0.5=11.9(\mathrm{m})$$
$$H_1=7.8+0.5=8.3(\mathrm{m})$$
$$H_u=11.9-8.3=3.6(\mathrm{m})$$

根据柱的高度，吊车起重量及工作级别等条件，由相关规范可确定柱截面（上柱截面为矩形，下柱截面为 I 形）尺寸为：

A、C 轴   上柱 $b\times h=400\mathrm{mm}\times400\mathrm{mm}$

下柱 $b_f\times h\times b\times h_f=400\mathrm{mm}\times900\mathrm{mm}\times100\mathrm{mm}\times150\mathrm{mm}$

B 轴   上柱 $b\times h=400\mathrm{mm}\times600\mathrm{mm}$

下柱 $b_f\times h\times b\times h_f=400\mathrm{mm}\times1000\mathrm{mm}\times100\mathrm{mm}\times150\mathrm{mm}$

最终可得厂房剖面图，具体见图 2-1。

2.2.2 柱网的布置

横向定位轴线除端柱外均通过柱截面几何中心。

对起重量为 16/3.2t，工作级别为 A5 的吊车，由相关规范可查得轨道中心至端部距离 $B_1=230\mathrm{mm}$。吊车桥架处边缘至上柱内边缘的净空宽度，一般取 $B_2\geqslant80\mathrm{mm}$。

对中柱，取纵向定位轴线为柱的几何中心，则上柱内边缘至纵向定位轴线的距离 $B_3=300\mathrm{mm}$；e 为 750mm，故：

$$B_2=e-B_1-B_3=750-230-300=220(\mathrm{mm})>80(\mathrm{mm})$$

符合要求。

对边柱，取封闭式定位轴线，即纵向定位轴线与纵墙内缘重合，则 $B_3=400\mathrm{mm}$。

$$故 B_2=e-B_1-B_3=750-230-400=120(\mathrm{mm})>80(\mathrm{mm})$$

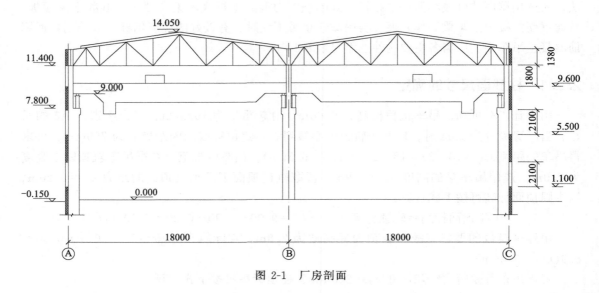

图 2-1 厂房剖面

符合要求。

则厂房的柱网布置图具体见图 2-2。

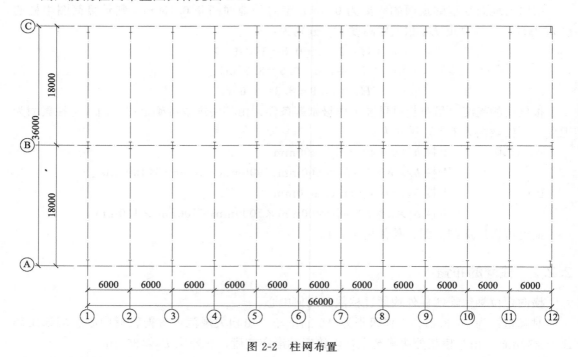

图 2-2 柱网布置

2.2.3 计算简图的确定

由于该金工车间厂房工艺无特殊要求，且结构布置及荷载分布（除吊车荷载）均匀，故可取③号轴线横向排架作为基本的计算单元，单元的宽度为两相邻柱间中心线之间的距离，即 $B = 6.0\text{m}$，如图 2-3(a) 所示；计算简图如图 2-3(b) 所示。

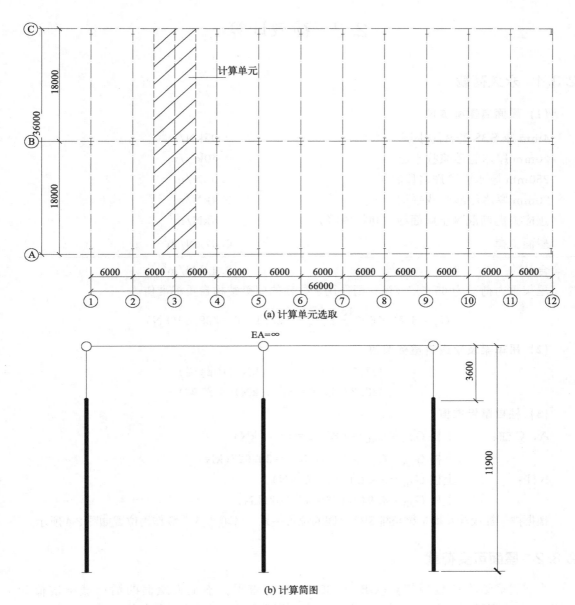

(a) 计算单元选取

(b) 计算简图

图 2-3　计算单元和计算简图

由柱的截面尺寸，可求得柱的截面几何特征及自重标准值，见表 2-2。

表 2-2　柱的截面几何特征及自重标准值

柱号	位置	截面尺寸/(mm×mm)	面积/mm²	惯性矩/mm⁴	自重/(kN/m)
A、C柱	上柱	400×400	1.6×10^5	21.3×10^8	4.00
	下柱	400×900×100×150	1.875×10^5	195.38×10^8	4.69
B柱	上柱	400×600	2.4×10^5	72×10^8	6.00
	下柱	400×1000×100×150	1.975×10^5	256.34×10^8	4.94

2.3 荷载计算

2.3.1 永久荷载

(1) 屋面自重标准值

4mm 厚 SBS 卷材防水层	0.05kN/m²
20mm 厚水泥砂浆找平层	0.40kN/m²
250mm 厚水泥珍珠岩保温层	1.0kN/m²
20mm 厚水泥砂浆找平层	0.4kN/m²
预应力钢筋混凝土屋面板（包括灌缝）	1.5kN/m²
屋面支撑	0.07kN/m²
合计	3.42kN/m²

屋架重力荷载为 65.5kN/榀，则作用于柱顶的屋盖结构自重标准值为：

$$G_1 = 3.42 \times 6 \times \frac{18}{2} + \frac{65.5}{2} + 2.01 \times 6 = 229.49 \text{(kN)}$$

(2) 吊车梁及轨道自重标准值

$$G_3 = \begin{cases} 27.5 + 1 \times 6 = 33.5 \text{(kN)(中跨梁)} \\ 28.2 + 1 \times 6 = 34.2 \text{(kN)(边跨梁)} \end{cases}$$

(3) 柱自重标准值

A，C柱：　　上柱 $G_{4A} = G_{4C} = 4 \times 3.6 = 14.4 \text{(kN)}$

　　　　　　下柱 $G_{5A} = G_{5C} = 4.69 \times 8.3 = 38.927 \text{(kN)}$

B柱：　　　上柱 $G_{4B} = 6 \times 3.6 = 21.6 \text{(kN)}$

　　　　　　下柱 $G_{5B} = 4.94 \times 8.3 = 41.002 \text{(kN)}$

根据排架柱尺寸及吊车梁与排架柱之间的位置关系，各项永久荷载作用位置如图 2-4 所示。

2.3.2 屋面可变荷载

由《建筑结构荷载规范》（GB 50009—2012）查得，不上人屋面的活荷载标准值为 0.5kN/m²，屋面雪荷载标准值为 0.2kN/m²，由于后者小于前者，故仅按屋面活荷载计算。作用在柱顶的屋面活荷载标准值为：

$$Q_1 = 0.5 \times 6 \times \frac{18}{2} = 27 \text{(kN)}$$

Q_1 的作用位置与 G_1 作用位置相同，如图 2-4 所示。

2.3.3 吊车荷载

对起重量为 16/3.2t 的吊车，查《吊车轨道联结及车挡》（17G325）中的 "5～50/5t 一般用途电动桥式起重机基本参数和尺寸系列" 并将吊车的起重量 Q、最大轮压 $P_{\max}$ 和最小轮压 $P_{\min}$ 进行单位换算，大车重量 $Q_{大} = 240 \text{kN}$，小车重量 $Q_{小} = 40 \text{kN}$，起重量 $Q =$

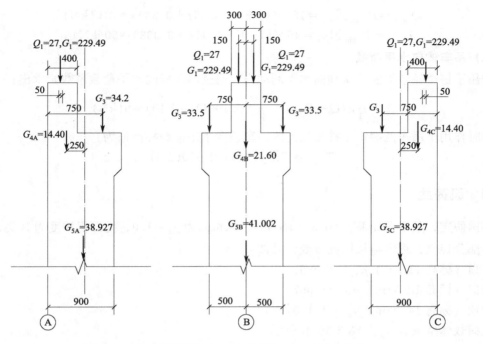

图 2-4　永久荷载作用位置（内力单位：kN；尺寸单位：mm）

160kN，P_{max}=155kN，可求得：

$$P_{min}=\frac{240+160}{2}-155=45(kN)$$

根据吊车宽度 B=6.0m 及吊车轮距 K=4.0m，可算得吊车梁支座反力影响线中各轮压对应点的竖向标准值，如图 2-5 所示。据此可求得吊车作用于柱上的吊车荷载。

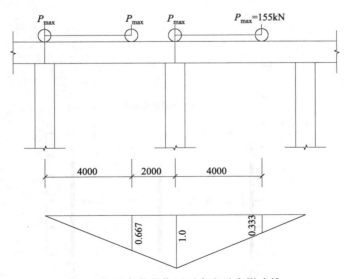

图 2-5　吊车荷载作用下支座反力影响线

（1）吊车竖向荷载

吊车竖向荷载标准值可由影响线系数 y_i 求出：

$$D_{max} = P_{max} \sum y_i = 155 \times (1 + 0 + 0.667 + 0.333) = 310(kN)$$

$$D_{min} = P_{min} \sum y_i = 45 \times (1 + 0 + 0.667 + 0.333) = 90(kN)$$

（2）吊车横向水平荷载

作用于每个轮子上的吊车横向水平制动力，通过吊车横向水平荷载系数 α 求出：

$$T = \frac{1}{4}\alpha(Q + Q_{小}) = \frac{1}{4} \times 0.1 \times (160 + 40) = 5(kN)$$

同时作用于吊车两端每个排架柱上的吊车横向水平荷载标准值为：

$$T_{max} = T \sum y_i = 5 \times 2 = 10(kN)$$

2.3.4 风荷载

根据假定，基本风压 $W_0 = 0.311 kN/m^2$，风振系数 $\beta_z = 1.0$，地面粗糙度为 B 类，根据厂房各部分标高，可查得风压高度变化系数 μ_z 为：

柱顶（标高 11.4m） $\mu_{z1} = 1.036$；

檐口（标高 12.58m） $\mu_{z2} = 1.067$；

屋顶（标高 14.05m） $\mu_{z3} = 1.105$。

风荷载体型系数 μ_s 如图 2-6(a) 所示。

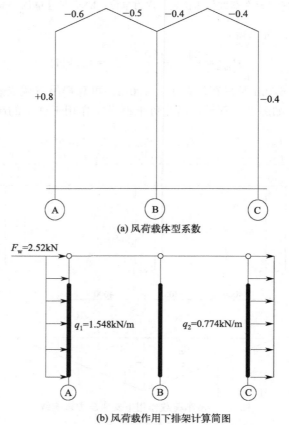

(a) 风荷载体型系数

(b) 风荷载作用下排架计算简图

图 2-6 风荷载体型系数及排架计算简图

排架迎风面及背风面的风荷载标准值分别为：

$$W_{1k}=\beta_z\mu_{s1}\mu_{z1}W_0=1.0\times0.8\times1.036\times0.311=0.258(kN/m^2)$$

$$W_{2k}=\beta_z\mu_{s2}\mu_{z1}W_0=1.0\times0.4\times1.036\times0.311=0.129(kN/m^2)$$

作用于排架计算简图 2-6（b）上的风荷载标准值为：

$$q_1=0.258\times6.0=1.548kN/m,q_2=0.129\times6.0=0.774(kN/m)$$

$$F_w=[(\mu_{s1}-\mu_{s2})\mu_{z2}h_1+(\mu_{s3}-\mu_{s4})\mu_{z3}h_2]\beta_zW_0B$$
$$=\{[0.8-(-0.4)]\times1.067\times1.18+[-0.6-(-0.5)]\times$$
$$1.105\times1.47\}\times1.0\times0.311\times6.0=2.52(kN)$$

2.4 排架柱的特征系数

等高排架可用剪力分配法进行排架内力分析，由于该厂房的 A 柱和 C 柱的柱高、截面尺寸相同，故这两柱的有关参数相同。

2.4.1 柱剪力分配系数

柱顶位移系数 C_0 和柱剪力分配系数 η_1 分别按下式计算：

$$C_0=3/[1+\lambda^3(1/n-1)]$$
$$\eta_i=1/\delta_i/\sum(1/\delta_i)$$

式中　n——排架柱上柱截面惯性矩与下柱截面惯性矩的比值；

　　　λ——上柱长度与整个排架柱长度的比值；

　　　η_i——柱 i 的剪力分配系数；

　　　δ_i——单位水平力作用在单阶悬臂柱顶时，第 i 柱顶的水平位移。

结果见表 2-3。

表 2-3　柱剪力分配系数

柱号	$n=I_u/I_1$ $\lambda=H_u/H$	$C_0=3/[1+\lambda^3(1/n-1)]$ $\delta=H^3/(C_0EI_1)$	$\eta_i=\dfrac{1/\delta_i}{\sum1/\delta_i}$
A,C柱	$n=0.109$ $\lambda=0.303$	$C_0=2.444$ $\delta_A=\delta_C=0.210\times10^{-10}\dfrac{H^3}{E}$	$\eta_A=\eta_C=0.285$
B柱	$n=0.281$ $\lambda=0.303$	$C_0=2.800$ $\delta_B=0.139\times10^{-10}\dfrac{H^3}{E}$	$\eta_B=0.430$

注：1. 由表可知：$\eta_A+\eta_B+\eta_C=1.0$。

2. 表中 H_u 和 H 分别为上部柱高和柱的总高；E 为混凝土的弹性模量；I_u 为上部柱的截面惯性矩，I_1 为下部柱的截面惯性矩。

2.4.2 单阶变截面柱柱顶反力系数

根据相关公式计算不同荷载作用下单阶变截面柱的柱顶反力系数，计算结果见表 2-4。

表 2-4   单阶变截面柱柱顶反力系数

简图	柱顶反力系数(公式)	A柱和C柱	B柱
	$C_1 = \dfrac{3}{2}\dfrac{1-\lambda^2\left(1-\dfrac{1}{n}\right)}{1+\lambda^3\left(\dfrac{1}{n}-1\right)}$	2.139	1.729
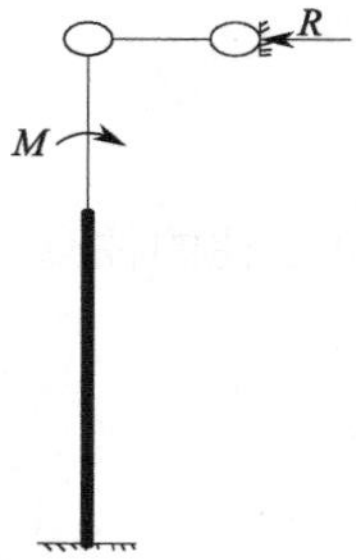	$C_3 = \dfrac{3}{2}\dfrac{1-\lambda^2}{1+\lambda^3\left(\dfrac{1}{n}-1\right)}$	1.110	1.272
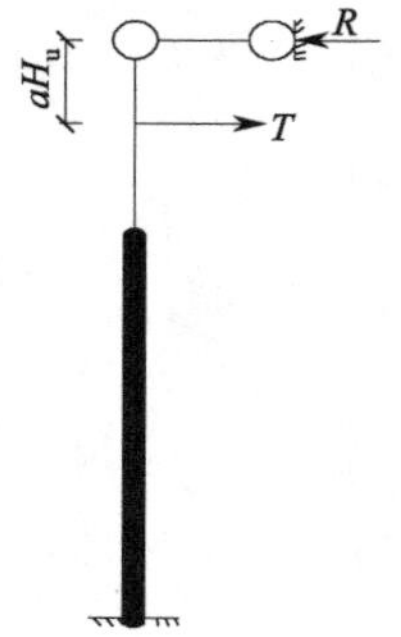	$C_5 = \dfrac{1}{2}\dfrac{2-3a\lambda+\lambda^3\left[\dfrac{(2+a)(1-a)^2}{n}-(2-3a)\right]}{1+\lambda^3\left(\dfrac{1}{n}-1\right)}$	0.558	0.627
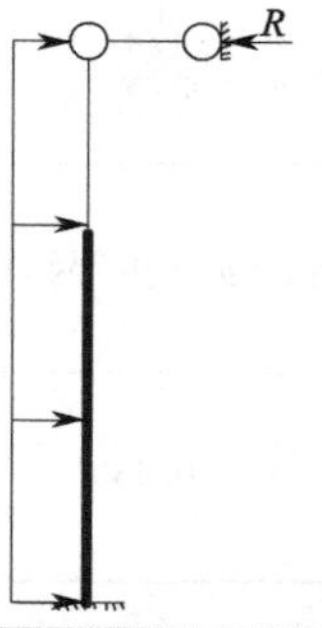	$C_{11} = \dfrac{3}{8}\dfrac{1+\lambda^4\left(\dfrac{1}{n}-1\right)}{1+\lambda^3\left(\dfrac{1}{n}-1\right)}$	0.327	—

注：表中 a 为柱顶到集中荷载处的距离除以上柱总长，是一个位置系数。

2.4.3   内力正负号规定

本书中排架柱的弯矩 M、剪力 V 和轴力 N 的正负号规定如图 2-7 所示，后面的各弯矩图和柱底剪力均未标出正负号，弯矩图画在受拉一侧，柱底剪力按实际方向标出。

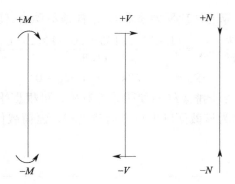

图 2-7　内力正负号规定

2.5　排架内力分析

2.5.1　永久荷载作用下内力分析

永久荷载作用下排架的计算简图如图 2-8 所示。

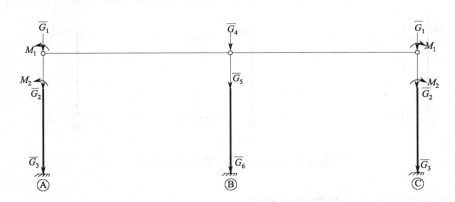

图 2-8　永久荷载作用下的计算简图

$\overline{G}_1 = G_1 = 229.49\text{kN}$

$\overline{G}_2 = G_3 + G_{4A} = 34.2 + 14.4 = 48.6(\text{kN})$

$\overline{G}_3 = G_{5A} = 38.927\text{kN}$

$\overline{G}_4 = 2G_1 = 2 \times 229.49 = 458.98(\text{kN})$

$\overline{G}_5 = G_{4B} + 2G_3 = 21.6 + 2 \times 33.5 = 88.6(\text{kN})$

$\overline{G}_6 = G_{5B} = 41.002\text{kN}$

$M_1 = \overline{G}_1 e_1 = 229.49 \times 0.05 = 11.47(\text{kN} \cdot \text{m})$

$M_2 = (\overline{G}_1 + G_{4A})e_0 - G_3 e_3 = (229.49 + 14.4) \times 0.25 - 34.2 \times 0.3 = 50.71(\text{kN} \cdot \text{m})$

图 2-8 排架为对称结构且作用对称荷载，排架结构无侧移，故各柱可按柱顶为不动铰支

座计算内力。按照表 2-4 计算的柱顶反力系数 C_i，柱顶不动铰支座反力 R_i 为：

$$R_A = \frac{M_1}{H}C_{1A} + \frac{M_2}{H}C_{3A} = \frac{11.47 \times 2.139 + 50.71 \times 1.11}{11.9} = 6.79(\text{kN})(\rightarrow)$$

$$R_C = -6.79\text{kN}(\leftarrow), R_B = 0$$

求得柱顶反力 R_i 后，由于排架结构和荷载均对称，可根据平衡条件求得柱各截面的弯矩和剪力。柱各截面的轴力为该截面以上重力荷载之和，恒荷载作用下排架结构的内力图如图 2-9 所示。

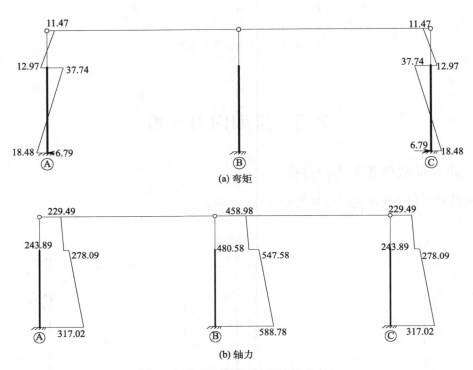

图 2-9 恒荷载作用下排架结构的内力

2.5.2 屋面可变荷载作用下内力分析

(1) AB 跨作用屋面活荷载

排架计算简图如图 2-10 所示，屋架传至柱顶的集中荷载 $Q_1 = 27\text{kN}$，它在柱顶及变阶处引起的力矩分别为：

$$M_{1A} = 27 \times 0.05 = 1.35(\text{kN} \cdot \text{m}), \quad M_{2A} = 27 \times 0.25 = 6.75(\text{kN} \cdot \text{m}), \quad M_{1B} = 27 \times 0.15 = 4.05(\text{kN} \cdot \text{m})$$

柱顶不动铰支座反力 R_i 为：

$$R_A = \frac{M_{1A}}{H}C_{1A} + \frac{M_{2A}}{H}C_{3A} = \frac{1.35 \times 2.139 + 6.75 \times 1.110}{11.9} = 0.872(\text{kN})(\rightarrow)$$

$$R_B = \frac{M_{1B}C_{1B}}{H} = \frac{4.05 \times 1.729}{11.9} = 0.588(\text{kN})(\rightarrow)$$

$$R = R_A + R_B = 0.872 + 0.588 = 1.46(\text{kN})(\rightarrow)$$

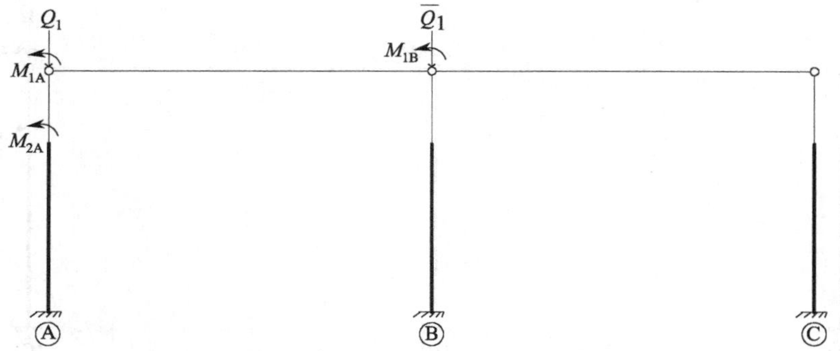

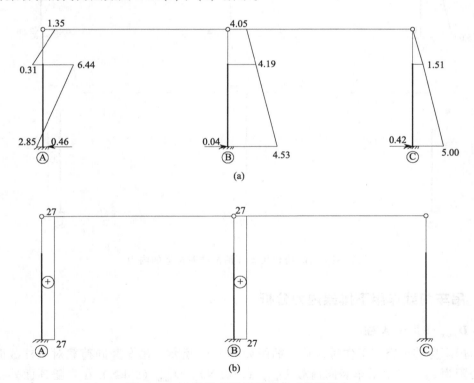

图 2-10   AB 跨屋面活荷载作用下排架计算简图

将 R 反向作用于排架柱顶，计算相应的柱顶剪力，并与柱顶不动铰支座反力叠加，可得屋面活荷载作用于 AB 跨时的柱顶剪力，即：

$$V_A = R_A - \eta_A R = 0.872 - 0.285 \times 1.46 = 0.46(\text{kN})(\rightarrow)$$
$$V_B = R_B - \eta_B R = 0.588 - 0.43 \times 1.46 = -0.04(\text{kN})(\leftarrow)$$
$$V_C = -\eta_C R = -0.285 \times 1.46 = -0.42(\text{kN})(\leftarrow)$$

排架各柱的内力图如图 2-11(a)、(b) 所示。

图 2-11   AB 跨作用屋面活荷载时排架的内力

（2）BC 跨作用屋面活荷载

由于结构对称，且 BC 跨与 AB 跨作用荷载相同，故只需将图 2-10、图 2-11 中各内力图的位置及方向调整一下即可，如图 2-12、图 2-13 所示。

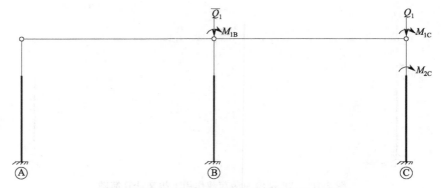

图 2-12　BC 跨屋面活荷载作用下排架计算简图

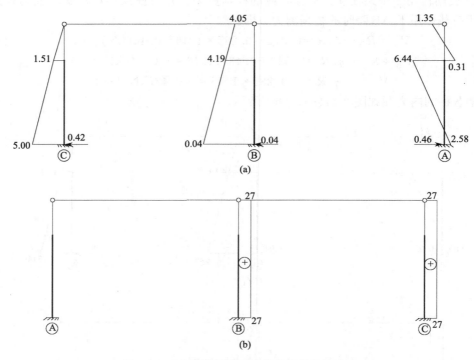

图 2-13　BC 跨作用屋面活荷载时排架的内力

2.5.3　吊车荷载作用下排架内力分析

（1）D_{max} 作用于 A 柱

不考虑厂房整体空间工作时，计算简图如图 2-14 所示，吊车竖向荷载对下柱截面中心线的偏心距为 e_3，其中吊车竖向荷载 D_{max}（310kN）、D_{min}（90kN）在牛腿顶面外引起的力矩分别为：

$$M_A = D_{max} e_{3A} = 310 \times 0.3 = 93(\text{kN} \cdot \text{m})$$
$$M_B = D_{min} e_{3B} = 90 \times 0.75 = 67.5(\text{kN} \cdot \text{m})$$

柱顶不动铰支座反力 R_i 分别为：

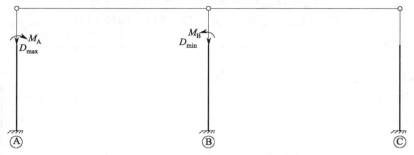

图 2-14 $D_{\max}$ 作用于 A 柱时排架计算简图

$$R_{A} = -\frac{M_{A}}{H}C_{3A} = -\frac{93}{11.9}\times 1.11 = -8.67(\text{kN})(\leftarrow)$$

$$R_{B} = \frac{M_{B}}{H}C_{3B} = \frac{67.5}{11.9}\times 1.272 = 7.22(\text{kN})(\rightarrow)$$

$$R = R_{A}+R_{B} = -8.67+7.22 = -1.45(\text{kN})(\leftarrow)$$

排架各柱顶剪力分别为：

$$V_{A} = R_{A}-\eta_{A}R = -8.67+0.285\times 1.45 = -8.26(\text{kN})(\leftarrow)$$

$$V_{B} = R_{B}-\eta_{B}R = 7.22+0.43\times 1.45 = 7.84(\text{kN})(\rightarrow)$$

$$V_{C} = -\eta_{C}R = 0.285\times 1.45 = 0.41(\text{kN})(\rightarrow)$$

排架各柱的内力如图 2-15 所示。

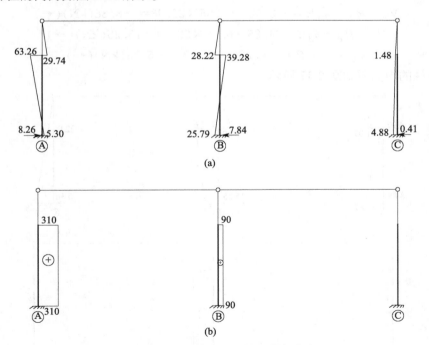

图 2-15 $D_{\max}$ 作用于 A 柱时排架内力

(2) $D_{\max}$ 作用于 B 柱左

计算简图如图 2-16 所示，吊车竖向荷载 $D_{\max}$、$D_{\min}$ 在牛腿顶面外引起的力矩分别为：

$$M_A = D_{min} e_{3A} = 90 \times 0.3 = 27(\text{kN} \cdot \text{m})$$
$$M_B = D_{max} e_{3B} = 310 \times 0.75 = 232.5(\text{kN} \cdot \text{m})$$

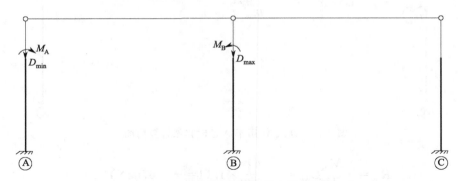

图 2-16 D_{max} 作用于 B 柱左计算简图

柱顶不动铰支座反力 R_A，R_B 及总反力分别为：

$$R_A = -\frac{M_A}{H} C_{3A} = -\frac{27}{11.9} \times 1.11 = -2.52(\text{kN})(\leftarrow)$$

$$R_B = \frac{M_B}{H} C_{3B} = \frac{232.5}{11.9} \times 1.272 = 24.85(\text{kN})(\rightarrow)$$

$$R = R_A + R_B = -2.52 + 24.85 = 22.33(\text{kN})(\rightarrow)$$

各柱剪力分别为：

$$V_A = R_A - \eta_A R = -2.52 - 0.285 \times 22.33 = -8.88(\text{kN})(\leftarrow)$$

$$V_B = R_B - \eta_B R = 24.85 - 0.43 \times 22.33 = 15.25(\text{kN})(\rightarrow)$$

$$V_C = -\eta_C R = -0.285 \times 22.33 = -6.36(\text{kN})(\leftarrow)$$

排架各柱的内力图如图 2-17 所示。

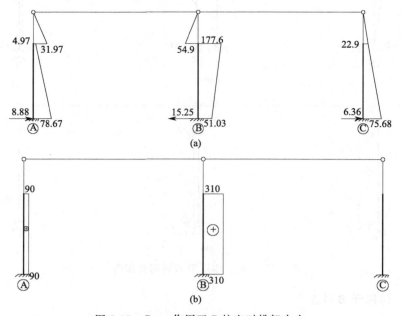

图 2-17 D_{max} 作用于 B 柱左时排架内力

(3) D_{max} 作用于 B 柱右

根据结构对称性及吊车起重量相等的条件，其内力计算与"D_{max} 作用于 B 柱左"的情况相同，只需将 A、C 柱内力对换并改变全部弯矩及剪力符号，如图 2-18 所示。

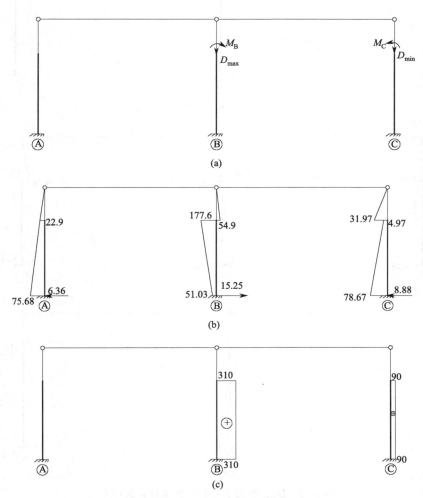

图 2-18 D_{max} 作用于 B 柱右排架计算及内力

(4) D_{max} 作用于 C 柱

同理，将"D_{max} 作用于 A 柱"情况的 A、C 柱内力对换，并注意改变内力符号，可得各柱的内力，如图 2-19 所示。

(5) T_{max} 作用于 AB 跨柱

当 AB 跨作用吊车横向水平荷载 T_{max} 时，排架计算简图如图 2-20(a) 所示。

由单阶变截面柱的柱顶位移系数 C_0 和反力系数 C_5 得：T_{max} 距离上部柱顶端距离与上柱总长的比值 $a = (3.6 - 0.9)/3.6 = 0.75$。

则柱顶不动铰支座反力 R_i 为：

$$R_A = -T_{max}C_5 = -10 \times 0.558 = -5.58(kN)(\leftarrow)$$

$$R_B = -T_{max}C_5 = -10 \times 0.627 = -6.27(kN)(\leftarrow)$$

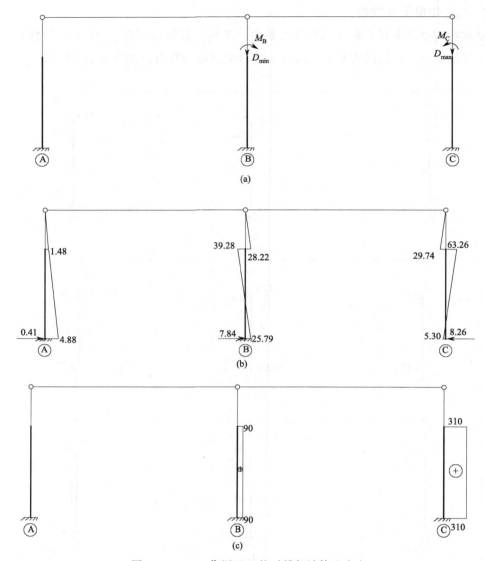

图 2-19 D_{max} 作用于 C 柱时排架计算及内力

排架柱顶总反力 R 为：
$$R = R_A + R_B = -5.58 - 6.27 = -11.85 (\text{kN})(\leftarrow)$$
各柱顶剪力分别为：
$$V_A = R_A - \eta_A R = -5.58 + 11.85 \times 0.285 = -2.20 (\text{kN})(\leftarrow)$$
$$V_C = -\eta_C R = 0.285 \times 11.85 = 3.38 (\text{kN})(\rightarrow)$$
$$V_B = R_B - \eta_B R = -6.27 + 11.85 \times 0.43 = -1.17 (\text{kN})(\leftarrow)$$

排架各柱的弯矩图及柱底剪力值如图 2-20（b）所示，当 T_{max} 方向相反时，弯矩图和剪力图只改变符号，数值不变。

（6）T_{max} 作用于 BC 跨柱

由于结构对称及吊车起重量相等，故排架内力计算与"T_{max} 作用于 AB 跨"的情况相同，仅需将 A 柱与 C 柱的内力对换，如图 2-21 所示。当 T_{max} 方向相反时，弯矩图和剪力

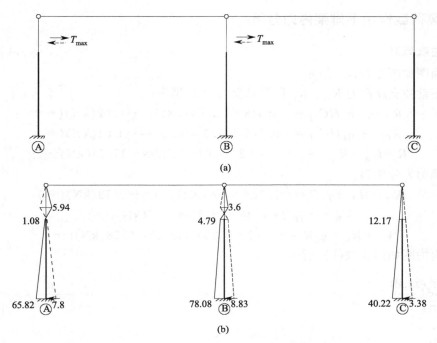

图 2-20　T_{max} 作用于 AB 跨时排架计算及内力

图只改变符号，数值不变。

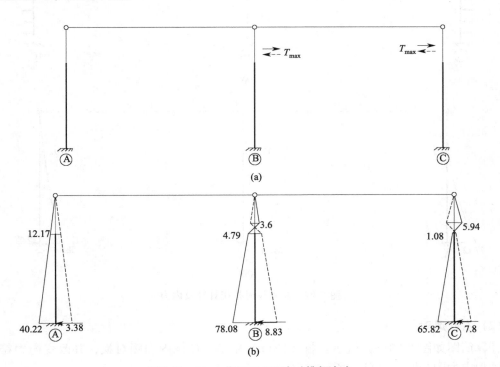

图 2-21　T_{max} 作用于 BC 跨时排架内力

2.5.4 风荷载作用下排架内力分析

(1) 左吹风时

计算简图如图 2-22(a) 所示。

柱顶不动铰支座反力 R_A、R_B 以及总反力 R 分别为：

$$R_A = -q_1 H C_{11} = -1.548 \times 11.9 \times 0.327 = -6.02 (kN)(\leftarrow)$$

$$R_C = -q_2 H C_{11} = -0.774 \times 11.9 \times 0.327 = -3.01 (kN)(\leftarrow)$$

$$R = R_A + R_C - F_w = -6.02 - 3.01 - 2.52 = -11.55 (kN)(\leftarrow)$$

各柱顶剪力分别为：

$$V_A = R_A - \eta_A R = -6.02 + 0.285 \times 11.55 = -2.73 (kN)(\leftarrow)$$

$$V_B = -\eta_B R = 0.43 \times 11.55 = 4.97 (kN)(\rightarrow)$$

$$V_C = R_C - \eta_C R = -3.01 + 0.285 \times 11.55 = 0.28 (kN)(\rightarrow)$$

排架内力图如图 2-22(b) 所示。

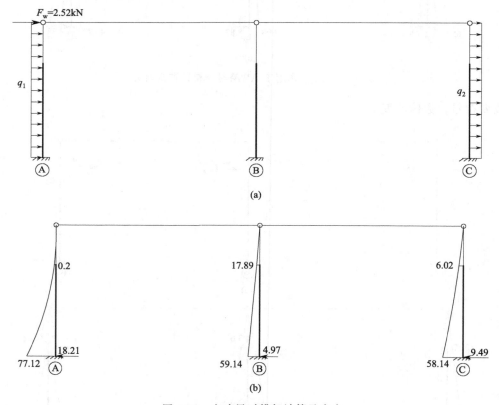

图 2-22 左吹风时排架计算及内力

(2) 右吹风时

计算简图如图 2-23(a) 所示。将 2-22(b) 中 A、C 柱内力图对换，并改变内力符号即可。排架内力图如图 2-23(b) 所示。

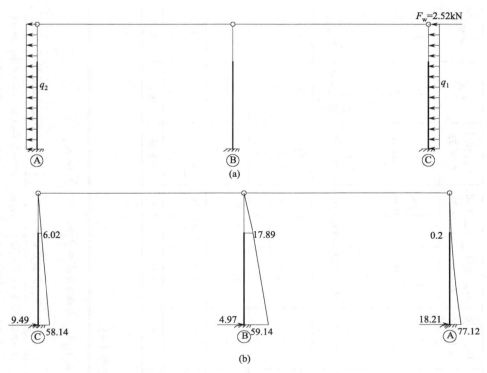

图 2-23　右吹风时排架计算及内力

2.6　荷载效应组合

对 A 柱进行荷载效应组合，控制截面分别取上柱底部截面Ⅰ-Ⅰ，牛腿顶截面Ⅱ-Ⅱ和下柱底截面Ⅲ-Ⅲ，如图 2-24 所示，表 2-5 为各种荷载作用下 A 柱各控制截面的内力标准值汇总表。表中控制截面及正负号内力方向如表 2-5 中的例图所示。

荷载效应的基本组合按下两式进行：

$$S = \sum_{j \geqslant 1}^{m} \gamma_{G_j} S_{G_{jk}} + \gamma_{Q_1} \gamma_{L_1} S_{Q_{1k}} + \sum_{i>1}^{n} \gamma_{Q_i} \gamma_{L_i} \psi_{c_i} S_{Q_{ik}} \text{（可变荷载效应控制）}$$

$$S = \sum_{j \geqslant 1}^{m} \gamma_{G_j} S_{G_{jk}} + \sum_{i \geqslant 1}^{n} \gamma_{Q_i} \gamma_{L_i} \psi_{c_i} S_{Q_{ik}} \text{（永久荷载效应控制）}$$

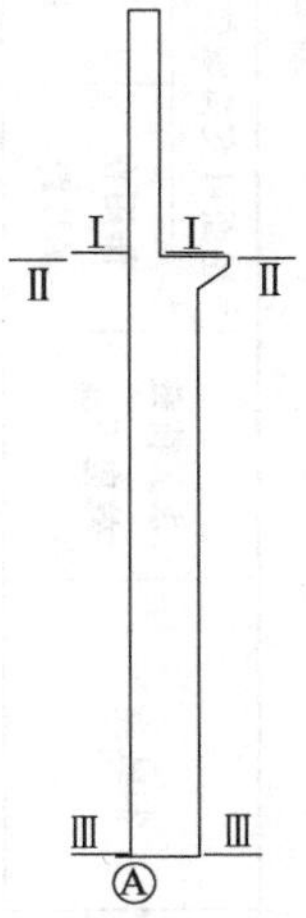

式中　γ_{G_j}——第 j 个永久荷载分项系数，对由可变荷载控制的组合，取 1.2，对由永久荷载控制的组合，取 1.35；

γ_{Q_i}——第 i 个可变荷载分项系数，其中 γ_{Q_1} 为主导可变荷载 Q_1 的分项系数，一般情况下取 1.5，对标准值大于 $4kN/m^2$ 的工业房屋楼面结构的荷载取 1.3；

γ_{L_i}——第 i 个可变荷载考虑设计使用年限的调整系数，其中 γ_{L_1} 为主导可变荷载 Q_1 的考虑设计使用年限的调整系数；

$S_{G_{jk}}$——按第 j 永久荷载标准值 G_{jk} 计算的荷载效应设计值；

图 2-24　柱控制截面

表 2-5　各种荷载作用下 A 柱各控制截面内力标准值汇总

荷载类型	永久荷载效应 S_{Gk}	屋面可变荷载效应 S_{Qk} 作用在 AB 跨	作用在 BC 跨	吊车竖向荷载效应 S_{Qk} D_{max} 作用在 A 柱	D_{max} 作用在 B 柱左	D_{max} 作用在 B 柱右	D_{max} 作用在 C 柱	吊车水平荷载效应 S_{Qk} T_{max} 作用在 AB 跨	T_{max} 作用在 BC 跨	风荷载效应 S_{Qk} 左风	右风
序号	①	②	③	④	⑤	⑥	⑦	⑧	⑨	⑩	⑪
I-I　M_k	12.97	0.31	1.51	-29.74	-31.97	22.9	-1.48	±1.08	±12.17	0.2	-6.02
I-I　N_k	243.89	27	0	310	90	0	0	0	0	0	0
II-II　M_k	-37.74	-6.44	1.51	63.26	-4.97	22.9	-1.48	±1.08	±12.17	0.2	-6.02
II-II　N_k	278.09	27	0	310	90	0	0	0	0	0	0
III-III　M_k	18.48	2.62	5.00	-5.30	-78.67	75.68	-4.88	±65.82	±40.22	77.12	-58.14
III-III　N_k	317.02	27	0	310	90	0	0	0	0	0	0
III-III　V_k	6.79	0.46	0.42	-8.26	-8.88	6.36	-0.41	±7.8	±3.38	18.21	-9.49

注：M 单位为 kN·m，N 的单位为 kN，V 的单位为 kN。

表 2-6　A 柱荷载效应组合（一）

基本组合：$S=\sum_{i\geqslant1}\gamma_{G_i}S_{G_{ik}}+\gamma_{Q_1}\gamma_{L_1}S_{Q_{1k}}+\sum_{j>1}\gamma_{Q_j}\psi_{C_j}\gamma_{L_j}S_{Q_{jk}}$，标准组合：$S=\sum_{i\geqslant1}S_{G_{ik}}+\gamma_{Q_1}S_{Q_{1k}}+\sum_{j>1}\psi_{C_j}S_{Q_{jk}}$

截面内力组合		$+M_{max}$ 及相应 N、V	$-M_{max}$ 及相应 N、V	N_{max} 及相应 M、V	N_{min} 及相应 M、V
I-I	M	1.3×①+1.5×1.0×[0.9×⑥+0.7×(②+③)+0.7×0.9×⑨+0.6×⑩] = 61.87	①+1.5×1.0×[0.8×⑤+0.7×0.8×⑦+0.7×0.9×⑨+0.6×⑪] = -44.05	1.3×①+1.5×1.0×[②+③×0.7+⑦×0.9+0.7×0.9×⑨+0.6×⑩] = 37.83	①+1.5×1.0×[0.7×⑤+0.7×③+0.7×0.9×⑨+0.6×⑩] = 57.65
	N	0.7×0.9×⑨+0.6×⑩] = 345.41	0.9×⑨+0.6×⑪] = 243.89	(⑥+⑨)+0.6×⑩] = 357.56	+0.6×⑩] = 243.89

续表

基本组合:$S = \sum_{i\geq1}\gamma_{G_i}S_{G_{ik}} + \gamma_{Q_1}\gamma_{L_1}S_{Q_{1k}} + \sum_{j>1}\gamma_{Q_j}\psi_{c_j}\gamma_{L_j}S_{Q_{jk}}$，标准组合:$S = \sum_{i\geq1}S_{G_{ik}} + \gamma_{L_1}\sum_{j>1}\psi_{c_j}S_{Q_{jk}}$

截面内力组合		$+M_{max}$ 及相应 N,V	$-M_{max}$ 及相应 N,V	N_{max} 及相应 M,V	N_{min} 及相应 M,V
II-II	M	①+1.5×1.0×[0.8×④+0.7×③+0.7×0.8×⑥+0.7×0.9×⑨+0.6×⑩] 69.40	1.3×①+1.5×1.0×[0.9×⑨+0.7×②+0.7×0.8×(⑤+⑦)+0.6×⑩] −69.56	1.3×①+1.5×1.0×[0.9×④+0.7×(②+③)+0.7×0.9×⑧+0.6×⑩] 45.90	①+1.5×1.0×[0.9×⑨+0.7×0.9×⑦+0.6×⑪] −60.98
	N	650.09	465.47	808.37	278.09
	M	1.3×①+1.5×1.0×[⑩+0.7×②+0.7×0.8×(⑤+⑥)+0.7×0.9×⑧] 266.27	①+1.5×1.0×[⑩+0.7×②+0.7×0.8×(⑤+⑦)+0.7×0.9×⑧] −198.36	1.3×①+1.5×1.0×[0.9×④+0.7×(②+③)+0.7×0.9×⑧+0.6×⑩] 156.48	①+1.5×1.0×[⑩+0.7×③+0.7×0.9×(⑥+⑨)] 172.91
	N	672.53	420.97	858.98	317.02
	V	42.36	−22.14	22.36	37.36
III-III	M_k	①+1.0×[⑩+0.7×③+0.7×0.8×(④+⑥)+0.7×0.9×⑧] 179.98	①+1.0×[⑩+0.7×②+0.7×0.8×(⑤+⑦)+0.7×0.9×⑧] −127.08	①+1.0×[0.9×④+0.7×(②+③)+0.7×0.9×⑧+0.6×⑩] 106.78	①+1.0×[⑩+0.7×③+0.7×0.9×(⑥+⑨)] 121.44
	N_k	490.62	386.32	614.92	317.02
	V_k	29.14	−12.49	15.81	27.17

注:M 单位为 kN·m, N 的单位为 kN, V 的单位为 kN。

表 2-7　A 柱荷载效应组合（二）

准永久组合:$S_q = \sum_{i\geq1}S_{G_{ik}} + \sum_{j>1}\psi_{qj}S_{Q_{jk}}$

截面内力组合		$+M_{max}$ 及相应 N,V	$-M_{max}$ 及相应 N,V	N_{max} 及相应 M,V	N_{min} 及相应 M,V
I-I	M_q	32.20	−9.94	32.20	32.20
	N_q	243.89	243.89	243.89	243.89
II-II	M_q	①+0.6×0.8×(⑤+⑦)+0.6×0.9×⑨ 10.19	①+0.6×0.8×(⑤+⑦)+0.6×0.9×⑨ −47.40	①+0.6×0.9×(④+⑧)+0.6×0.9×⑨ −4.16	①+0.6×0.9×(⑦+⑨) −45.11
	N_q	426.89	321.29	445.49	278.09
III-III	M_q	①+0.6×0.8×(④+⑥)+0.6×0.9×⑨ 73.98	①+0.6×0.8×(④+⑧)+0.6×0.9×⑨ −43.35	①+0.6×0.9×(④+⑧)+0.6×0.9×⑨ 51.16	①+0.6×0.9×(⑥+⑨) 37.63
	N_q	465.82	360.22	484.42	317.02

注:M 单位为 kN·m, N 的单位为 kN, V 的单位为 kN;

$S_{Q_{ik}}$——按第 i 永久荷载标准值 Q_{jk} 计算的荷载效应设计值，其中 $S_{Q_{1k}}$ 为按主导可变荷载 Q_1 计算的荷载效应设计值；

ψ_{ci}——可变荷载 Q_i 的组合值系数，对屋面均布荷载、雪荷载，取 0.7，对屋面积灰荷载，取 0.9，对吊车荷载，取 0.7（软钩吊车）或 0.95（硬钩吊车），对风荷载，取 0.6；

m——参与组合的永久荷载数；

n——参与组合的可变荷载数。

在每种荷载效应组合中，对矩形和 I 形截面柱均应考虑以下四种组合，即：

① $+M_{max}$ 及相应的 N、V；

② $-M_{max}$ 及相应的 N、V；

③ N_{max} 及相应的 M、V；

④ N_{min} 及相应的 M、V。

由于本工程不考虑抗震设防，对柱截面一般不需进行抗剪承载力计算。故除下柱底截面Ⅲ-Ⅲ外，其他截面的不利内力组合未给出所对应的剪力值。

对柱进行裂缝宽度验算和基础地基承载力计算时，需分别采用荷载效应的准永久组合和标准组合。荷载效应的准永久组合按式：$S_q = \sum\limits_{i \geqslant 1} S_{G_{ik}} + \sum\limits_{j \geqslant 1} \psi_{q_j} S_{Q_{jk}}$ 进行，荷载效应的标准组合可参照按承载能力极限状态的基本组合，取各荷载分项系数为 1 计算。表 2-6～表 2-7 为 A 柱荷载效应的基本组合，相应的标准组合和准永久组合。弯矩和剪力以绕杆件顺时针方向旋转为正，轴力以受压为正。

2.7　排架柱设计

以 A 柱为例。混凝土强度等级为 C40，混凝土轴心抗压强度设计值 $f_c = 19.1 \text{N/mm}^2$，混凝土轴心抗拉强度标准值 $f_{tk} = 2.39 \text{N/mm}^2$；纵向钢筋采用 HRB400 级，钢筋抗拉抗压强度设计值 $f_y = f_y' = 360 \text{N/mm}^2$；相对界限受压区高度 $\xi_b = 0.518$；上、下柱均采用对称配筋。

2.7.1　选取控制截面最不利内力

对上柱，取截面的有效高度 $h_0 = 400 - 45 = 355(\text{mm})$，则大偏心受压和小偏心受压界限破坏时对应的轴向压力设计值为：

$$N_b = \alpha_1 f_c b h_0 \xi_b = 1.0 \times 19.1 \times 400 \times 355 \times 0.518 = 1404.92(\text{kN})$$

当 $N \leqslant N_b = 1404.92 \text{kN}$，且弯矩较大时，为大偏心受压；由表 2-6 可见，上柱 I-I 截面共有 4 组不利内力，用偏心距 e 进行判别，4 组内力均为大偏心受压，对其按照“弯矩差不多时，轴力越小，越不利；轴力差不多时，弯矩越大越不利”的原则，可确定上柱的最不利内力为：

$$M = 57.65 \text{kN} \cdot \text{m}, N = 243.89 \text{kN}$$

对下柱，取截面有效高度 $h_0 = 900 - 45 = 855(\text{mm})$，则大偏心受压和小偏心受压界限破坏时对应的轴向压力为：

$$N_b = \alpha_1 f_c [bh_0\xi_b + (b'_f - b)h'_f] = 1.0 \times 19.1 \times [100 \times 855 \times 0.518 + (400 - 100) \times 150]$$
$$= 1705.42(\text{kN})$$

当 $N \leqslant N_b = 1705.42\text{kN}$，且弯矩较大时，为大偏心受压。由表 2-6 可见，下柱 Ⅱ-Ⅱ 和 Ⅲ-Ⅲ 截面共有 8 组不利内力。用 e_i 进行判别，8 组内力均满足。对 8 组大偏心受压内力，采用与上柱 Ⅰ-Ⅰ 截面相同的分析方法。

可确定下柱的最不利内力为：$\begin{cases} M_0 = 266.27\text{kN} \cdot \text{m} \\ N = 672.53\text{kN} \end{cases}$，$\begin{cases} M_0 = 172.91\text{kN} \cdot \text{m} \\ N = 317.02\text{kN} \end{cases}$。

2.7.2 上柱配筋计算

由上述分析结果可知，上柱取下列最不利内力进行配筋计算：

$$M_0 = 57.65\text{kN} \cdot \text{m}, N = 243.89\text{kN}$$

有吊车厂房排架方向上柱的计算长度为：$l_0 = 2 \times 3.6 = 7.2(\text{m})$，

初始偏心距 e_0 为：$e_0 = \dfrac{M_0}{N} = \dfrac{57.65 \times 10^6}{243890} = 236.38(\text{mm})$，

附加偏心距 e_a 为：$e_a = \max\left\{20\text{mm}, \dfrac{h}{30}\right\} = \max\{20\text{mm}, 13.33\text{mm}\} = 20\text{mm}$，则修正偏心距 e_i：

$$e_i = e_0 + e_a = 236.38 + 20 = 256.38(\text{mm})$$

截面曲率修正系数：$\zeta_c = \dfrac{0.5f_c A}{N} = \dfrac{0.5 \times 19.1 \times 400^2}{243890} = 6.27 > 1.0$，取 $\zeta_c = 1.0$

弯矩增大系数：

$$\eta_s = 1 + \dfrac{1}{1500 \dfrac{e_i}{h_0}}\left(\dfrac{l_0}{h}\right)^2 \zeta_c = 1 + \dfrac{1}{1500 \times \dfrac{256.38}{355}} \times \left(\dfrac{7200}{400}\right)^2 \times 1.0 = 1.30$$

$$M = \eta_s M_0 = 1.30 \times 57.65 = 74.95(\text{kN} \cdot \text{m})$$

$$e_i = e_0 + e_a = \dfrac{M}{N} + e_a = \dfrac{74.95 \times 10^6}{243.89 \times 10^3} + 20 = 327.31(\text{mm})$$

$$e = e_i + \dfrac{h}{2} - a_s = 327.31 + \dfrac{400}{2} - 45 = 482.31(\text{mm})$$

相对受压区高度：

$$\xi = \dfrac{N}{\alpha_1 f_c b h_0} = \dfrac{243890}{1.0 \times 19.1 \times 400 \times 355} = 0.090 < 2a'_s/h_0 = 90/355 = 0.254$$

故，取 $x = 2a'_s$ 进行计算。

$$e' = e_i - \dfrac{h}{2} + a'_s = 327.31 - \dfrac{400}{2} + 45 = 172.31(\text{mm})$$

$$A_s = A'_s = \dfrac{Ne'}{f_y(h_0 - a'_s)} = \dfrac{243890 \times 172.31}{360 \times (355 - 45)} = 376.57(\text{mm}^2)$$

选取 3Φ16（$A_s = 603\text{mm}^2$），$A_s = 603\text{mm}^2 > A_{s\min} = \rho_{\min}bh = 0.214\% \times 400 \times 400 = 342.4(\text{mm}^2)$，满足要求。

垂直于排架方向上柱的计算长度：

$l_0 = 1.25 \times 3.6 = 4.5 (\text{m})$，则 $l_0/b = \dfrac{4500}{400} = 11.25$，钢筋混凝土构件的稳定系数 $\varphi = 0.961$

$N_u = 0.9\varphi(f_c A + f'_y A'_s) = 0.9 \times 0.961 \times (19.1 \times 400 \times 400 + 360 \times 603) = 2455.38(\text{kN})$

则 $N_u > N_{max} = 357.56\text{kN}$，满足弯矩作用平面外的承载力要求。

2.7.3 下柱配筋计算

由分析结果可知，下柱取下列两组最不利内力进行配筋计算：

$$\begin{cases} M_0 = 266.27\text{kN·m} \\ N = 672.53\text{kN} \end{cases}, \begin{cases} M_0 = 172.91\text{kN·m} \\ N = 317.02\text{kN} \end{cases}$$

(1) 按 $M_0 = 266.27\text{kN·m}$，$N = 672.53\text{kN}$ 计算

下柱计算长度取 $l_0 = 1.0 H_1 = 8.3\text{m}$，截面尺寸为：

$$b = 100\text{mm}, b'_f = 400\text{mm}, h'_f = 150\text{mm}$$

$$e_0 = \frac{M_0}{N} = \frac{266.27 \times 10^6}{672.53 \times 10^3} = 395.92(\text{mm})$$

附加偏心距 $e_a = \max\left\{20\text{mm}, \dfrac{h}{30}\right\} = \max\left\{20\text{mm}, \dfrac{900}{30}\text{mm}\right\} = 30\text{mm}$，则：

$$e_i = e_0 + e_a = 395.92 + 30 = 425.92(\text{mm})$$

$$\xi_c = \frac{0.5 f_c A}{N} = \frac{0.5 \times 19.1 \times [100 \times 900 + 2 \times (400 - 100) \times 150]}{672530} = 2.56 > 1.0, \text{取 } \xi_c = 1.0$$

$$\eta_s = 1 + \frac{1}{1500 \dfrac{e_i}{h_0}} \left(\frac{l_0}{h}\right)^2 \xi_c = 1 + \frac{1}{1500 \times \dfrac{425.92}{855}} \times \left(\frac{8300}{900}\right)^2 \times 1.0 = 1.11$$

$$M = \eta_s M_0 = 1.11 \times 266.27 = 295.56(\text{kN·m})$$

$$e_i = e_0 + e_a = \frac{M}{N} + e_a = \frac{295.56 \times 10^6}{672.53 \times 10^3} + 30 = 469.47(\text{mm})$$

先假定中和轴位于翼缘内侧，则受压区高度 x 为：

$$x = \frac{N}{\alpha_1 f_c b'_f} = \frac{672530}{1.0 \times 19.1 \times 400} = 88.03(\text{mm}) < h'_f = 150(\text{mm})$$

说明中和轴在受压翼缘内。

$x = 88.03(\text{mm}) < 2a'_s = 2 \times 45 = 90(\text{mm})$，故取 $x = 2a'_s = 2 \times 45 = 90(\text{mm})$。

$$e' = e_i - \frac{h}{2} + a'_s = 469.67 - \frac{900}{2} + 45 = 64.47(\text{mm})$$

则受拉钢筋截面面积 A_s 和受压钢筋截面面积 A'_s 可得：

$$A_s = A'_s = \frac{Ne'}{f'_y(h_0 - a'_s)} = \frac{672530 \times 64.47}{360 \times (855 - 45)} = 148.69(\text{mm}^2)$$

(2) 按 $M_0 = 172.91\text{kN·m}$，$N = 317.02\text{kN}$ 计算：

$$e_0 = \frac{M_0}{N} = \frac{172.91 \times 10^6}{317.02 \times 10^3} = 545.44(\text{mm})$$

附加偏心距 $e_a = \max\left\{20\text{mm}, \dfrac{h}{30}\right\} = 30\text{mm}$，

则：

$$e_i = e_0 + e_a = 545.44 + 30 = 575.44(\text{mm})$$

$$\zeta_c = \frac{0.5 f_c A}{N} = \frac{0.5 \times 19.1 \times [100 \times 900 + 2 \times (400-100) \times 150]}{317020} = 5.42 > 1.0, \text{取 } \zeta_c = 1.0$$

$$\eta_s = 1 + \frac{1}{1500 \dfrac{e_i}{h_0}} \left(\frac{l_0}{h}\right)^2 \xi_c = 1 + \frac{1}{1500 \times \dfrac{575.44}{855}} \times \left(\frac{8300}{900}\right)^2 \times 1.0 = 1.08$$

$$M = \eta_s M_0 = 1.08 \times 172.91 = 187.48(\text{kN} \cdot \text{m})$$

$$e_i = e_0 + e_a = \frac{M}{N} + e_a = \frac{187.48 \times 10^6}{317.02 \times 10^3} + 30 = 621.38(\text{mm})$$

先假定中和轴位于翼缘内侧，则受压区高度：

$$x = \frac{N}{\alpha_1 f_c b_f'} = \frac{317020}{1.0 \times 19.1 \times 400} = 41.49(\text{mm}) < 2a_s' = 90(\text{mm}), \text{取 } x = 90\text{mm}$$

$$e' = e_i - \frac{h}{2} + a_s = 621.38 - \frac{900}{2} + 45 = 216.38(\text{mm})$$

$$A_s = A_s' = \frac{Ne'}{f_y'(h_0 - a_s')} = \frac{317020 \times 216.38}{360 \times (855-45)} = 235.25(\text{mm}^2)$$

综合上述计算结果，下柱截面选用 4Φ16（$A_s = 804\text{mm}^2$），且满足最小配筋率要求，即：

$$A_s > A_{s,\min} = \rho_{\min} A = \rho_{\min}[bh + (b_f - b)h_f \times 2] = 0.214\% \times 18 \times 10^4 = 385.2(\text{mm})$$

验证垂直于弯矩平面的受压承载力：

$$I_y = 17.34 \times 10^8 \text{mm}^4, \quad A = 18.75 \times 10^4 \text{mm}^2$$

$$i_y = \sqrt{\frac{I_y}{A}} = \sqrt{\frac{17.34 \times 10^8}{18.75 \times 10^4}} = 96.17(\text{mm}), \quad \frac{l_0}{i_y} = \frac{0.8 \times 8300}{96.17} = 69.04, \quad \varphi = 0.75$$

$$N_u = 0.9\varphi(f_c A + f_y' A_s)$$

$$= 0.9 \times 0.75 \times (19.1 \times 18.75 \times 10^4 + 360 \times 804 \times 2) = 2808.09(\text{kN}) > N_{\max} =$$

858.98kN，满足要求。

2.7.4 柱的裂缝宽度验算

《混凝土结构设计规范（2015 年版）》（GB 50010—2010）规定，对 $e_0/h_0 > 0.55$ 的柱应进行裂缝宽度验算，由表 2-7 可知，按荷载效应准永久组合计算时，上柱及下柱的偏心距最大值分别为：

$$e_0 = \frac{M_q}{N_q} = \frac{32.20 \times 10^6}{243.89 \times 10^3} = 132.03(\text{mm}) < 0.55h_0 = 0.55 \times 355 = 195(\text{mm})$$

$$e_0 = \frac{M_q}{N_q} = \frac{37.63 \times 10^6}{317.02 \times 10^3} = 118.70(\text{mm}) < 0.55h_0 = 0.55 \times 855 = 470(\text{mm})$$

故不需要进行裂缝宽度验算。

2.7.5 柱箍筋配置

非地震区的单层厂房柱，其箍筋数量一般由构造要求控制，根据构造要求，上下柱箍筋均选用Φ8@200。

2.7.6 牛腿设计

根据吊车梁支承位置，截面尺寸及构造要求，初步拟定牛腿尺寸如图 2-25。其中牛腿截面宽度 $b=400$mm，牛腿截面高度 $h=600$mm，$h_0=555$mm。

（1）牛腿截面高度验算

作用于牛腿顶面按荷载效应标准组合的竖向力为：

$$F_{vk}=D_{max}+G_3=310+34.2=344.2(kN)$$

牛腿顶面无水平荷载：$F_{hk}=0$。

对于支承吊车梁的牛腿，裂缝控制系数 $\beta=0.65$，$f_{tk}=2.39$N/mm^2。

竖向力的作用点至下柱边缘的水平距离：$a=-150+20=-130$(mm)<0，取 $a=0$。

$$\beta\left(1-0.5\frac{F_{hk}}{F_{vk}}\right)\frac{f_{tk}bh_0}{0.5+\frac{a}{h_0}}=0.65\times(1-0)\times\frac{2.39\times400\times555}{0.5}$$
$$=689.75(kN)>F_{vk}$$

故牛腿截面尺寸满足要求。

（2）牛腿配筋计算

由于 $a=-150+20=-130$(mm)<0，因而该牛腿可按构造要求配筋。根据构造要求，$A_s\geq\rho_{min}bh=0.214\%\times400\times600=513.6$(mm^2)，实际选用 4Φ16（$A_s=804$mm^2），水平箍筋选用Φ8@100。

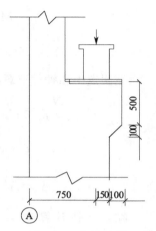

图 2-25　牛腿计算

2.7.7 柱的吊装验算

采用翻身起吊，吊点设在牛腿下部，混凝土达到设计强度起吊，柱插入杯口深度为：$h_1=0.9h_c=0.9\times900=810$mm，取 $h_1=850$mm。则柱吊装时总长度为 3.6+8.3+0.85=12.75(m)。计算简图及弯矩图如图 2-26 所示。

（1）荷载计算

柱吊装阶段的荷载为柱自重重力荷载，且考虑动力系数 $\mu=1.5$，即：

$$q_1=\mu\gamma_G q_{1k}=1.5\times1.3\times4.0=7.80(kN/m)$$
$$q_2=\mu\gamma_G q_{2k}=1.5\times1.3\times(0.4\times1.0\times25)=19.50(kN/m)$$
$$q_3=\mu\gamma_G q_{2k}=1.5\times1.3\times4.69=9.15(kN/m)$$

（2）内力计算

在上述荷载作用下，柱各控制截面的弯矩为：

$$M_1 = \frac{1}{2} q_1 H_u^2 = \frac{1}{2} \times 7.8 \times 3.6^2 = 50.54 (\text{kN} \cdot \text{m})$$

$$M_2 = \frac{1}{2} \times 7.8 \times (3.6 + 0.6)^2 + \frac{1}{2} \times (19.50 - 7.80) \times 0.6^2 = 70.90 (\text{kN} \cdot \text{m})$$

由 $\sum M_B = R_A l_3 - \frac{1}{2} q_3 l_3^2 + M_2 = 0$，得

$$R_A = \frac{1}{2} q_3 l_3 - \frac{M_2}{l_3} = \frac{1}{2} \times 9.15 \times 8.55 - \frac{70.90}{8.55} = 30.82 (\text{kN})$$

$M_3 = R_A x - \frac{1}{2} q_3 x^2$，令 $\frac{\mathrm{d} M_3}{\mathrm{d} x} = R_A - q_3 x = 0$，得 $x = R_A / q_3 = 30.82/9.15 = 3.37 (\text{m})$

则下柱段最大弯矩 M_3 得：$M_3 = 30.82 \times 3.37 - \frac{1}{2} \times 9.15 \times 3.37^2 = 51.91 (\text{kN} \cdot \text{m})$

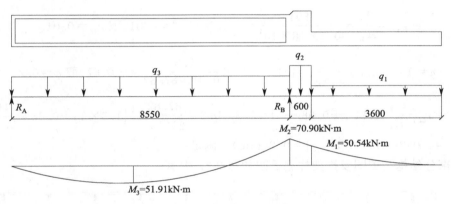

图 2-26　排架柱吊装计算及弯矩

(3) 承载力和裂缝宽度验算

上柱配筋为 $A_s = A_s' = 603 \text{mm}^2$（3Φ16），其受弯矩承载力按下式验算：

$$M_u = f_y' A_s' (h_0 - a_s') = 360 \times 603 \times (355 - 45) = 67.29 (\text{kN} \cdot \text{m}) > \gamma_0 M_1$$
$$= 1.0 \times 50.54 = 50.54 (\text{kN} \cdot \text{m})$$

裂缝宽度验算如下：

$$M_k = 50.54/1.35 = 37.44 (\text{kN} \cdot \text{m})$$

纵向钢筋受拉应力：

$$\sigma_{sk} = \frac{M_k}{0.87 h_0 A_s} = \frac{37.44 \times 10^6}{0.87 \times 355 \times 603} = 201.03 (\text{N/mm}^2)$$

按有效受拉混凝土截面面积计算的纵向受拉钢筋的等效配筋率（A_{te} 为有效受拉混凝土截面面积）：

$$\rho_{te} = \frac{A_s}{A_{te}} = \frac{603}{0.5 \times 400 \times 400} = 7.54 \times 10^{-3} < 0.01，取 \rho_{te} = 0.01$$

裂缝间纵向受拉钢筋的应变不均匀系数 φ：

$$\varphi = 1.1 - 0.65 \frac{f_{tk}}{\rho_{te} \sigma_{sk}} = 1.1 - 0.65 \times \frac{2.39}{0.01 \times 201.03} = 0.33$$

最外层纵向受拉钢筋外边缘至受拉底边的距离：$C_s = 25 + 8 = 33(\text{mm})$；

最大裂缝宽度 ω_{max}（α_{cr} 为构件受力特征系数，d_{eq} 受拉区纵向受力钢筋等效直径）：

$$\omega_{max} = \alpha_{cr} \varphi \frac{\sigma_{sk}}{E_s}\left(1.9 C_s + 0.08 \frac{d_{eq}}{\rho_{te}}\right) = 1.9 \times 0.33 \times \frac{201.03}{2 \times 10^5} \times \left(1.9 \times 33 + 0.08 \times \frac{16}{0.01}\right)$$

$$= 0.120(\text{mm}) < [\omega_{max}] = 0.2(\text{mm})，满足要求。$$

下柱配筋为 $A_s = A_s' = 804\text{mm}^2$（4$\Phi$16），其受弯矩承载力按下式验算：

$$M_u = f_y' A_s'(h_0 - a_s') = 360 \times 804 \times (855 - 45) = 234.45(\text{kN} \cdot \text{m}) > \gamma_0 M_2$$

$$= 1.0 \times 70.90 = 70.90(\text{kN} \cdot \text{m})$$

裂缝宽度验算如下：

$$M_k = 70.90/1.35 = 52.52(\text{kN} \cdot \text{m})$$

$$\sigma_{sk} = \frac{M_k}{0.87 h_0 A_s} = \frac{52.52 \times 10^6}{0.87 \times 855 \times 804} = 87.82(\text{N/mm}^2)$$

$$\rho_{te} = \frac{A_s}{A_{te}} = \frac{804}{0.5 \times 18 \times 10^4} = 8.93 \times 10^{-3} < 0.01，取 \rho_{te} = 0.01$$

$$\varphi = 1.1 - 0.65 \frac{f_{tk}}{\rho_{te} \sigma_{sk}} = 1.1 - 0.65 \times \frac{2.39}{0.01 \times 87.82} = -0.67，取 \varphi = 0.2$$

$$\omega_{max} = \alpha_{cr} \varphi \frac{\sigma_{sk}}{E_s}\left(1.9 C_s + 0.08 \frac{d_{eq}}{\rho_{te}}\right) = 1.9 \times 0.2 \times \frac{87.82}{2 \times 10^5} \times \left(1.9 \times 33 + 0.08 \times \frac{16}{0.01}\right)$$

$$= 0.032(\text{mm}) < [\omega_{max}] = 0.2(\text{mm})，满足要求。$$

厂房部分结构布置图及排架柱施工图如图 2-27 所示。

(a) 屋架及屋面板布置

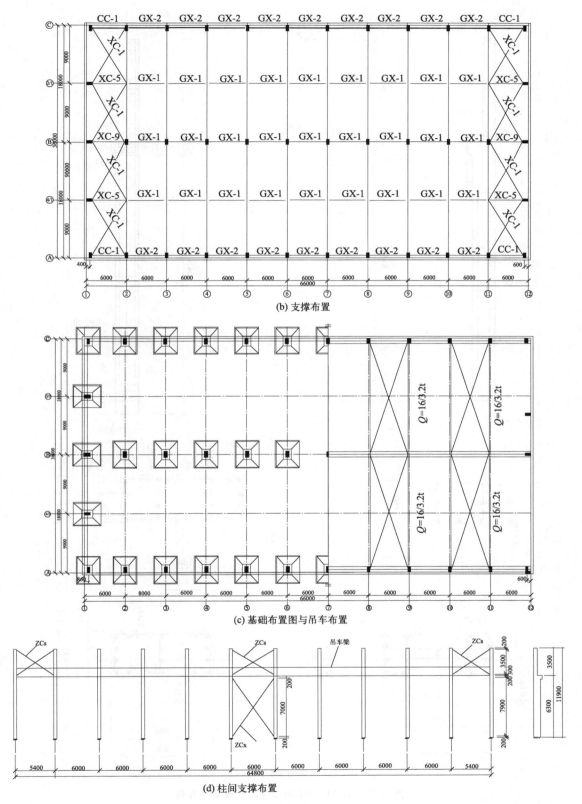

(b) 支撑布置

(c) 基础布置图与吊车布置

(d) 柱间支撑布置

图 2-27

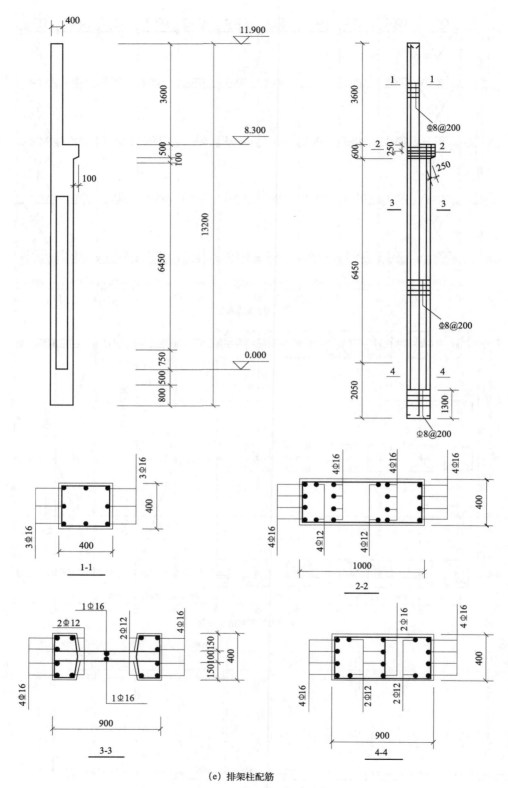

（e）排架柱配筋

图 2-27　部分厂房结构布置图及排架柱配筋

2.8 柱下独立基础设计

《建筑地基基础设计规范》（GB 50007—2011）规定，对 6m 柱距单层排架结构多跨厂房，当地基承载力特征值为 $160\text{kN/m}^2 \leqslant f_{ak} < 200\text{ kN/m}^2$，厂房跨度 $l \leqslant 30\text{m}$，吊车额定起重量不超过 30t，以及设计等级为两级时，设计时可不做地基变形验算。本工程符合上述条件，故不需进行地基变形验算。

下面对 A 柱进行基础设计：

基础材料：混凝土强度等级取 C40，$f_c = 19.1\text{N/mm}^2$，$f_t = 1.71\text{N/mm}^2$，钢筋采用 HRB400，$f_y = 360\text{N/mm}^2$，基础垫层采用 C20 素混凝土。

2.8.1 基础内力的选取

作用于基础顶面上的荷载包括柱底（Ⅲ-Ⅲ截面）传给基础的 M，N，V 以及围护墙自重重力荷载两部分。按照《建筑地基基础设计规范》（GB 50007—2011）规定，基础的地基承载力验算取用荷载效应标准组合，基础受冲切承载力验算和底板配筋计算取用荷载效应基本组合。由于围护墙自重重力荷载大小，方向和作用位置均不变，故基础最不利内力主要取决于柱底（Ⅲ-Ⅲ截面）的不利内力，应选取轴力为最大的不利组合以及正负弯矩最大的不利内力组合，经对表 2-6 中柱底截面不利内力进行分析可知，基础设计时的不利内力如表 2-8 所示。

表 2-8 基础设计时的不利内力

分组	荷载效应标准组合			荷载效应基本组合		
	$M_k/\text{kN·m}$	N_k/kN	V_k/kN	$M/\text{kN·m}$	N/kN	V/kN
第一组	179.98	490.62	29.14	266.27	672.53	42.36
第二组	−127.08	386.32	−12.49	−198.36	420.97	−22.14
第三组	106.78	614.92	15.81	156.48	858.98	22.36

2.8.2 围护墙重力荷载计算

如图 2-28 所示，每个基础承受的围护墙总宽度为 6.0m，总高度为 12.63m，墙体为 240mm 厚实心砖墙，重度为 19kN/m^3，内墙面为 0.5kN/m^2，钢门墙按 0.45kN/m^2 计算，每根基础梁自重为 16.1kN，则每个基础承受的由墙体传来的重力荷载标准值为：

基础梁自重   16.1kN

墙体自重 $[19 \times 0.24 + 0.5] \times [6 \times 12.63 - 4.5 \times (2.1 \times 2 + 1.8)] = 246.83(\text{kN})$

钢窗自重 $0.45 \times 4.5 \times (2.1 \times 2 + 1.8) = 12.15(\text{kN})$

$$N_{wk} = 275.08\text{kN}$$

围护墙对基础产生的偏心距为：$e_w = 120 + 450 = 570(\text{mm})$。

2.8.3 地基承载力验算

(1) 基础高度和埋置深度确定

由构造要求可知，基础高度 $h = h_1 + a_1 + 50\text{mm}$，其中 h_1 为柱插入杯口深度，查《建

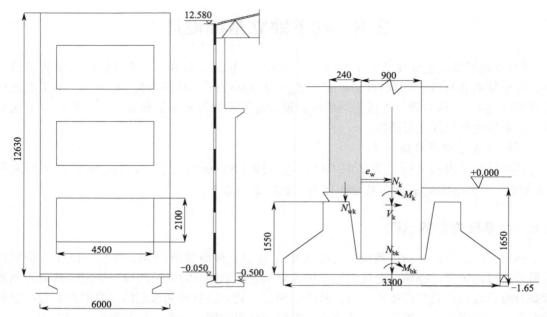

图 2-28　围护墙体自重计算

筑地基基础设计规范》（GB 50007—2011）可知 $h_1 = 0.9h = 0.9 \times 900 = 810$（mm）＞800（mm），取 $h_1 = 850$mm，a_1 为杯底厚度，经查《建筑地基基础设计规范》（GB 50007—2011）可知 $a_1 \geqslant 200$mm，取 $a_1 = 250$mm，故基础高度为：$h = 850 + 250 + 50 = 1150$（mm）。

因基础顶面标高为 -0.5m，室内外高差为 150mm，则基础埋置深度为：$d = 1150 + 500 - 150 = 1500$（mm）。

（2）基础底面尺寸确定

基础底面面积按地基承载力计算确定，并取用荷载效应标准组合。

由《建筑地基基础设计规范》（GB 50007—2011）可查得 $\eta_d = 1.0$，$\eta_b = 0$（黏性土），取基础底面以上土及基础的平均重度 $\gamma_m = 20$kN/m³，根据地基承载力特征值 $f_{ak} = 186$kN/m²，则深度修正后的地基承载力特征值 f_a 按下式计算：$f_a = f_{ak} + \eta_d \gamma_m (d - 0.5) = 186 + 1.0 \times 20 \times (1.5 - 0.5) = 206$（kN/m²）。

按轴心受压估算基础底面尺寸，取：

$$N_k = N_{k,\max} + N_{wk} = 614.92 + 275.08 = 890（\text{kN}）$$

则

$$A = \frac{N_k}{f_a - \gamma_m d} = \frac{890}{206 - 20 \times 1.5} = 5.06（\text{m}^2）$$

考虑到偏心的影响，将基础的底面尺寸再增加30%，取：$A = ab = 3.3 \times 2.6 = 8.58$（m²）。

基础底面的弹性抵抗弯矩为：$W = \dfrac{1}{6}a^2 b = \dfrac{1}{6} \times 2.6 \times 3.3^2 = 4.72$（m³）。

（3）地基承载力验算

基础自重和土重（基础及其以上填土的平均自重 $\gamma_m = 20$kN/m³）：

$$G_k = \gamma_m d A = 20 \times 1.5 \times 8.58 = 257.4（\text{kN}）$$

由表 2-8 可知，选取以下三组不利内力进行基础底面积计算：

① $M_k=179.98\text{kN}\cdot\text{m}$；$N_k=490.62\text{kN}$；$V_k=29.14\text{kN}$；

② $M_k=-127.08\text{kN}\cdot\text{m}$；$N_k=386.32\text{kN}$；$V_k=-12.49\text{kN}$；

③ $M_k=106.78\text{kN}\cdot\text{m}$；$N_k=614.92\text{kN}$；$V_k=15.81\text{kN}$。

取第一组不利内力进行计算：

基础底面相应于荷载效应标准组合时的竖向压力值和力矩值分别为：

$$N_{bk}=N_k+G_k+N_{wk}=490.62+257.40+275.08=1023.10(\text{kN})$$

$$M_{bk}=M_k+V_kh\pm N_{wk}e_w=179.98+29.14\times1.15-275.08\times0.57=56.70(\text{kN}\cdot\text{m})$$

基础底面边缘的压力为：

$$\begin{array}{c}P_{k,max}\\P_{k,min}\end{array}=\frac{N_{bk}}{A}\pm\frac{M_{bk}}{W}=\frac{1023.10}{8.58}\pm\frac{56.70}{4.72}=119.24\pm12.01=\begin{cases}131.25(\text{kN/m}^2)\\107.23(\text{kN/m}^2)\end{cases}$$

$$P=\frac{P_{k,max}+P_{k,min}}{2}=\frac{131.25+107.23}{2}=119.24(\text{kN/m}^2)<f_a=206(\text{kN/m}^2)$$

$P_{k,max}=131.25(\text{kN/m}^2)<1.2f_a=1.2\times206=247.2(\text{kN/m}^2)$，满足要求。

取第二组不利内力计算：

$$N_{bk}=N_k+G_k+N_{wk}=386.32+257.40+275.08=918.80(\text{kN})$$

$$M_{bk}=M_k+V_kh\pm N_{wk}e_w=-127.08-12.49\times1.15-275.08\times0.57=-298.24(\text{kN}\cdot\text{m})$$

基础底面边缘的压力为：

$$\begin{array}{c}P_{k,max}\\P_{k,min}\end{array}=\frac{N_{bk}}{A}\pm\frac{M_{bk}}{W}=\frac{918.80}{8.58}\pm\frac{298.24}{4.72}=107.09\pm63.19=\begin{cases}170.27(\text{kN/m}^2)\\43.90(\text{kN/m}^2)\end{cases}$$

$$P=\frac{P_{k,max}+P_{k,min}}{2}=\frac{170.28+43.90}{2}=107.09(\text{kN/m}^2)<f_a=206(\text{kN/m}^2)$$

$$P_{k,max}=170.28(\text{kN/m}^2)<1.2f_a=1.2\times206=247.2(\text{kN/m}^2),$$

满足要求。

取第三组不利内力计算：

$$N_{bk}=N_k+G_k+N_{wk}=614.92+257.40+275.08=1147.40(\text{kN})$$

$$M_{bk}=M_k+V_kh\pm N_{wk}e_w=106.78+15.81\times1.15-275.08\times0.57=-31.83(\text{kN}\cdot\text{m})$$

基础底面边缘的压力为

$$\begin{array}{c}P_{k,max}\\P_{k,min}\end{array}=\frac{N_{bk}}{A}\pm\frac{M_{bk}}{W}=\frac{1147.40}{8.58}\pm\frac{31.83}{4.72}=133.73\pm6.74=\begin{cases}140.47(\text{kN/m}^2)\\126.99(\text{kN/m}^2)\end{cases}$$

$$P=\frac{P_{k,max}+P_{k,min}}{2}=\frac{140.47+126.99}{2}=133.73(\text{kN/m}^2)<f_a=206(\text{kN/m}^2)$$

$P_{k,max}=140.47(\text{kN/m}^2)<1.2f_a=1.2\times206=247.2(\text{kN/m}^2)$，满足要求。

2.8.4 基础受冲切承载力验算

基础受冲切承载力计算时采用荷载效应的基本组合，并采用基底净反力，由表 2-8 选取下列三组不利内力：

① $M=266.27\text{kN}\cdot\text{m}$；$N=672.53\text{kN}$；$V=42.36\text{kN}$；

② $M=-198.36\text{kN}\cdot\text{m}$；$N=420.97\text{kN}$；$V=-22.14\text{kN}$；

③ $M=156.48\text{kN}\cdot\text{m}$；$N=858.98\text{kN}$；$V=22.36\text{kN}$。

先按第一组不利内力计算，该组内力组合时，取 $\gamma_G=1.3$，不考虑基础自重及其上土重，地基净反力计算如下：

$$N_b=N+\gamma_G N_{wk}=672.53+1.3\times275.08=1030.13(\text{kN})$$

$$M_b=M+Vh\pm\gamma_G N_{wk}e_w=266.27+42.36\times1.15-1.3\times275.08\times0.57=111.15(\text{kN}\cdot\text{m})$$

$$\frac{P_{j,max}}{P_{j,min}}=\frac{N_b}{A}\pm\frac{M_b}{W}=\frac{1030.13}{8.58}\pm\frac{111.15}{4.72}=120.06\pm23.55=\begin{cases}143.61(\text{kN/m}^2)\\96.51(\text{kN/m}^2)\end{cases}$$

按第二组不利内力计算，该组内力组合时，取 $\gamma_G=1.0$，不考虑基础自重及其上土重，地基净反力计算如下：

$$N_b=N+\gamma_G N_{wk}=420.97+1.3\times275.08=778.57(\text{kN})$$

$$M_b=M+Vh\pm\gamma_G N_{wk}e_w=-198.36-22.24\times1.15-1.3\times275.08\times0.57=-427.66(\text{kN}\cdot\text{m})$$

$$\frac{P_{j,max}}{P_{j,min}}=\frac{N_b}{A}\pm\frac{M_b}{W}=\frac{778.57}{8.58}\pm\frac{427.66}{4.72}=90.74\pm90.61=\begin{cases}181.35(\text{kN/m}^2)\\0.14(\text{kN/m}^2)\end{cases}$$

按第三组不利内力计算，该组内力组合时，不考虑基础自重及其上土重，地基净反力计算如下：

$$N_b=N+\gamma_G N_{wk}=859.98+1.3\times275.08=1216.58(\text{kN})$$

$$M_b=M+Vh\pm\gamma_G N_{wk}e_w=156.48+22.36\times1.15-1.0\times275.08\times0.57=25.40(\text{kN}\cdot\text{m})$$

$$\frac{P_{j,max}}{P_{j,min}}=\frac{N_b}{A}\pm\frac{M_b}{W}=\frac{1216.58}{8.58}\pm\frac{25.40}{4.72}=141.79\pm5.38=\begin{cases}147.17(\text{kN/m}^2)\\136.41(\text{kN/m}^2)\end{cases}$$

基础各细部尺寸如图 2-29 所示。其中基础顶面突出柱边的宽度主要取决于杯壁厚度 t，查相关规范得 $t\geqslant300\text{mm}$，取 $t=325\text{mm}$，则基础顶面突出柱边的宽度为 $t+75\text{mm}=400\text{mm}$。杯壁高度取为 $h_2=500\text{mm}$。根据所确定的尺寸可知，变阶处的冲切破坏锥面比较危险，故只需对变阶面处进行受冲切承载力验算。冲切锥面如图 2-29 中的虚线所示。

$$a_t=b_c+800=400+800=1200(\text{mm})$$

取保护厚度为 45mm，则基础变阶处截面的有效高度为：$h_0=650-45=605\text{mm}$。

冲切破坏锥体最不利一侧斜截面的上边长：$a_b=b=2000\text{mm}$；

冲切破坏锥体最不利一侧的计算长度：$a_m=(a+a_b)/2=(1200+2000)/2=1600(\text{mm})$；

冲切验算时去用的部分锥体面积：

$$A_1=\left(\frac{3.3}{2}-\frac{1.7}{2}-0.605\right)\times2.6-\left(\frac{2.6}{2}-\frac{1.2}{2}-0.605\right)^2=0.50(\text{m}^2)$$

因为变阶面处的截面高度：$h=650\text{mm}<800\text{mm}$，故截面高度影响系数 $\beta_{hp}=1.0$。

$$F_1=p_j A_1=p_{j,max}A_1=181.35\times0.50=90.68(\text{kN})$$

$$0.7\beta_{hp}f_t a_m h_0=0.7\times1.0\times1.71\times1600\times605=1158.70(\text{kN})>F_1=90.68(\text{kN})$$

受冲切承载力满足要求。

2.8.5 基础底板配筋计算

(1) 柱边及变阶处基底净反力计算

由表 2-8 中三组不利内力设计值所产生的基底净反力见表 2-9，如图 2-29 所示，其中 $P_{j,I}$ 为基础柱边或变阶处所对应的基底净反力。经分析可知，第一组基底净反力不起控制作

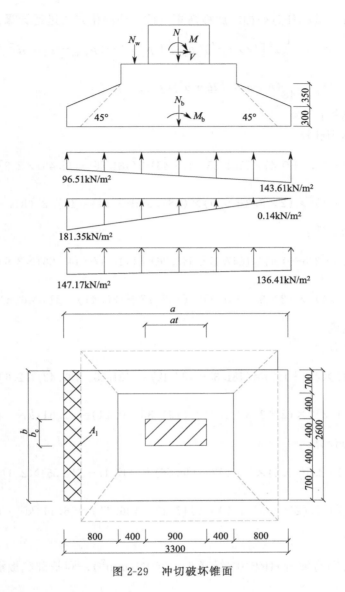

图 2-29 冲切破坏锥面

用。基础底板配筋可按第二组和第三组基底净反力计算。

表 2-9 基底净反力值

基底净反力		第一组	第二组	第三组
$P_{j,max}/(kN/m^2)$		143.61	181.35	147.17
$P_{j,I}/(kN/m^2)$	柱边处	126.48	115.46	143.26
	变阶处	132.19	137.42	144.56
$P_{j,min}/(kN/m^2)$		96.51	0.14	136.41

(2) 柱边及变阶处弯矩计算

基础的宽高比为：$(3.3-0.9-0.4×2)/[2×(1.15-0.5)]=1.6/2.2=0.73<2.5$。

第二组不利内力时基础的偏心距为：$e_0=M_b/N_b=430.43/778.57=0.553(m)>3.3/6=0.55(m)$。

则柱下矩形独立基础任意截面的底板弯矩可按下列简化方法进行计算：

$$M_{\text{I}} = \frac{1}{12}a_1^2 [(2b+a')(p_{max}+p_{j,\text{I}}) + (p_{max}-p_{j,\text{I}})l]$$

$$M_{\text{II}} = \frac{1}{48}(b-a')^2(2b+b')(p_{max}+p_{min})$$

柱边截面的弯矩：

先按第二组内力计算：

$$M_{\text{I}} = \frac{1}{12} \times 1.3^2 \times [(2 \times 2.6 + 0.4) \times (181.35 + 115.46) + (181.35 - 115.46) \times 2.6] = 258.29(\text{kN} \cdot \text{m})$$

$$M_{\text{II}} = \frac{1}{48} \times (2.6 - 0.4)^2 \times (2 \times 3.3 + 0.9) \times (181.35 + 0.14) = 137.25(\text{kN} \cdot \text{m})$$

按第三组内力计算：

$$M_{\text{I}} = \frac{1}{12} \times 1.3^2 \times [(2 \times 2.6 + 0.4) \times (147.17 + 143.26) + (147.17 - 143.26) \times 2.6] = 230.48(\text{kN} \cdot \text{m})$$

$$M_{\text{II}} = \frac{1}{48} \times (2.6 - 0.4)^2 \times (2 \times 3.3 + 0.9) \times (147.17 + 136.41) = 214.46(\text{kN} \cdot \text{m})$$

变阶处截面的弯矩：

按第二组内力计算：

$$M_{\text{I}} = \frac{1}{12} \times 0.8^2 \times [(2 \times 2.6 + 1.2) \times (181.35 + 137.42) + (181.35 - 137.42) \times 2.6] = 114.90(\text{kN} \cdot \text{m})$$

$$M_{\text{II}} = \frac{1}{48} \times (2.6 - 1.2)^2 \times (2 \times 3.3 + 1.7) \times (181.35 + 0.14) = 61.51(\text{kN} \cdot \text{m})$$

按第三组内力计算：

$$M_{\text{I}} = \frac{1}{12} \times 0.8^2 \times [(2 \times 2.6 + 1.2) \times (147.17 + 144.56) + (147.17 - 144.56) \times 2.6] = 99.94(\text{kN} \cdot \text{m})$$

$$M_{\text{II}} = \frac{1}{48} \times (2 - 1.2)^2 \times (2 \times 3.3 + 1.7) \times (147.17 + 136.41) = 96.11(\text{kN} \cdot \text{m})$$

(3) 配筋计算

基础底板受力钢筋采用 HRB400 级（$f_y = 360\text{N/mm}^2$），则基础底板沿长边方向的受力钢筋截面面积为：

$$A_{s\text{I}} = \frac{M_{\text{I}}}{0.9h_0 f_y} = \frac{258.29 \times 10^6}{0.9 \times (1150 - 45) \times 360} = 721(\text{mm}^2)$$

$$A_{s\text{I}} = \frac{M_{\text{I}}}{0.9h_0 f_y} = \frac{114.9 \times 10^6}{0.9 \times (650 - 45) \times 360} = 586(\text{mm}^2)$$

将计算得到的钢筋面积换算为每米板宽内的钢筋面积，选用Φ10@200。

基础底板沿短边方向的受力钢筋截面面积为：

$$A_{s\text{II}} = \frac{M_{\text{II}}}{0.9h_0 f_y} = \frac{214.46 \times 10^6}{0.9 \times (1150 - 45 - 10) \times 360} = 604(\text{mm}^2)$$

$$A_{s\text{II}} = \frac{M_{\text{II}}}{0.9h_0 f_y} = \frac{96.11 \times 10^6}{0.9 \times (650 - 45 - 10) \times 360} = 499(\text{mm}^2)$$

选用Φ8@200。

思考题

2.1 设计单层厂房排架结构时,如何确定排架柱的高度?

2.2 如何确定钢筋混凝土排架结构单元的计算简图?

2.3 计算风荷载时,单层厂房排架柱顶以上的风荷载在计算简图中如何简化?

2.4 影响吊车竖向荷载 $D_{\max}$ 和吊车水平荷载 $T_{\max}$ 的因素有哪些?

2.5 排架柱的柱顶位移系数的影响因素有哪些?

2.6 排架柱的抗剪刚度的影响因素有哪些?

2.7 任意荷载作用下,等高排架的剪力分配法是怎样求出其内力的?

2.8 排架柱的裂缝宽度验算时,需要验算哪些内容?

2.9 排架柱牛腿的几何尺寸如何确定?牛腿设计有哪些内容?

2.10 柱下独立基础的埋置深度如何确定?

2.11 对柱下独立基础,其底面尺寸和基础高度如何确定?

第3章

钢筋混凝土多层框架结构设计实例

3.1　设计资料

3.1.1　工程概况

　　某旅馆，共五层，层高均为 3.3m，建筑物总高度为 16.5m，屋面类型为不上人屋面，女儿墙高度设计为 0.6m，室内外高差 0.6m。结构类型为钢筋混凝土现浇框架结构，设计工作年限为 50 年，结构安全等级为二级，建筑抗震等级为三级，地面粗糙度为 C 类，基本风压值 0.30kN/m²，场地类型为Ⅱ类。结构重要性系数：1.0；抗震设防类别：标准设防类（丙类）；抗震设防烈度：7 度；设计地震分组：第一组；设计基本地震加速度：0.1g。部分建筑施工图如图 3-1 所示。

3.1.2　材料选取

　　混凝土：基础、柱、梁和板选取 C35 混凝土；
　　钢筋：HRB400；
　　砌块：ALC 加气混凝土砌块 200mm 厚。

3.1.3　结构选型

　　本设计采用框架结构，选用横向框架承重方案；本设计中楼板及屋盖均采用现浇的结构体系，本设计中基础形式选取为独立基础。

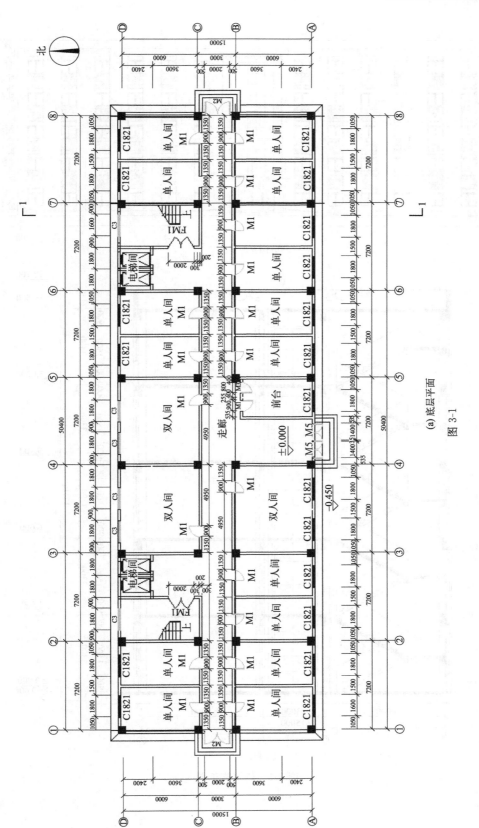

(a) 底层平面

图 3-1

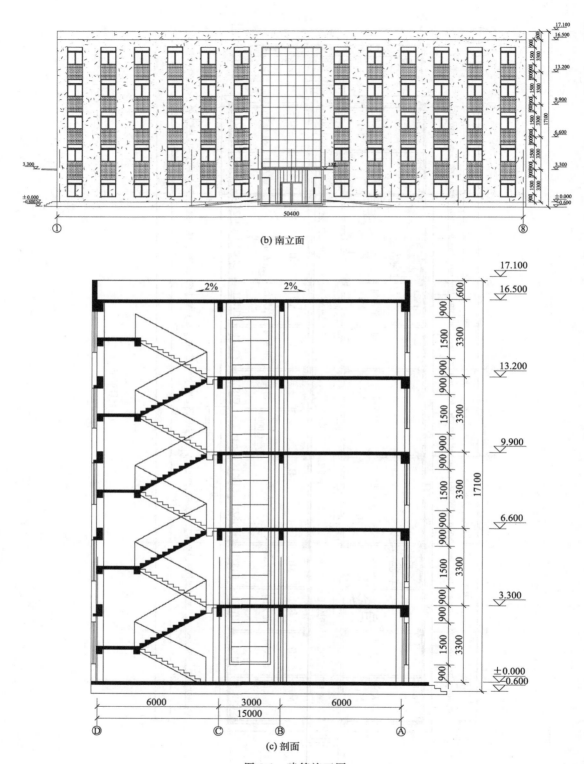

(b) 南立面

(c) 剖面

图 3-1 建筑施工图

3.2 结构布置

3.2.1 结构平面布置

该旅馆的结构平面布置图如图 3-2 所示。

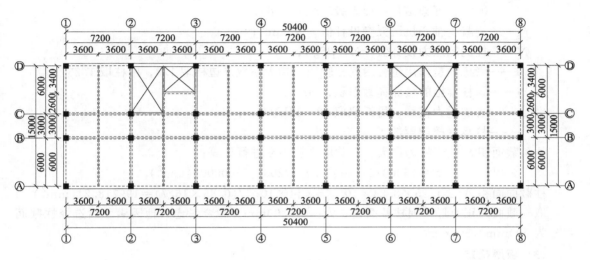

图 3-2 结构平面布置

3.2.2 框架梁、板和柱尺寸的确定

主梁截面高度 h 一般为 $(1/15～1/10)l$，主梁宽度 b 为 $(1/3～1/2)h$；次梁截面高度 h 一般为 $(1/18～1/12)l$，次梁宽度 b 为 $(1/3～1/2)h$。

(1) 梁截面尺寸估算

① 横向主梁：跨度 6000mm。

$h=(1/15～1/10)×6000\text{mm}=400～600\text{mm}$，取 $h=600\text{mm}$；

$b=(1/3～1/2)×600\text{mm}=200～300\text{mm}$，取 $b=300\text{mm}$。

② 纵向主梁：跨度 7200mm。

$h=(1/15～1/10)×7200\text{mm}=480～720\text{mm}$，取 $h=600\text{mm}$；

$b=(1/3～1/2)×600\text{mm}=200～300\text{mm}$，取 $b=300\text{mm}$。

③ 次梁：跨度 6000mm。

$h=(1/18～1/12)×6000\text{mm}=333.3～500\text{mm}$，取 $h=500\text{mm}$；

$b=(1/3～1/2)×500\text{mm}=166.7～250\text{mm}$，取 $b=250\text{mm}$。

④ 过道梁：跨度 3000mm。

主梁：$h=(1/15～1/10)×3000\text{mm}=200～300\text{mm}$

根据规范，跨高比不宜小于 4($h≤3000\text{mm}/4=750\text{mm}$)，故过道梁截面取值为：$h=500\text{mm}$，$b=(1/3～1/2)×500\text{mm}=166.7～250\text{mm}$，取 $b=250\text{mm}$。

⑤ 次梁：取次梁尺寸为 $h=500\text{mm}$，$b=250\text{mm}$。

（2）框架柱尺寸确定

抗震设计时，限制柱的轴压比主要是为了满足柱的延性设计要求。柱截面面积应满足：

$$A_c \geqslant N/\mu_N f_c$$

式中　A_c——柱的全截面面积，mm^2；

　　　μ_N——柱轴压比限值。框架结构抗震等级一级取 0.65，框架结构抗震等级二级取 0.75，框架结构抗震等级二级取 0.85；

　　　f_c——混凝土轴心抗压强度设计值，N/mm^2；

　　　N——柱的轴压力设计值，$N = \beta S g n$；

　　　β——考虑地震作用组合后的柱轴压力增大系数（边柱取 1.3，中柱取 1.25）；

　　　S——该柱承担的楼面荷载面积，mm^2；

　　　g——各层重力荷载，可近似取 12～14kN/m^2；

　　　n——柱承受楼层层数。

柱负载面积 S 以中柱为最大，因此取中柱为准进行计算：

$$S = (6000/2 + 3000/2) \times 7200 = 32400000 (mm^2)$$

柱截面面积 $A_c \geqslant 1.25 \times 3.24 \times 10^7 \times 5 \times 14 \times 10^{-3}/(0.85 \times 16.7) = 199718.21 (mm^2)$。

取柱截面为正方形，则柱截面边长为：446.90mm，综合考虑其他因素之后选择柱截面尺寸为 500mm×500mm。

（3）板厚确定

结构板的长边与短边之比为 6000：3600≈1.67＜2，本结构中板按双向板进行分析计算。故板厚 $h = (1/50 \sim 1/35) \times 3600mm = 72 \sim 102.9mm$，取 $h = 120mm > 1/40 \times 3600mm = 90mm$，满足规范要求。

3.2.3　框架梁、柱线刚度计算

（1）梁、柱线刚度计算

计算梁截面惯性矩时，中框架为 $I = 2I_0$，边框架为 $I = 1.5I_0$，I_0 为框架梁按矩形截面计算的截面惯性矩。

由公式 $i = E_c I/l$ 计算如表 3-1 所示。

表 3-1　构件截面惯性矩计算

类别	截面/(mm×mm)	E_c/(kN/m²)	l/m	$I_0/\times 10^{-3}$ m⁴	$\dfrac{E_c I_0}{l}$/kN·m	$\dfrac{2E_c I_0}{l}$/kN·m
主横梁	300×600	31.5×10⁶	6	5.400	28350.0	56700.0
过道梁	250×500	31.5×10⁶	3	2.604	27343.8	54687.5
底层柱	500×500	31.5×10⁶	4.3	5.208	38154.1	—
2～5 层柱	500×500	31.5×10⁶	3.3	5.208	49715.9	—

（2）柱抗侧刚度 D 值计算

框架柱的抗侧刚度如表 3-2 和表 3-3 所示。

表 3-2　底层框架柱抗侧刚度计算表

构件	$K=\dfrac{\sum i_b}{i_c}$	$\alpha=\dfrac{0.5+K}{2+K}$	$D=\alpha\dfrac{12i_c}{h_j^2}/(kN/m)$
A柱	1.49	0.57	14114.33
B柱	2.92	0.70	17333.38
C柱	2.92	0.70	17333.38
D柱	1.49	0.57	14114.33

表 3-3　2～5 层框架柱抗侧刚度计算

构件	$K=\dfrac{\sum i_b}{2i_c}$	$\alpha=\dfrac{K}{2+K}$	$D=\alpha\dfrac{12i_c}{h_j^2}/(kN/m)$
A柱	1.14	0.36	19722.01
B柱	2.24	0.53	29035.19
C柱	2.24	0.53	29035.19
D柱	1.14	0.36	19722.01

由以上计算可知各层柱的抗侧刚度为：

底层柱　　　　　　　　$D_1=62895.46kN/m$

2～5 层柱　　　　　$D_2～D_5=97514.40kN/m$

3.3　荷载计算

3.3.1　竖向荷载计算

3.3.1.1　计算简图

本工程选取④号轴线处框架进行计算。计算简图如图 3-3 所示。

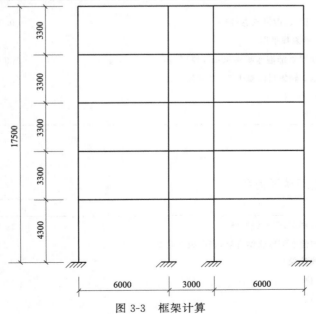

图 3-3　框架计算

3.3.1.2 可变荷载标准值

可变荷载由《建筑结构荷载规范》(GB 50009—2012)、《工程结构通用规范》(GB 55001—2021)查得，如表 3-4 所示。

表 3-4　可变荷载标准值统计　　　　　　　　单位：kN/m^2

荷载类型	数值	荷载类型	数值
走廊活载	2.0	不上人屋面活载	0.5
卫生间活载	2.5	楼梯间活载	3.5
档案室活载	3.0	基本风压	0.30
贮藏室活载	6.0	基本雪压	0.35
其余楼面活载	2.0		

3.3.1.3 永久荷载

(1) 屋面荷载

① 普通房间屋面荷载

卷材涂膜防水不上人屋面	
1. 涂料粒料保护层	$0.05kN/m^2$
2. 防水层(1.2mm 厚三元乙丙橡胶卷材)	$0.0012 \times 9.3 = 0.01kN/m^2$
3. 20mm 厚 1∶3 水泥砂浆找平层	$0.02 \times 20 = 0.4kN/m^2$
4. 保温或隔热层(硬质聚氨酯泡沫塑料 35mm 厚)	$0.035 \times 0.5 = 0.02kN/m^2$
5. 最薄 30mm 厚 LC5.0 轻集料混凝土 2% 找坡层(平均厚度 80mm)	$0.08 \times 6 = 0.48kN/m^2$
6. 钢筋混凝土屋面板	$0.12 \times 25 = 3.0kN/m^2$
7. 轻钢龙骨铝扣板吊顶	$0.15kN/m^2$
合计	$4.11kN/m^2$

② 卫生间屋面荷载

卷材涂膜防水不上人屋面	
1. 涂料粒料保护层	$0.050kN/m^2$
2. 防水层(1.2mm 厚三元乙丙橡胶卷材)	$0.0012 \times 9.3 = 0.010kN/m^2$
3. 20mm 厚 1∶3 水泥砂浆找平层	$0.02 \times 20 = 0.400kN/m^2$
4. 保温或隔热层(硬质聚氨酯泡沫塑料 35mm 厚)	$0.035 \times 0.5 = 0.020kN/m^2$
5. 最薄 30mm 厚 LC5.0 轻集料混凝土 2% 找坡层	$0.08 \times 6 = 0.480kN/m^2$
6. 钢筋混凝土屋面板	$0.12 \times 25 = 3.000kN/m^2$
7. 耐潮纸面石膏板吊顶	$0.200kN/m^2$
合计	$4.160kN/m^2$

(2) 楼面荷载

① 普通房间、走廊楼面荷载

地砖楼面	
1. 8~10mm 厚铺地砖楼面,干水泥擦缝	$19.8 \times 0.008 = 0.158kN/m^2$
2. 20mm 厚 1∶3 干硬性水泥砂浆结合层,表面撒水泥粉	$20 \times 0.02 = 0.400kN/m^2$
3. 水泥浆一道(内掺建筑胶)	—
4. 现浇钢筋混凝土楼板	$25 \times 0.12 = 3.00kN/m^2$
5. 轻钢龙骨铝扣板吊顶	$0.150kN/m^2$

合计	3.708kN/m²

② 卫生间楼面荷载

地砖地面	
1. 8～10mm 厚铺地砖楼面,干水泥擦缝	19.8×0.008＝0.158kN/m²
2. 20mm 厚1:3 干硬性水泥砂浆结合层,表面撒水泥粉	20×0.02＝0.400kN/m²
3. 1.2mm 厚聚氨酯防水层	11×0.0012＝0.013kN/m²
4. 20mm 厚1:3 水泥砂浆找平	20×0.02＝0.400kN/m²
5. 水泥浆一道	—
6. 现浇钢筋混凝土楼板	25×0.12＝3.000kN/m²
合计	3.971kN/m²

(3) 墙面荷载

① 外墙面荷载

涂料墙面	
1. 弹性外墙漆两道	—
2. 3mm 厚1:2.5 聚合物砂浆粉面,压实赶光	0.003×20＝0.060kN/m²
3. 耐碱玻纤网格布一层,8mm 厚防渗抗裂砂浆压入	0.008×20＝0.160kN/m²
4. 40mm 厚岩棉板保温层,粘贴面各刷界面剂一道,锚钉固定	0.04×2.5＝0.100kN/m²
5. 3mm 厚专用胶黏剂	—
6. 20mm 厚1:3 水泥砂浆找平层	20×0.02＝0.400kN/m²
7. 刷界面剂处理一道	—
合计	0.720kN/m²

② 普通房间及楼梯间内墙面荷载

水泥石灰砂浆墙面	
1. 面浆(涂料)饰面	—
2. 2mm 厚纸筋灰罩面	0.002×14＝0.028kN/m²
3. 14mm 厚1:3:9 水泥石灰膏砂浆打底分层抹平	0.014×17＝0.238kN/m²
4. 刷素水泥浆一道	
合计	0.266kN/m²

③ 卫生间内墙面荷载

贴面砖防水墙面	
1. 白水泥擦缝	—
2. 8mm 厚墙面砖(粘贴前面砖充分浸湿)	0.008×19.8＝0.159kN/m²
3. 4mm 厚强力胶粉泥黏结层,揉挤压实	0.004×17＝0.068kN/m²
4. 1.5mm 厚聚合物水泥基复合防水涂料层	0.0015×12.5＝0.019kN/m²
5. 9mm 厚1:3 水泥砂浆分层压实抹平	0.009×20＝0.18kN/m²
6. 刷素水泥浆一道甩毛(内掺建筑胶)	—
合计	0.426kN/m²

(4) 构件自重

① 柱自重

框架柱（500mm×500mm）	0.5×0.5×25＝6.25kN/m

② 梁自重

主横、纵梁（300mm×600m）	$0.3×(0.6-0.12)×25=3.6kN/m$
次梁、过道梁（250mm×500m）	$0.25×(0.5-0.12)×25=2.375kN/m$

（5）外墙体自重

① 普通房间及楼梯间外墙体自重

涂料墙面	$0.720kN/m^2$
ALC 加气混凝土砌块 200mm 厚	$7×0.2=1.4kN/m^2$
水泥石灰砂浆墙面	$0.266kN/m^2$
合计	$2.386kN/m^2$

② 卫生间外墙体自重

涂料墙面	$0.720kN/m^2$
ALC 加气混凝土砌块 200mm 厚	$7×0.2=1.4kN/m^2$
贴面砖防水墙面	$0.426kN/m^2$
合计	$2.546kN/m^2$

（6）内墙体自重

普通房间及楼梯间内墙体自重

水泥石灰砂浆墙面	$0.266kN/m^2$
ALC 加气混凝土砌块 200mm 厚	$7×0.2=1.4kN/m^2$
水泥石灰砂浆墙面	$0.266kN/m^2$
合计	$1.932kN/m^2$

（7）卫生间内墙体自重

① 卫生间内部隔墙自重

贴面砖防水墙面	$0.426kN/m^2$
ALC 加气混凝土砌块 200mm 厚	$7×0.2=1.4kN/m^2$
贴面砖防水墙面	$0.426kN/m^2$
合计	$2.252kN/m^2$

② 卫生间与普通房间隔墙自重

贴面砖防水墙面	$0.426kN/m^2$
ALC 加气混凝土砌块 200mm 厚	$7×0.2=1.4kN/m^2$
水泥石灰砂浆墙面	$0.266kN/m^2$
合计	$2.092kN/m^2$

（8）女儿墙自重

涂料墙面	$0.72×0.6=0.43kN/m$
ALC 加气混凝土砌块 200mm 厚,400mm 高	$7×0.2×0.4=0.56kN/m$
涂料墙面	$0.72×0.6=0.43kN/m$
200mm 高钢筋混凝土压顶	$0.2×0.2×25=1kN/m$
20mm 厚水泥砂浆	$0.02×0.2×20=0.08kN/m$
合计	$2.50kN/m$

（9）门窗自重

铝合金门窗	$0.40kN/m$
木门	$0.20kN/m$

3.3.2 荷载传递与简化的基本原理

（1）双向板的荷载传递路径

本设计中取④轴进行计算，荷载传递路径如图 3-4。

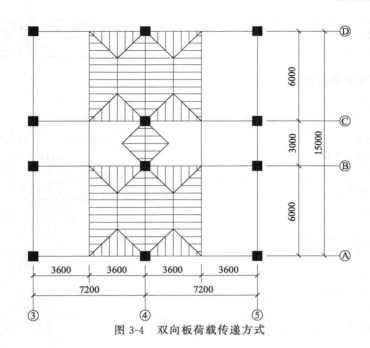

图 3-4 双向板荷载传递方式

（2）梁上荷载简化方法

板传递到梁上荷载呈梯形和三角形，计算起来不方便，可以按照固端弯矩等效原则简化为梁上均布荷载。

由《建筑结构静力计算实用手册》可知，简化公式如下：

梯形荷载：
$$q = (1 - 2\alpha^2 + \alpha^3)p$$

三角形荷载：
$$q = \frac{5}{8}p$$

式中 α——双向板中短边的一半和长边之比；

p——实际作用的均布荷载；

q——等效均布荷载。

3.3.3 屋面横梁荷载计算

（1）④轴边跨梁荷载计算

① 屋面梁荷载

1. 梁自重	3.60kN/m
2. 20mm 厚面层重	$0.02 \times (0.3 + 0.48 \times 2) \times 17 = 0.43$kN/m
3. 屋面板传递至梁上荷载	$4.11 \times (1 - 2 \times (1.8/6)^2 + (1.8/6)^3) \times 1.8 \times 2 = 12.53$kN/m
梁间均布荷载值	$3.6 + 0.43 + 12.53 = 16.56$kN/m
活荷载传至梁上荷载	$0.5 \times (1 - 2 \times (1.8/6)^2 + (1.8/6)^3) \times 1.8 \times 2 = 1.52$kN/m
雪荷载传至梁上荷载	$0.35 \times (1 - 2 \times (1.8/6)^2 + (1.8/6)^3) \times 1.8 \times 2 = 1.07$kN/m

② 2～5 层楼面梁荷载

1. 梁自重	3.60kN/m
2. 20mm 厚面层重	$0.02 \times (0.3 + 0.48 \times 2) \times 17 = 0.43$kN/m
3. 墙体自重	$1.93 \times (3.3 - 0.6) = 5.21$kN/m
4. 楼面板传递至梁上荷载	$3.71 \times (1 - 2 \times (1.8/6)^2 + (1.8/6)^3) \times 1.8 \times 2 = 11.31$kN/m

梁间均布荷载值	$3.6+0.43+5.21+11.31=20.55kN/m$
活荷载传至梁上荷载	$2.0\times(1-2\times(1.8/6)^2+(1.8/6)^3)\times1.8\times2=6.10kN/m$

(2) ④轴中跨梁荷载计算

① 屋面梁荷载

1. 梁自重	2.375kN/m
2. 20mm 厚面层重	$0.02\times(0.25+0.38\times2)\times17=0.34kN/m$
3. 屋面板传递至梁上荷载	$4.11\times5/8\times1.5\times2=7.71kN/m$
梁间均布荷载值	$2.375+0.34+7.71=10.43kN/m$
活荷载传至梁上荷载	$0.5\times5/8\times1.5\times2=0.94kN/m$
雪荷载传至梁上荷载	$0.35\times5/8\times1.5\times2=0.66kN/m$

② 2~5 层楼面梁荷载

1. 梁自重	2.375kN/m
2. 20mm 厚面层重	$0.02\times(0.25+0.38\times2)\times17=0.34kN/m$
3. 楼面板传递至梁上荷载	$3.71\times5/8\times1.5\times2=6.96kN/m$
梁间均布荷载值	$2.375+0.34+6.96=9.68kN/m$
活荷载传至梁上荷载	$2.5\times5/8\times1.5\times2=4.69kN/m$

3.3.4 纵向梁传递至柱顶荷载计算

(1) 边柱

① 屋面

1. 纵梁自重	$0.3\times(0.6-0.12)\times(7.2-0.5)\times25=24.12kN$
2. 20mm 厚面层重	$0.02\times(0.3+0.48\times2)\times17\times(7.2-0.5)=2.87kN$
3. 女儿墙自重	$2.5\times7.2=18kN$
4. 屋面板传至梁上荷载	$4.11\times1/2\times3.6\times1.8\times2=26.63kN$
5. 次梁集中荷载	$\left[2.375\times6+4.11\times\dfrac{1}{2}\times(6+2.4)\times1.8\times2\right]\times\dfrac{1}{2}=38.20kN$
恒载传递至柱顶集中荷载	$24.12+2.87+18+26.63+38.20=109.82kN$
附加弯矩	$109.82\times0.1=10.98\ kN\cdot m$
活载传至柱顶集中荷载	$0.5\times\dfrac{1}{2}\times3.6\times1.8\times2+0.5\times\dfrac{1}{2}\times(6+2.4)\times1.8\times2\times\dfrac{1}{2}=5.4kN$
附加弯矩	$5.4\times0.1=0.54kN\cdot m$
雪荷载传至柱顶集中荷载	$0.35\times\dfrac{1}{2}\times3.6\times1.8\times2+0.35\times\dfrac{1}{2}\times(2.4+6)\times1.8\times2\times\dfrac{1}{2}=4.91kN$
附加弯矩	$4.91\times0.1=0.49kN\cdot m$

② 2~5 层楼面

1. 纵梁自重	$0.3\times(0.6-0.12)\times(7.2-0.5)\times25=24.12kN$
2. 20mm 厚面层重	$0.02\times(0.3+0.48\times2)\times17\times(7.2-0.5)=2.87kN$
3. 墙体自重	$2.39\times((7.2-0.5)\times(3.3-0.6)-2.4\times1.8\times2)=22.59kN$
4. 窗自重	$2.4\times1.8\times0.4\times2=3.46kN$
5. 楼板传至梁上荷载	$3.56\times1/2\times3.6\times1.8\times2=23.07kN$
6. 次梁集中荷载	$\left(2.375\times6+3.56\times\dfrac{1}{2}\times8.4\times1.8\times2\right)\times\dfrac{1}{2}=34.04kN$
恒载传至柱顶集中荷载	110.14kN

附加弯矩	$110.14\times0.1=11.01\mathrm{kN\cdot m}$
活载传至柱顶集中荷载	$2.0\times\dfrac{1}{2}\times3.6\times1.8\times2+2.0\times\dfrac{1}{2}\times(6+2.4)\times1.8\times2\times\dfrac{1}{2}=28.08\mathrm{kN}$
附加弯矩	$28.08\times0.1=2.81\mathrm{kN\cdot m}$

(2) 中柱

① 屋面

1. 纵梁自重	$0.3\times(0.6-0.12)\times(7.2-0.5)\times25=24.12\mathrm{kN}$
2. 20mm 厚面层重	$0.02\times(0.3+0.48\times2)\times17\times(7.2-0.5)=2.87\mathrm{kN}$
3. 屋面板传至梁上荷载	$4.11\times1/2\times3.6\times1.8\times2+4.11\times1/2\times(3.6+0.6)\times1.5\times2=52.53\mathrm{kN}$
4. 次梁集中荷载	$\left(2.375\times6+4.11\times\dfrac{1}{2}\times8.4\times1.8\times2+4.11\times3\times1.5\times\dfrac{1}{2}\times2\right)\times\dfrac{1}{2}=47.44\mathrm{kN}$
恒载传递至柱顶集中荷载	$24.12+2.87+52.52+47.44=126.96\mathrm{kN}$
附加弯矩	$126.96\times0.1=12.70\mathrm{kN\cdot m}$
活载传至柱顶集中荷载	$0.5\times\dfrac{1}{2}\times3.6\times1.8\times2+0.5\times\dfrac{1}{2}\times(6+2.4)\times1.8\times2\times\dfrac{1}{2}+$ $0.5\times\dfrac{1}{2}\times3\times1.5\times2+0.5\times\dfrac{1}{2}\times(0.6+3.6)\times1.5\times2=12.42\mathrm{kN}$
附加弯矩	$12.42\times0=0\mathrm{kN\cdot m}$
雪荷载传至柱顶集中荷载	$0.35\times\dfrac{1}{2}\times3.6\times1.8\times2+0.35\times\dfrac{1}{2}\times(6+2.4)\times1.8\times2\times\dfrac{1}{2}+$ $0.35\times\dfrac{1}{2}\times3\times1.5\times2+0.35\times\dfrac{1}{2}\times(0.6+3.6)\times1.5\times2=8.69\mathrm{kN}$
附加弯矩	$8.69\times0=0\mathrm{kN\cdot m}$

② 2~5 层楼面

1. 纵梁自重	$0.3\times(0.6-0.12)\times(7.2-0.5)\times25=24.12\mathrm{kN}$
2. 20mm 厚面层重	$0.02\times(0.3+0.48\times2)\times17\times(7.2-0.5)=2.87\mathrm{kN}$
3. 墙体自重	$1.93\times(3.3-0.6)\times(7.2-0.5)=34.91\mathrm{kN}$
4. 楼板传至梁上荷载	$3.71\times1/2\times3.6\times1.8\times2+3.71\times1/2\times(0.6+3.6)\times1.5\times2=47.41\mathrm{kN}$
5. 次梁集中荷载	$\left\{2.375\times6+3.71\times\left[\dfrac{1}{2}\times8.4\times1.8\times2\right]\right\}\times\dfrac{1}{2}+$ $(2.375\times3+3.71\times3\times1.5)\times\dfrac{1}{2}=47.08\mathrm{kN}$
恒载传至柱顶集中荷载	$156.40\mathrm{kN}$
附加弯矩	$156.40\times0=0\mathrm{kN\cdot m}$
活载传至柱顶集中荷载	$2\times\dfrac{1}{2}\times3.6\times1.8\times2+2\times\dfrac{1}{2}\times(6+2.4)\times1.8\times2\times\dfrac{1}{2}+2.5\times$ $\dfrac{1}{2}\times3\times1.5\times2+2.5\times\dfrac{1}{2}\times(0.6+3.6)\times1.5\times2=55.08\mathrm{kN}$
附加弯矩	$55.08\times0=0\mathrm{kN\cdot m}$

3.3.5 风荷载计算

(1) 风荷载统计

地面粗糙度为 C 类，基本风压值 $\omega_0=0.30\mathrm{kN/m^2}$。由《建筑结构荷载规范》(GB 50009—2012) 表 8.3.1 查得风载体型系数 $\mu_s=0.8$ (迎风面) 和 $\mu_s=-0.5$ (背风面)。

对于多层建筑，可不考虑风压脉动的影响即风振系数 $\beta_z=1.0$。

风荷载计算参数如表 3-5 所示。

表 3-5　风荷载计算参数

层号	H_i/m	μ_s	μ_z
1	3.9	1.3	0.65
2	7.2	1.3	0.65
3	10.5	1.3	0.65
4	13.8	1.3	0.65
5	17.1	1.3	0.69

注：表中 μ_z 为风压高度变化系数。

由静力等效原理将风荷载换算为作用于框架节点上的集中力 F_i，换算公式如下：

$$F_i = \omega_\text{k}(h_i + h_j)B/2$$

式中，风荷载标准值 $\omega_\text{k} = \beta_z\mu_\text{s}\mu_\text{z}\omega_0$，根据表 3-5 计算的各参数求得；各层集中荷载 F_i 由受压面积乘以风荷载标准值求得，其中一榀框架各层节点的受风面积，取上层高度 h_i 的一半和下层高度 h_j 的一半之和，顶层取到女儿墙顶，底层取到该层计算高度的一半（底层的计算高度应从室外地面开始取）；迎风面宽度 $B = (7.2 + 7.2)/2 = 7.2(\text{m})$。各值计算如表 3-6 所示。

表 3-6　风荷载等效集中力计算

层号	h_i/m	h_j/m	B/m	$\omega_0/(\text{kN/m}^2)$	$\omega_\text{k}/(\text{kN/m}^2)$	F_i/kN
5	3.3	0.6	7.2	0.30	0.269	3.78
4	3.3	3.3	7.2	0.30	0.254	6.04
3	3.3	3.3	7.2	0.30	0.254	6.04
2	3.3	3.3	7.2	0.30	0.254	6.04
1	3.9	3.3	7.2	0.30	0.254	6.58

(2) 风荷载作用下位移计算

水平荷载作用下的层间位移：

$$\Delta\mu_i = \frac{V_i}{\sum D_i}$$

式中　V_i——第 i 层的总剪力；

$\sum D_i$——第 i 层柱的抗侧刚度之和；

$\Delta\mu_i$——第 i 层的层间位移。

第④轴线框架风荷载作用下层间位移如表 3-7 所示。

表 3-7　风荷载作用下层间位移

层号	F_i/kN	V_i/kN	$\sum D_i/(\text{N/mm})$	$\Delta\mu_i/\text{mm}$	μ_i/mm	h_i/mm	$\theta = \Delta\mu_i/h_i$
5	3.78	3.78	97514.40	0.039	0.981	3300	1.18×10^{-5}
4	6.04	9.82	97514.40	0.101	0.942	3300	3.06×10^{-5}
3	6.04	15.86	97514.40	0.163	0.841	3300	4.94×10^{-5}
2	6.04	21.9	97514.40	0.225	0.678	3300	6.82×10^{-5}
1	6.58	28.48	62895.46	0.453	0.453	3900	11.62×10^{-5}

由表 3-7 可得，层间位移角均小于其限值 1/550，满足要求。

3.3.6　地震作用计算

(1) 重力荷载代表值计算

① 顶层屋面处

1. 屋面荷载　　　　　　　　　　　　　　　　　　　　　$4.11 \times 7.2 \times (2 \times 6 + 3) = 443.88\text{kN}$

2. 女儿墙自重		$2.5 \times 7.2 \times 2 = 36$kN
3. 主梁自重	$3.6 \times (6 \times 2 - 0.5 \times 2) + 3.6 \times (7.2 - 0.5) \times 4 + 2.375 \times (3 - 0.5) = 142.02$kN	
4. 次梁自重	$2.375 \times (6 \times 2 - 0.5 \times 2) + 2.375 \times (3 - 0.5) = 32.06$kN	
5. 下半层柱自重	$6.25 \times 3.3 \times 8 \times 1/2 = 82.5$kN	
6. 下半层墙和门窗自重	$\{2.39 \times [2.7 \times (7.2 - 0.5) - (2.4 \times 1.8) \times 2] \times 2 + 2.4 \times 1.8 \times 2 \times 0.4 \times 2 +$	
	$1.93 \times [2.7 \times (7.2 - 0.5) - (1 \times 2.5) \times 2] \times 2 + 1 \times 2.5 \times 2 \times 0.2 \times 2\} \times 1/2 = 52.31$kN	
7. 50%的雪荷载		$0.5 \times 7.2 \times (6 \times 2 + 3) \times 0.35 = 18.9$kN
合计		807.67kN

② 3~5 层楼面处

1. 楼面荷载		$3.71 \times 15 \times 7.2 = 400.68$ kN
2. 主梁自重		142.02kN
3. 次梁自重		32.07kN
4. 上半层柱自重		82.5kN
5. 下半层柱自重		82.5kN
6. 上半层墙和门窗自重		52.31kN
7. 下半层墙和门窗自重		52.31kN
8. 50%活荷载		$0.5 \times (2.0 \times 7.2 \times 6 \times 2 + 2.5 \times 7.2 \times 3) = 113.4$kN
合计		957.79kN

③ 2 层楼面处

1. 楼面荷载		$3.56 \times 15 \times 7.2 = 384.48$ kN
2. 主梁自重		142.02kN
3. 次梁自重		32.07kN
4. 上半层柱自重		82.5kN
5. 下半层柱自重		$6.25 \times 4.3/2 \times 8 = 107.5$kN
6. 上半层墙和门窗自重		52.3kN
7. 下半层墙和门窗自重	$\{2.39 \times [3 \times (7.2 - 0.5) - (2.4 \times 1.8) \times 2] \times 2 + 2.4 \times 1.8 \times 2 \times 0.4 \times 2 +$	
	$1.93 \times [3 \times (7.2 - 0.5) - (1 \times 2.5) \times 2] \times 2 + 1 \times 2.5 \times 2 \times 0.2 \times 2\} \times 1/2 = 60.99$kN	
8. 50%活荷载		$0.5 \times (2.0 \times 7.2 \times 6 \times 2 + 2.5 \times 7.2 \times 3) = 113.4$kN
合计		975.26kN

(2) 结构自振周期的确定

① 顶点位移法计算结构自振周期

本结构为质量和刚度均匀的框架结构，可采用顶点位移法确定基本自振周期 T_1，如下式：

$$T_1 = 1.7 \varphi_t \sqrt{\mu_t}$$

式中，μ_t 为顶点位移，考虑填充墙对结构的影响，取基本自振周期调整系数 $\varphi_t = 0.7$。依据各层的自重 G_i，框架顶点位移计算如表 3-8 所示。

表 3-8 框架顶点位移计算

层号	G_i/kN	$\sum G_i$ / kN	$\sum D$/ (kN/m)	$u_i - u_{i-1} = \sum G_i / \sum D$/m	u_i/m
5	807.67	807.67	97514.4	0.008	0.166
4	957.79	1765.46	97514.4	0.018	0.158
3	957.79	2723.25	97514.4	0.028	0.140
2	957.79	3681.04	97514.4	0.038	0.112
1	975.26	4656.3	62895.46	0.074	0.074

故：

$$T_1 = 1.7 \times 0.7 \times \sqrt{0.166} = 0.485(\text{s})$$

② 能量法计算结构自振周期

$$T_1 = 2\pi\varphi_t\sqrt{\frac{\sum G_i u_i^{\,2}}{g\sum G_i u_i}}$$

式中，u_i 为层间位移。计算如表 3-9 所示。

表 3-9 能量法计算结构自振周期

层号	G_i/kN	$\sum D$/(kN/m)	u_i/m	$G_i u_i$	$G_i u_i^{\,2}$
5	807.67	97514.4	0.166	134.07	22.26
4	957.79	97514.4	0.158	151.33	23.91
3	957.79	97514.4	0.140	134.09	18.77
2	957.79	97514.4	0.112	107.27	12.01
1	975.26	62895.46	0.074	72.17	5.34
合计	—	—	—	598.93	82.29

故有：

$$T_1 = 2\pi\varphi_t\sqrt{\frac{\sum G_i u_i^{\,2}}{g\sum G_i u_i}} = 2\times3.14\times0.7\times\sqrt{\frac{82.29}{9.8\times598.93}} = 0.520(\text{s})$$

因此，取结构自振周期为 0.485s。

(3) 底部剪力法计算水平地震作用

工程结构为框架结构，建筑高度 17.1m，根据《建筑抗震设计规范（2016 年版）》（GB 50011—2010）第 5.1.2 条规定，底部剪力法适用于本结构。本工程结构质量和刚度分布较为均匀，符合底部剪力法的要求。

故本结构可用底部剪力法计算水平地震作用。本设计二层有开洞，开洞面积小于30%，并且没有楼板错层，属于楼板连续的结构。前面对结构的抗侧刚度进行过验算，满足要求。框架柱由顶层至基础顶面连接，不存在抗侧力构件的不连续，且无抗剪承载力突变情况。

采用底部剪力法计算水平地震作用时，将荷载集中于楼面或者屋面形成质点来进行计算，各楼层仅按一个质点进行计算。

水平地震作用计算如下。

本工程地震信息：抗震设防烈度 7 度，设计地震分组为第一组，地震加速度值为 0.10g，场地土类别为 Ⅱ 类。查《建筑抗震设计规范（2016 年版）》（GB 50011—2010）表 5.1.4-1 和表 5.1.4-2 可得水平地震影响系数最大值 $\alpha_{\max}=0.08$，特征周期 $T_g=0.35\text{s}$。

由于 $T_g<T_1<4T_g$，因此地震影响系数 α_1 为：

$$\alpha_1 = \left(\frac{T_g}{T_1}\right)^{\gamma}\eta_2\alpha_{\max}$$

式中　γ——衰减系数，取 0.9；

η_2——阻尼调整系数，取 1.0。

故，$\alpha_1 = \left(\dfrac{T_g}{T_1}\right)^{\gamma}\eta_2\alpha_{\max} = \left(\dfrac{0.35}{0.485}\right)^{0.9}\times1.0\times0.08 = 0.060(\text{s})$

$T_1=0.485\text{s}<1.4T_g=0.49\text{s}$，所以不需要考虑顶部附加地震作用。

多质点体系结构底部水平地震作用标准值 F_{EK}：

$$F_{EK} = \alpha_1 G_{eq} = 0.060 \times 4656.3 = 279.38(kN)$$

式中　G_{eq}——结构等效总重力荷载。

楼层地震剪力 F_i 计算公式如下:

$$F_i = \frac{G_i H_i}{\sum G_i H_i} F_{EK}$$

计算结果见表3-10。

表 3-10　地震剪力计算结果

层号	G_i/kN	H_i/m	$G_i H_i$	$\sum G_i H_i$	F_i/kN	V_i/kN	$\sum D$	Δu_i/mm
5	807.67	17.5	14134.23	49647.58	79.54	79.54	97514.4	0.82
4	957.79	14.2	13600.62	49647.58	76.53	156.07	97514.4	1.60
3	957.79	10.9	10439.91	49647.58	58.75	214.82	97514.4	2.20
2	957.79	7.6	7279.20	49647.58	40.96	255.78	97514.4	2.62
1	975.26	4.3	4193.62	49647.58	23.60	279.38	62895.46	4.44

楼层最大位移与层高之比:

$$\frac{\Delta u_i}{h} = \frac{0.00444}{4.3} = 1.03 \times 10^{-3} < \frac{1}{550}, \text{满足要求。}$$

根据《建筑抗震设计规范(2016年版)》(GB 50011—2010)第5.5.2条规定,本工程可不进行罕遇地震下层间弹塑性位移校核。

(4) 刚重比和剪重比验算

根据《建筑抗震设计规范(2016年版)》(GB 50011—2010)第3.6.3和第5.2.5条及《高层建筑混凝土结构技术规程》(JGJ 3—2010) 第5.4.1条规定,需对结构进行刚重比和剪重比的验算,验算见表3-11。

表 3-11　刚重比、剪重比验算

层号	H_i/m	D_i/(kN/m)	$D_i H_i$/kN	V_{EKi}/kN	$\sum_{j=i}^{n} G_i$/kN	$\dfrac{D_i H_i}{\sum_{j=i}^{n} G_j}$	$\dfrac{V_{EKi}}{\sum_{j=i}^{n} G_j}$
5	3.3	97514.4	321797.5	79.54	807.68	398.43	0.098
4	3.3	97514.4	321797.5	156.07	1765.46	182.27	0.088
3	3.3	97514.4	321797.5	214.82	2723.25	118.17	0.079
2	3.3	97514.4	321797.5	255.78	3681.04	87.42	0.069
1	4.3	62895.46	270450.5	279.38	4656.3	58.08	0.060

由表3-11计算结果可知,各层刚重比均大于20,不必考虑重力二阶效应;各层的剪重比均大于0.016,满足剪重比要求。

3.4　竖向荷载作用下的内力计算

3.4.1　恒荷载作用下的内力计算

(1) 内力计算

框架在恒荷载作用下计算简图如图3-5所示。

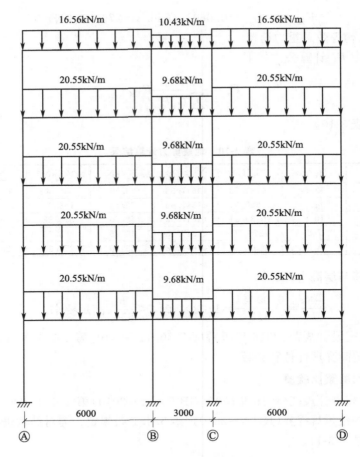

图 3-5　恒载作用下框架计算

（2）弯矩二次分配

恒荷载作用下各梁端弯矩值如表 3-12 所示。

表 3-12　恒载作用下梁端弯矩值　　　　　　　　单位：kN·m

层号	柱 D	梁 DC		柱 C	梁 CB		柱 B	梁 BA		柱 A
	附加弯矩	左端	右端	附加弯矩	左端	右端	附加弯矩	左端	右端	附加弯矩
5	10.98	−49.68	49.68	0	−7.82	7.82	0	−49.68	49.68	−10.98
4	11.01	−61.65	61.65	0	−7.26	7.26	0	−61.65	61.65	−11.01
3	11.01	−61.65	61.65	0	−7.26	7.26	0	−61.65	61.65	−11.01
2	11.01	−61.65	61.65	0	−7.26	7.26	0	−61.65	61.65	−11.01
1	11.01	−61.65	61.65	0	−7.26	7.26	0	−61.65	61.65	−11.01

注：表中负数代表弯矩为逆时针方向，正值为顺时针方向。

弯矩二次分配过程见表 3-13。

3.4.2　活荷载作用下的内力计算

（1）内力计算

荷载在活荷载作用下计算简图如图 3-6 所示。

单位：kN·m

表3-13　恒载作用下的最后杆端弯矩

项目	上柱	下柱	右梁	左梁	上柱	下柱	右梁	左梁	上柱	下柱	右梁	左梁	下柱	上柱
第一层														
分配系数	—	0.467	0.533	0.352	0.236	0.309	0.339	0.339	0.236	0.309	0.352	0.533	0.467	—
固端弯矩			-49.68	49.68			-7.82	7.82			-49.68	49.68		
最后弯矩	10.98	25.81	-36.79	41.39	20.09	22.75	18.64	-18.64	-20.09	-22.75	-41.39	36.79	-25.81	-10.98
第二层														
分配系数	0.318	0.318	0.363	0.269	0.236	0.236	0.259	0.259	0.236	0.236	0.269	0.363	0.318	0.318
固端弯矩			-61.65	61.65			-7.26	7.26			-61.65	61.65		
最后弯矩	11.01	21.05	-54.13	55.31	20.09	20.04	15.17	-15.17	-20.09	-20.04	-55.31	54.13	-21.05	-11.01
第三层														
分配系数	0.318	0.318	0.363	0.269	0.236	0.236	0.259	0.259	0.236	0.236	0.269	0.363	0.318	0.318
固端弯矩			-61.65	61.65			-7.26	7.26			-61.65	61.65		
最后弯矩	11.01	21.36	-53.77	55.30	20.06	20.06	15.18	-15.18	-20.06	-20.06	-55.30	53.77	-21.36	-11.01
第四层														
分配系数	0.318	0.318	0.363	0.269	0.236	0.236	0.259	0.259	0.236	0.236	0.269	0.363	0.318	0.318
固端弯矩			-61.65	61.65			-7.26	7.26			-61.65	61.65		
最后弯矩	11.01	21.81	-54.01	55.40	19.97	20.35	15.09	-15.09	-19.97	-20.35	-55.40	54.01	-21.81	-11.01
第五层														
分配系数	0.344	0.264	0.392	0.285	0.25	0.191	0.274	0.274	0.25	0.191	0.285	0.392	0.264	0.344
固端弯矩			-61.65	61.65			-7.26	7.26			-61.65	61.65		
最后弯矩	11.01	13.29	-49.67	52.95	22.76	12.48	17.71	-17.71	-22.76	-12.48	-52.95	49.67	-13.29	-11.01
柱底		-6.64				-6.24				6.24			6.64	

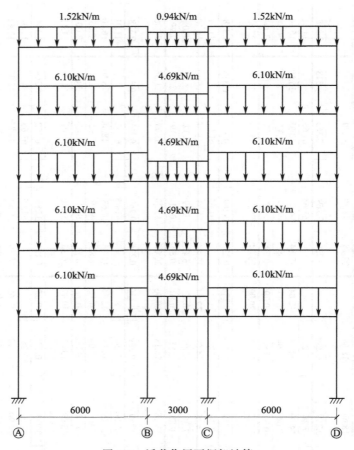

图 3-6 活载作用下框架计算

（2）弯矩二次分配

活荷载作用下各梁端弯矩值如表 3-14 所示。

单位：kN・m

表 3-14 活载作用下梁端弯矩值

层号	柱 D 附加弯矩	梁 DC 左端	梁 DC 右端	柱 C 附加弯矩	梁 CB 左端	梁 CB 右端	柱 B 附加弯矩	梁 BA 左端	梁 BA 右端	柱 A 附加弯矩
5	0.54	−4.56	4.56	0	−2.82	2.82	0	−4.56	4.56	0.54
4	2.81	−18.3	18.30	0	−14.07	14.07	0	−18.3	18.30	2.81
3	2.81	−18.3	18.30	0	−14.07	14.07	0	−18.3	18.30	2.81
2	2.81	−18.3	18.30	0	−14.07	14.07	0	−18.3	18.30	2.81
1	2.81	−18.3	18.30	0	−14.07	14.07	0	−18.3	18.30	2.81

注：表中负数代表弯矩为逆时针方向，正值为顺时针方向。

弯矩二次分配过程见表 3-15。

3.4.3 竖向荷载作用下的内力汇总

（1）竖向荷载作用下的剪力计算

剪力计算示意图如图 3-7 所示。

计算过程见表 3-16～表 3-23。

表 3-15　活载作用下的最后杆端弯矩

单位：kN·m

说明：表中每个节点由各杆件（上柱、下柱、左梁、右梁）组成；杆端弯矩序列最后一个（加粗）为最后杆端弯矩。

顶层（第 1 层）

杆件	节点①　上柱	节点①　下柱	节点①　右梁	节点②　左梁	节点②　上柱	节点②　下柱	节点②　右梁	节点③　左梁	节点③　上柱	节点③　下柱	节点③　右梁	节点④　左梁	节点④　下柱	节点④　上柱
分配系数	—	0.467	0.533	0.352	—	0.309	0.339	0.339	—	0.309	0.352	0.533	0.467	—
固端弯矩			-4.56	4.56			-2.82	2.82			-4.56	4.56		
弯矩	**1.05**	1.64, 2.24, -0.90, **2.98**	1.87, -0.31, -1.03, **-4.03**	-0.61, 0.94, -0.26, **4.63**	**0.00**	-0.54, -0.50, -0.23, **-1.26**	-0.59, 0.29, -0.25, **-3.36**	0.59, -0.29, 0.25, **3.36**	**0.00**	0.54, 0.50, 0.23, **1.26**	0.61, -0.94, 0.26, **-4.63**	-1.87, 0.31, 1.03, **4.03**	-1.64, -2.24, 0.90, **-2.98**	**-1.05**

第 2 层

杆件	节点①　上柱	节点①　下柱	节点①　右梁	节点②　左梁	节点②　上柱	节点②　下柱	节点②　右梁	节点③　左梁	节点③　上柱	节点③　下柱	节点③　右梁	节点④　左梁	节点④　下柱	节点④　上柱
分配系数	0.318	0.318	0.363	0.269	0.236	0.236	0.259	0.259	0.236	0.236	0.269	0.363	0.318	0.318
固端弯矩			-18.30	18.30			-14.07	14.07			-18.30	18.30		
弯矩	0.82, -0.79, **4.51**	2.24, -1.24, **5.48**	5.11, -0.57, -0.90, **-14.66**	-1.14, 2.56, -0.63, **19.09**	-1.00, -0.27, -0.55, **-1.82**	-1.00, -0.50, -0.55, **-2.05**	-1.10, 0.55, -0.61, **-15.22**	1.10, -0.55, 0.61, **15.22**	1.00, 0.27, 0.55, **1.82**	1.00, 0.50, 0.55, **2.05**	1.14, -2.56, 0.63, **-19.09**	-5.11, 0.57, 0.90, **14.66**	-2.24, 1.24, **-5.48**	-0.82, 0.79, **-4.51**

第 3 层

杆件	节点①　上柱	节点①　下柱	节点①　右梁	节点②　左梁	节点②　上柱	节点②　下柱	节点②　右梁	节点③　左梁	节点③　上柱	节点③　下柱	节点③　右梁	节点④　左梁	节点④　下柱	节点④　上柱
分配系数	0.318	0.318	0.363	0.269	0.236	0.236	0.259	0.259	0.236	0.236	0.269	0.363	0.318	0.318
固端弯矩			-18.30	18.30			-14.07	14.07			-18.30	18.30		
最后弯矩	**5.48**	**5.42**	**-15.17**	**19.15**	**-1.99**	**-1.99**	**-15.16**	**15.16**	**1.99**	**1.99**	**-19.15**	**15.17**	**-5.42**	**-5.48**

第 4 层

杆件	节点①　上柱	节点①　下柱	节点①　右梁	节点②　左梁	节点②　上柱	节点②　下柱	节点②　右梁	节点③　左梁	节点③　上柱	节点③　下柱	节点③　右梁	节点④　左梁	节点④　下柱	节点④　上柱
分配系数	0.318	0.318	0.363	0.269	0.236	0.236	0.259	0.259	0.236	0.236	0.269	0.363	0.318	0.318
固端弯矩			-18.30	18.30			-14.07	14.07			-18.30	18.30		
最后弯矩	**5.42**	**5.60**	**-15.24**	**19.16**	**-1.99**	**-2.02**	**-15.16**	**15.16**	**1.99**	**2.02**	**-19.16**	**15.24**	**-5.60**	**-5.42**

第 5 层（底层）

杆件	节点①　上柱	节点①　下柱	节点①　右梁	节点②　左梁	节点②　上柱	节点②　下柱	节点②　右梁	节点③　左梁	节点③　上柱	节点③　下柱	节点③　右梁	节点④　左梁	节点④　下柱	节点④　上柱
分配系数	0.344	0.264	0.392	0.285	0.25	0.191	0.274	0.274	0.25	0.191	0.285	0.392	0.264	0.344
固端弯矩			-18.30	18.30			-14.07	14.07			-18.30	18.30		
弯矩	4.85, 2.24, -0.56, **6.52**	3.72, 0.00, -0.43, **3.29**	5.52, -0.60, -0.64, **-14.02**	-1.21, 2.76, -0.81, **19.05**	-1.06, -0.50, -0.71, **-2.27**	-0.81, 0.00, -0.54, **-1.35**	-1.16, 0.58, -0.78, **-15.43**	1.16, -0.58, 0.78, **15.43**	1.06, 0.50, 0.71, **2.27**	0.81, 0.00, 0.54, **1.35**	1.21, -2.76, 0.81, **-19.05**	-5.52, 0.60, 0.64, **14.02**	-3.72, 0.00, 0.43, **-3.29**	-4.85, -2.24, 0.56, **-6.52**
柱底弯矩		1.64				-0.68				0.68			-1.64	

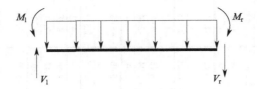

图 3-7　剪力计算

表 3-16　恒载作用下的梁端弯矩　　　　　　　　单位：kN・m

层号	DC		CB		BA	
	左端	右端	左端	右端	左端	右端
5	-36.79	41.39	-18.64	18.64	-41.39	36.79
4	-54.13	55.31	-15.17	15.17	-55.31	54.13
3	-53.77	55.30	-15.18	15.18	-55.30	53.77
2	-54.01	55.40	-15.09	15.09	-55.40	54.01
1	-49.67	52.95	-17.71	17.71	-52.95	49.67

表 3-17　恒载作用下的梁端剪力计算　　　　　　　　单位：kN

层号	DC		CB		BA	
	左端	右端	左端	右端	左端	右端
5	48.91	50.45	15.65	15.65	50.45	48.91
4	61.45	61.85	14.52	14.52	61.85	61.45
3	61.40	61.90	14.52	14.52	61.90	61.40
2	61.42	61.88	14.52	14.52	61.88	61.42
1	61.10	62.20	14.52	14.52	62.20	61.10

表 3-18　活载作用下的梁端弯矩　　　　　　　　单位：kN・m

层号	DC		CB		BA	
	左端	右端	左端	右端	左端	右端
5	-4.03	4.63	-3.36	3.36	-4.63	4.03
4	-14.66	19.09	-15.22	15.22	-19.09	14.66
3	-15.17	19.15	-15.16	15.16	-19.15	15.17
2	-15.24	19.16	-15.16	15.16	-19.16	15.24
1	-14.02	19.05	-15.43	15.43	-19.05	14.02

表 3-19　活载作用下的梁端剪力计算　　　　　　　　单位：kN

层号	DC		CB		BA	
	左端	右端	左端	右端	左端	右端
5	4.46	4.66	1.41	1.41	4.66	4.46
4	17.56	19.04	7.04	7.04	19.04	17.56
3	17.64	18.96	7.04	7.04	18.96	17.64
2	17.65	18.95	7.04	7.04	18.95	17.65
1	17.46	19.14	7.04	7.04	19.14	17.46

表 3-20　恒载作用下的柱端弯矩　　　　　　　　单位：kN・m

层号	D		C		B		A	
	上端	下端	上端	下端	上端	下端	上端	下端
5	25.81	22.03	-22.75	-20.09	22.75	20.09	-25.81	-22.03
4	21.05	21.36	-20.04	-20.06	-20.06	20.06	-21.05	-21.36
3	21.36	21.15	-20.06	-19.97	20.06	19.97	-21.36	-21.15

续表

层号	D		C		B		A	
	上端	下端	上端	下端	上端	下端	上端	下端
2	21.81	25.37	−20.35	−22.76	20.35	22.76	−21.81	−25.37
1	13.29	6.64	−12.48	−6.24	12.48	6.24	−13.29	−6.64

表 3-21　恒载作用下的柱端剪力计算　　　　　　单位：kN

层号	D		C		B		A	
	上端	下端	上端	下端	上端	下端	上端	下端
5	−14.50	−14.50	12.98	12.98	−12.98	−12.98	14.50	14.50
4	−12.85	−12.85	12.15	12.15	−12.15	−12.15	12.85	12.85
3	−12.88	−12.88	12.13	12.13	−12.13	−12.13	12.88	12.88
2	−14.30	−14.30	13.06	13.06	−13.06	−13.06	14.30	14.30
1	−4.64	−4.64	5.67	5.67	−5.67	−5.67	4.64	4.64

表 3-22　活载作用下的柱端弯矩　　　　　　单位：kN·m

层号	D		C		B		A	
	上端	下端	上端	下端	上端	下端	上端	下端
5	2.98	4.51	−1.26	−1.82	1.26	1.82	−2.98	−4.51
4	5.93	5.48	−2.05	−1.99	−21.36	1.99	−5.93	−5.48
3	5.48	5.42	−1.99	−1.99	1.99	1.99	−5.48	−5.42
2	5.60	6.52	−2.02	−2.27	2.02	2.27	−5.60	−6.52
1	3.29	1.64	−1.35	−0.68	1.35	0.68	−3.29	−1.64

表 3-23　活载作用下的柱端剪力计算　　　　　　单位：kN

层号	D		C		B		A	
	上端	下端	上端	下端	上端	下端	上端	下端
5	−2.27	−2.27	−0.93	−0.93	0.93	0.93	2.27	2.27
4	−3.46	−3.46	−1.23	−1.23	1.23	1.23	3.46	3.46
3	−3.30	−3.30	−1.21	−1.21	1.21	1.21	3.30	3.30
2	−3.67	−3.67	−1.30	−1.30	1.30	1.30	3.67	3.67
1	−1.15	−1.15	−0.47	−0.47	0.47	0.47	1.15	1.15

（2）竖向荷载作用下柱轴力计算

由 $\sum F_y = 0$，可得：$N_t = N_{b上} + P + V_l + V_r$；

恒载作用下：$N_b = N_t + G$；活载作用下：$N_b = N_t$

其中，N_t 为柱上端轴力；N_b 为柱下端轴力；G 为柱的自重；P 为楼层的集中荷载；V_l 和 V_r 为由弯矩产生的剪力。

① 恒载作用下柱轴力计算

恒载作用下柱轴力计算见表 3-24、表 3-25。

表 3-24　恒载作用下 D、A 柱轴力计算

层号	G/kN	V_l/kN	V_r/kN	P/kN	N_t/kN	N_b/kN
5	20.625	—	48.91	109.82	158.73	179.36
4	20.625	—	61.45	110.14	350.95	371.58
3	20.625	—	61.40	110.14	543.11	563.74
2	20.625	—	61.42	110.14	735.30	755.92
1	26.875	—	61.10	110.14	927.16	954.04

表 3-25　恒载作用下 C、B 柱轴力计算

层号	G/kN	V_l/kN	V_r/kN	P/kN	N_t/kN	N_b/kN
5	20.625	50.45	15.65	126.96	193.06	213.69
4	20.625	61.85	14.52	156.40	446.46	467.08
3	20.625	61.90	14.52	156.40	699.90	720.53
2	20.625	61.88	14.52	156.40	953.33	973.95
1	26.875	62.20	14.52	156.40	1207.07	1233.95

② 活载作用下柱轴力计算

活载作用下柱轴力计算见表 3-26、表 3-27。

表 3-26　活载作用下 D、A 柱轴力计算

层号	V_l/kN	V_r/kN	P/kN	N_t/kN	N_b/kN
5	—	4.46	5.40	9.86	9.86
4	—	17.56	28.08	55.50	55.50
3	—	17.64	28.08	101.22	101.22
2	—	17.65	28.08	146.95	146.95
1	—	17.46	28.08	192.49	192.49

表 3-27　活载作用下 C、B 柱轴力计算

层号	V_l/kN	V_r/kN	P/kN	N_t/kN	N_b/kN
5	4.66	1.41	12.42	18.49	18.49
4	19.04	7.04	55.08	99.65	99.65
3	18.96	7.04	55.08	180.73	180.73
2	18.95	7.04	55.08	261.80	261.80
1	19.14	7.04	55.08	343.06	343.06

（3）跨中弯矩计算

由于本设计中未考虑活荷载最不利布置，而此时横梁的跨中弯矩比考虑活荷载最不利布置算得的结果略微偏低，所以应乘以 1.2 的增大系数来修正其影响。

即，恒载作用下跨中弯矩最大值：

$$M_中 = M_0 - \frac{-M_A + M_B}{2}$$

活载作用下跨中弯矩最大值：

$$M_中 = 1.2(M_0 - \frac{-M_A + M_B}{2})$$

梁跨中弯矩计算见表 3-28、表 3-29。

表 3-28　恒载作用下梁跨中弯矩计算　　　　单位：kN·m

层号	DC、BA 跨弯矩		M_0	$M_中$	CB 跨弯矩		M_0	$M_中$
	左端	右端			左端	右端		
5	−36.79	41.39	74.52	35.43	−18.64	18.64	11.73	−6.91
4	−54.13	55.31	92.48	37.76	−15.17	15.17	10.89	−4.28
3	−53.77	55.30	92.48	37.94	−15.18	15.18	10.89	−4.29
2	−54.01	55.40	92.48	37.77	−15.09	15.09	10.89	−4.20
1	−49.67	52.95	92.48	41.17	−17.71	17.71	10.89	−6.82

表 3-29　活载作用下梁跨中弯矩计算　　　　　单位：kN·m

层号	DC、BA 跨弯矩		M_0	$M_{中}$	CB 跨弯矩		M_0	$M_{中}$
	左端	右端			左端	右端		
5	−4.03	4.63	6.84	3.02	−3.36	3.36	1.06	−2.77
4	−14.66	19.09	27.45	12.69	−15.22	15.22	5.28	−11.94
3	−15.17	19.15	27.45	12.34	−15.16	15.16	5.28	−11.86
2	−15.24	19.16	27.45	12.30	−15.16	15.16	5.28	−11.86
1	−14.02	19.05	27.45	13.10	−15.43	15.43	5.28	−12.18

3.5　水平荷载作用下框架的内力计算

3.5.1　风荷载作用下内力计算

框架在风荷载（从左向右吹）下的内力用 D 值法进行计算。

反弯点计算见表 3-30、表 3-31。

表 3-30　A、D 柱反弯点计算

层号	h/m	K	y_0	y_1	y_2	y_3	y	yh/m
5	3.3	1.14	0.36	0	0	0	0.36	1.19
4	3.3	1.14	0.41	0	0	0	0.41	1.35
3	3.3	1.14	0.46	0	0	0	0.46	1.52
2	3.3	1.14	0.50	0	0	0	0.5	1.65
1	4.3	1.49	0.60	0	0	0	0.6	2.58

表 3-31　B、C 柱反弯点计算

层号	h/m	K	y_0	y_1	y_2	y_3	y	yh/m
5	3.3	2.24	0.41	0	0	0	0.41	1.35
4	3.3	2.24	0.46	0	0	0	0.46	1.52
3	3.3	2.24	0.50	0	0	0	0.50	1.65
2	3.3	2.24	0.50	0	0	0	0.50	1.65
1	4.3	2.29	0.55	0	0	0	0.55	2.37

表中 h 为计算长度；K 为框架梁柱的刚度比，$K = \dfrac{i_1 + i_2 + i_3 + i_4}{2i_c}$，$i_1$、$i_2$、$i_3$、$i_4$ 为与柱相交的四根横梁的线刚度；y_0 为标准反弯点高度系数；y_1 为考虑柱上、下层横梁刚度比对反弯点高度影响的修正系数；y_2 为考虑柱上层的层高对反弯点高度影响的修正系数；y_3 为考虑柱下层的层高对反弯点高度影响的修正系数。

框架各柱的杆端弯矩、梁端弯矩按下列公式计算，计算过程如表 3-32～表 3-34 所示。

$$M_{c上} = V_{im}(1-y)h$$
$$M_{c下} = V_{im}yh$$

中柱：

$$M_{b左j} = \frac{i_b^{左}}{i_b^{左} + i_b^{右}}(M_{c下j+1} + M_{c上j})$$

$$M_{b右j} = \frac{i_b^{右}}{i_b^{左} + i_b^{右}}(M_{c下j+1} + M_{c上j})$$

边柱：

$$M_{b总j} = M_{c下j+1} + M_{c上j}$$

表 3-32　风荷载作用下 A 和 D 轴框架柱剪力和柱端弯矩计算

层号	V_i/kN	$\sum D$	D_{im}	$\dfrac{D_{im}}{\sum D}$	V_{im}/kN	yh/m	$M_上$/kN·m	$M_下$/kN·m	$M_{b总}$/kN·m
5	3.78	97514.40	19722.0	0.202	0.76	1.19	1.61	0.91	1.61
4	9.82	97514.40	19722.0	0.202	1.99	1.35	3.87	2.68	4.78
3	15.86	97514.40	19722.0	0.202	3.21	1.52	5.71	4.88	8.39
2	21.9	97514.40	19722.0	0.202	4.43	1.65	7.31	7.31	12.18
1	28.48	62895.46	14114.33	0.224	6.39	2.58	10.99	16.49	18.30

表 3-33　风荷载作用下 C 轴框架柱剪力和柱端弯矩计算

层号	V_i/kN	$\sum D$	D_{im}	$\dfrac{D_{im}}{\sum D}$	V_{im}/kN	yh/m	$M_上$/kN·m	$M_下$/kN·m	$M_{b总左}$/kN·m	$M_{b总右}$/kN·m
5	3.78	97514.4	29035.2	0.298	1.13	1.35	2.19	1.52	1.12	1.08
4	9.82	97514.4	29035.2	0.298	2.92	1.52	5.20	4.44	3.42	3.30
3	15.86	97514.4	29035.2	0.298	4.72	1.65	7.79	7.79	6.23	6.01
2	21.9	97514.4	29035.2	0.298	6.52	1.65	10.76	10.76	9.44	9.11
1	28.48	62895.46	17333.4	0.276	7.85	2.37	15.15	18.60	13.19	12.72

表 3-34　风荷载作用下 B 轴框架柱剪力和柱端弯矩计算

层号	V_i/kN	$\sum D$	D_{im}	$\dfrac{D_{im}}{\sum D}$	V_{im}/kN	yh/m	$M_上$/kN·m	$M_下$/kN·m	$M_{b总左}$/kN·m	$M_{b总右}$/kN·m
5	3.78	97514.4	29035.2	0.298	1.13	1.35	2.19	1.52	1.08	1.12
4	9.82	97514.4	29035.2	0.298	2.92	1.52	5.20	4.44	3.30	3.42
3	15.86	97514.4	29035.2	0.298	4.72	1.65	7.79	7.79	6.01	6.23
2	21.9	97514.4	29035.2	0.298	6.52	1.65	10.76	10.76	9.11	9.44
1	28.48	62895.46	17333.4	0.276	7.85	2.37	15.18	18.64	12.72	13.19

框架柱轴力与梁端剪力的计算结果见表 3-35。

表 3-35　风荷载作用下框架柱轴力与梁端剪力

层号	梁端剪力/kN			柱轴力/kN					
	DC 跨	CB 跨	BA 跨	D 轴	C 轴		B 轴		A 轴
	V_{bDC}	V_{bCB}	V_{bBA}	N_{BD}	$-(V_{bDC}-V_{bCB})$	N_{BC}	$-(V_{bCB}-V_{bBA})$	N_{CB}	N_{CA}
5	−0.46	−0.68	−0.46	−0.46	−0.22	−0.22	0.22	0.22	0.46
4	−1.37	−2.20	−1.37	−1.82	−0.83	−1.05	0.83	1.05	1.82
3	−2.44	−4.01	−2.44	−4.26	−1.57	−2.62	1.57	2.62	4.26
2	−3.60	−6.07	−3.60	−7.86	−2.47	−5.09	2.47	5.09	7.86
1	−5.25	−8.48	−5.25	−13.11	−3.23	−8.32	3.23	8.32	13.11

注：轴力压力为正，拉力为负。

3.5.2　地震作用下内力计算

地震作用下内力同样采用 D 值法计算

（1）反弯点计算

表 3-36　A、D柱反弯点计算

层号	h/m	K	y_0	y_1	y_2	y_3	y	yh/m
5	3.3	1.14	0.36	0	0	0	0.36	1.19
4	3.3	1.14	0.45	0	0	0	0.45	1.49
3	3.3	1.14	0.46	0	0	0	0.46	1.52
2	3.3	1.14	0.50	0	0	0	0.50	1.65
1	4.3	1.49	0.56	0	0	0	0.56	2.41

表 3-37　B、C柱反弯点计算

层号	h/m	K	y_0	y_1	y_2	y_3	y	yh/m
5	3.3	2.24	0.41	0	0	0	0.41	1.35
4	3.3	2.24	0.46	0	0	0	0.46	1.52
3	3.3	2.24	0.50	0	0	0	0.50	1.65
2	3.3	2.24	0.50	0	0	0	0.50	1.65
1	4.3	2.92	0.56	0	0	0	0.56	2.41

（2）柱端剪力和梁端弯矩计算

表 3-38　地震作用下 A 和 D 轴框架柱剪力和柱端弯矩计算

层号	V_i/kN	$\sum D$	D_{im}	$\dfrac{D_{im}}{\sum D}$	V_{im}/kN	yh/m	$M_{上}/kN \cdot m$	$M_{下}/kN \cdot m$	$M_{b总}/kN \cdot m$
5	59.23	97514.40	19722.0	0.202	11.98	1.19	25.30	14.23	25.30
4	116.23	97514.40	19722.0	0.202	23.51	1.49	42.67	34.91	56.90
3	159.98	97514.40	19722.0	0.202	32.36	1.52	57.67	49.12	92.58
2	190.48	97514.40	19722.0	0.202	38.52	1.65	63.56	63.56	112.68
1	208.35	62895.46	14114.33	0.224	46.84	2.41	88.62	112.79	152.18

表 3-39　地震作用下 C 轴框架柱剪力和柱端弯矩计算

层号	V_i/kN	$\sum D$	D_{im}	$\dfrac{D_{im}}{\sum D}$	V_{im}/kN	yh/m	$M_{上}$ /kN·m	$M_{下}$ /kN·m	$M_{b总左}$ /kN·m	$M_{b总右}$ /kN·m
5	59.23	97514.4	29035.2	0.298	17.64	1.35	34.35	23.87	17.51	16.83
4	116.23	97514.4	29035.2	0.298	34.61	1.52	61.68	52.54	43.62	41.91
3	159.98	97514.4	29035.2	0.298	47.63	1.65	78.59	78.59	66.88	64.25
2	190.48	97514.4	29035.2	0.298	56.72	1.65	93.59	93.59	87.81	84.37
1	208.35	62895.46	17333.4	0.276	57.12	2.41	108.07	137.54	103.13	99.09

表 3-40　地震作用下 B 轴框架柱剪力和柱端弯矩计算

层号	V_i/kN	$\sum D$	D_{im}	$\dfrac{D_{im}}{\sum D}$	V_{im}/kN	yh/m	$M_{上}$ /kN·m	$M_{下}$ /kN·m	$M_{b总左}$ /kN·m	$M_{b总右}$ /kN·m
5	59.23	97514.4	29035.2	0.298	17.64	1.35	34.35	23.87	16.83	17.51
4	116.23	97514.4	29035.2	0.298	34.61	1.52	61.68	52.54	41.91	43.62
3	159.98	97514.4	29035.2	0.298	47.63	1.65	78.59	78.59	64.25	66.88
2	190.48	97514.4	29035.2	0.298	56.72	1.65	93.59	93.59	84.37	87.81
1	208.35	62895.46	17333.4	0.276	57.12	2.41	108.07	137.54	99.09	103.13

框架柱轴力与梁端剪力的计算结果见表 3-41。

表 3-41　地震作用下框架柱轴力与梁端剪力

层号	梁端剪力/kN			柱轴力/kN					
	DC 跨	CB 跨	BA 跨	D 轴	C 轴			B 轴	A 轴
	V_{bDC}	V_{bCB}	V_{bBA}	N_{CD}	$-(V_{bDC}-V_{bCB})$	N_{CC}	$-(V_{bCB}-V_{bBA})$	N_{CB}	N_{CA}
5	−7.14	−11.22	−7.14	−7.14	−4.08	−4.08	4.08	4.08	7.14
4	−16.75	−27.94	−16.75	−23.89	−11.19	−15.27	11.19	15.27	23.89
3	−26.57	−42.84	−26.57	−50.46	−16.27	−31.54	16.27	31.54	50.46
2	−33.42	−56.25	−33.42	−83.88	−22.83	−54.37	22.83	54.37	83.88
1	−42.53	−65.97	−42.53	−126.41	−23.44	−77.81	23.44	77.81	126.41

注：轴力压力为正，拉力为负。

3.6　弯矩调幅

3.6.1　梁端弯矩调幅

竖向荷载作用下，内力调幅公式如下：
$$M_A = \beta M_{A0}$$
$$M_B = \beta M_{B0}$$

式中，β 为弯矩调幅系数，现浇框架取 $\beta = 0.8 \sim 0.9$，本设计取为 0.85。

（1）恒荷载作用下梁端弯矩调幅

表 3-42　恒载作用下调幅前梁端弯矩　　单位：kN·m

层号	梁 CD		梁 BC		梁 AB	
	左端	右端	左端	右端	左端	右端
5	−36.79	41.39	−18.64	18.64	−41.39	36.79
4	−54.13	55.31	−15.17	15.17	−55.31	54.13
3	−53.77	55.30	−15.18	15.18	−55.30	53.77
2	−54.01	55.40	−15.09	15.09	−55.40	54.01
1	−49.67	52.95	−17.71	17.71	−52.95	49.67

表 3-43　恒载作用下调幅后梁端弯矩　　单位：kN·m

层号	梁 CD		梁 BC		梁 AB	
	左端	右端	左端	右端	左端	右端
5	−31.27	35.18	−15.84	15.84	−35.18	31.27
4	−46.01	47.01	−12.90	12.90	−47.01	46.01
3	−45.71	47.00	−12.91	12.91	−47.00	45.71
2	−45.91	47.09	−12.82	12.82	−47.09	45.91
1	−42.22	45.01	−15.06	15.06	−45.01	42.22

（2）活载作用下梁端弯矩调幅

表 3-44　活载作用下调幅前梁端弯矩　　单位：kN·m

层号	梁 CD		梁 BC		梁 AB	
	左端	右端	左端	右端	左端	右端
5	−4.03	4.63	−3.36	3.36	−4.63	4.03
4	−14.66	19.09	−15.22	15.22	−19.09	14.66
3	−15.17	19.15	−15.16	15.16	−19.15	15.17
2	−15.24	19.16	−15.16	15.16	−19.16	15.24
1	−14.02	19.05	−15.43	15.43	−19.05	14.02

表 3-45　活载作用下调幅后梁端弯矩　　　　　　单位：kN·m

层号	梁 CD		梁 BC		梁 AB	
	左端	右端	左端	右端	左端	右端
5	−3.42	3.93	−2.86	2.86	−3.93	3.42
4	−12.46	16.23	−12.94	12.94	−16.23	12.46
3	−12.90	16.28	−12.89	12.89	−16.28	12.90
2	−12.95	16.29	−12.89	12.89	−16.29	12.95
1	−11.92	16.19	−13.11	13.11	−16.19	11.92

3.6.2　梁跨中弯矩调幅计算

梁端弯矩调幅后，在相应荷载作用下的梁跨中弯矩必将增加。截面设计时，框架梁跨中截面正负弯矩设计值 $M_中$ 不应小于竖向荷载作用下按简支梁计算的跨中弯矩设计值 M_0 的一半。即：

$$M_中 \geqslant \frac{1}{2}M_0$$

为了保证结构在破坏前达到设计要求的承载力，应使经弯矩调幅后的梁在任意一跨两支座的弯矩的一半与跨中弯矩之和不得小于该跨的简支弯矩的 1.02 倍。即：

$$\frac{M_左 + M_右}{2} + M_中 \geqslant 1.02M_0$$

故，竖向荷载作用下的弯矩调幅为：

$$M_中 = \max\left\{1.02M_0 - \frac{|M_左 + M_右|}{2}, \frac{1}{2}M_0\right\}$$

考虑活荷载不利布置，故将活荷载作用下算得调幅后的框架梁跨中弯矩再乘以 1.2 的放大系数。

（1）恒载作用下跨中弯矩调幅

表 3-46　恒载作用下梁 CD 跨中弯矩调幅计算　　　　　　单位：kN·m

层号	$M_左$	$M_右$	M_0	$M_{中0}$	$1.02M_0 - \dfrac{|M_左 + M_右|}{2}$	$\dfrac{1}{2}M_0$	$M_中$
5	−31.27	35.18	74.52	41.30	42.79	37.26	42.79
4	−46.01	47.01	92.48	45.96	47.81	46.24	47.81
3	−45.71	47.00	92.48	46.12	47.97	46.24	47.97
2	−45.91	47.09	92.48	45.98	47.82	46.24	47.82
1	−42.22	45.01	92.48	48.86	50.71	46.24	50.71

表 3-47　恒载作用下梁 BC 跨中弯矩调幅计算　　　　　　单位：kN·m

层号	$M_左$	$M_右$	M_0	$M_{中0}$	$1.02M_0 - \dfrac{|M_左 + M_右|}{2}$	$\dfrac{1}{2}M_0$	$M_中$
5	−18.64	18.64	11.73	−6.91	−6.68	5.87	6.68
4	−15.17	15.17	10.89	−4.28	−4.06	5.29	5.29
3	−15.18	15.18	10.89	−4.29	−4.08	5.29	5.29
2	−15.09	15.09	10.89	−4.20	−3.98	5.29	5.29
1	−17.71	17.71	10.89	−6.82	−6.61	5.29	6.61

表 3-48　恒载作用下梁 AB 跨中弯矩调幅计算　　　　单位：kN・m

层号	$M_{左}$	$M_{右}$	M_0	$M_{中0}$	$1.02M_0 - \dfrac{\lvert M_{左}+M_{右}\rvert}{2}$	$\dfrac{1}{2}M_0$	$M_{中}$
5	−31.27	35.18	74.52	41.30	42.79	37.26	42.79
4	−46.01	47.01	92.48	45.96	47.81	46.24	47.81
3	−45.71	47.00	92.48	46.12	47.97	46.24	47.97
2	−45.91	47.09	92.48	45.98	47.82	46.24	47.82
1	−42.22	45.01	92.48	48.86	50.71	46.24	50.71

（2）活载作用下梁跨中弯矩调幅

表 3-49　活载作用下梁 CD 跨中弯矩调幅计算　　　　单位：kN・m

层号	$M_{左}$	$M_{右}$	M_0	$M_{中0}$	$1.02M_0 - \dfrac{\lvert M_{左}+M_{右}\rvert}{2}$	$\dfrac{1}{2}M_0$	$M_{中}$	$1.2M_{中}$
5	−3.42	3.93	6.84	3.16	3.30	3.42	3.42	4.104
4	−12.46	16.23	27.45	13.11	13.66	13.73	13.73	16.47
3	−12.90	16.28	27.45	12.86	13.41	13.73	13.73	16.47
2	−12.95	16.29	27.45	12.83	13.38	13.73	13.73	16.47
1	−11.92	16.19	27.45	13.40	13.95	13.73	13.95	16.73

表 3-50　活载作用下梁 BC 跨中弯矩调幅计算　　　　单位：kN・m

层号	$M_{左}$	$M_{右}$	M_0	$M_{中0}$	$1.02M_0 - \dfrac{\lvert M_{左}+M_{右}\rvert}{2}$	$\dfrac{1}{2}M_0$	$M_{中}$	$1.2M_{中}$
5	−2.86	2.86	1.06	−1.80	−1.78	0.53	1.78	2.14
4	−12.94	12.94	5.28	−7.66	−7.56	2.64	7.56	9.07
3	−12.89	12.89	5.28	−7.61	−7.51	2.64	7.51	9.01
2	−12.88	12.88	5.28	−7.61	−7.50	2.64	7.50	9.00
1	−13.11	13.11	5.28	−7.84	−7.73	2.64	7.73	9.28

表 3-51　活载作用下梁 AB 跨中弯矩调幅计算　　　　单位：kN・m

层号	$M_{左}$	$M_{右}$	M_0	$M_{中0}$	$1.02M_0 - \dfrac{\lvert M_{左}+M_{右}\rvert}{2}$	$\dfrac{1}{2}M_0$	$M_{中}$	$1.2M_{中}$
5	−3.42	3.93	6.84	3.16	3.30	3.42	3.42	4.104
4	−12.46	16.23	27.45	13.11	13.66	13.73	13.73	16.47
3	−12.90	16.28	27.45	12.86	13.41	13.73	13.73	16.47
2	−12.95	16.29	27.45	12.83	13.38	13.73	13.73	16.47
1	−11.92	16.19	27.45	13.40	13.95	13.73	13.95	16.73

3.7　内力转化

3.7.1　控制截面及内力转化方法

截面配筋计算时采用的是构件端部的截面内力，因此要对前面所求内力进行转化，转化方法如图 3-8。

$$V' = V - q\frac{b}{2}$$

$$M' = M - V' \frac{b}{2}$$

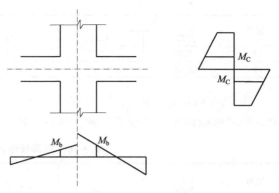

图 3-8 内力转化原理

式中 M'、V'——构件端部截面的弯矩和
　　　　　剪力；
　　　M、V——构件轴线处的弯矩和
　　　　　剪力；
　　　q——梁上均布荷载值；
　　　b——柱宽。

3.7.2 框架梁内力转化

(1) 剪力转化计算

① 恒载作用下剪力转化计算

表 3-52　恒载作用下转化前梁端剪力　　　单位：kN

层号	梁 CD		梁 BC		梁 AB	
	左端	右端	左端	右端	左端	右端
5	48.91	50.45	15.65	15.65	50.45	48.91
4	61.45	61.85	14.52	14.52	61.85	61.45
3	61.40	61.90	14.52	14.52	61.90	61.40
2	61.42	61.88	14.52	14.52	61.88	61.42
1	61.10	62.20	14.52	14.52	62.20	61.10

表 3-53　恒载作用下转化后梁端剪力　　　单位：kN

层号	梁 CD		梁 BC		梁 AB	
	左端	右端	左端	右端	左端	右端
5	44.77	47.84	13.04	13.04	47.84	44.77
4	56.32	59.43	12.10	12.10	59.43	56.32
3	56.26	59.48	12.10	12.10	59.48	56.26
2	56.28	59.46	12.10	12.10	59.46	56.28
1	55.97	59.78	12.10	12.10	59.78	55.97

② 活载作用下剪力转化计算

表 3-54　活载作用下转化前梁端剪力　　　单位：kN

层号	梁 CD		梁 BC		梁 AB	
	左端	右端	左端	右端	左端	右端
5	4.46	4.66	1.41	1.41	4.66	4.46
4	17.56	19.04	7.04	7.04	19.04	17.56
3	17.64	18.96	7.04	7.04	18.96	17.64
2	17.65	18.95	7.04	7.04	18.95	17.65
1	17.46	19.14	7.04	7.04	19.14	17.46

表 3-55　活载作用下转化后梁端剪力　　　单位：kN

层号	梁 CD		梁 BC		梁 AB	
	左端	右端	左端	右端	左端	右端
5	4.46	4.66	1.41	1.41	4.66	4.46
4	17.56	19.04	7.04	7.04	19.04	17.56
3	17.64	18.96	7.04	7.04	18.96	17.64

续表

层号	梁 CD		梁 BC		梁 AB	
	左端	右端	左端	右端	左端	右端
2	17.65	18.95	7.04	7.04	18.95	17.65
1	17.46	19.14	7.04	7.04	19.14	17.46

③ 风荷载作用下内力转化计算 由于框架在节点水平荷载作用下框架的剪力沿梁长不变，故风荷载作用下梁端剪力转化前后一致。

表 3-56 风荷载作用下转化前梁端剪力 单位：kN

层号	梁 CD		梁 BC		梁 AB	
	左端	右端	左端	右端	左端	右端
5	−0.46	−0.46	−0.68	−0.68	−0.46	−0.46
4	−1.37	−1.37	−2.20	−2.20	−1.37	−1.37
3	−2.44	−2.44	−4.01	−4.01	−2.44	−2.44
2	−3.60	−3.60	−6.07	−6.07	−3.60	−3.60
1	−5.25	−5.25	−8.48	−8.48	−5.25	−5.25

表 3-57 风荷载作用下转化后梁端剪力 单位：kN

层号	梁 CD		梁 BC		梁 AB	
	左端	右端	左端	右端	左端	右端
5	−0.46	−0.46	−0.72	−0.72	−0.46	−0.46
4	−1.37	−1.37	−2.20	−2.20	−1.37	−1.37
3	−2.44	−2.44	−4.01	−4.01	−2.44	−2.44
2	−3.60	−3.60	−6.07	−6.07	−3.60	−3.60
1	−5.25	−5.25	−8.48	−8.48	−5.25	−5.25

④ 地震作用下内力转化计算 框架在节点水平荷载作用下框架梁的剪力沿梁长不变，故地震荷载作用下梁端剪力转化前后一致。

表 3-58 地震作用下转化前梁端剪力 单位：kN

层号	梁 CD		梁 BC		梁 AB	
	左端	右端	左端	右端	左端	右端
5	−7.14	−7.14	−11.22	−11.22	−7.14	−7.14
4	−16.75	−16.75	−27.94	−27.94	−16.75	−16.75
3	−26.57	−26.57	−42.84	−42.84	−26.57	−26.57
2	−33.42	−33.42	−56.25	−56.25	−33.42	−33.42
1	−42.53	−42.53	−65.97	−65.97	−42.53	−42.53

表 3-59 地震作用下转化后梁端剪力 单位：kN

层号	梁 CD		梁 BC		梁 AB	
	左端	右端	左端	右端	左端	右端
5	−7.14	−7.14	−11.22	−11.22	−7.14	−7.14
4	−16.75	−16.75	−27.94	−27.94	−16.75	−16.75
3	−26.57	−26.57	−42.84	−42.84	−26.57	−26.57
2	−33.42	−33.42	−56.25	−56.25	−33.42	−33.42
1	−42.53	−42.53	−65.97	−65.97	−42.53	−42.53

（2）弯矩转化计算

① 恒载作用下弯矩转化计算

表 3-60　恒载作用下转化前梁端弯矩　　　　　单位：kN·m

层号	梁 CD		梁 BC		梁 AB	
	左端	右端	左端	右端	左端	右端
5	−31.27	35.18	−15.84	15.84	−35.18	31.27
4	−46.01	47.01	−12.90	12.90	−47.01	46.01
3	−45.71	47.00	−12.91	12.91	−47.00	45.71
2	−45.91	47.09	−12.82	12.82	−47.09	45.91
1	−42.22	45.01	−15.06	15.06	−45.01	42.22

表 3-61　恒载作用下转化后梁端弯矩　　　　　单位：kN·m

层号	梁 CD		梁 BC		梁 AB	
	左端	右端	左端	右端	左端	右端
5	−20.07	23.22	−12.59	12.59	−23.22	20.07
4	−31.93	32.16	−9.87	9.87	−32.16	31.93
3	−31.64	32.13	−9.88	9.88	−32.13	31.64
2	−31.84	32.22	−9.80	9.80	−32.22	31.84
1	−28.23	30.06	−12.03	12.03	−30.06	28.23

② 活载作用下弯矩转化计算

表 3-62　活载作用下转化前梁端弯矩　　　　　单位：kN·m

层号	梁 CD		梁 BC		梁 AB	
	左端	右端	左端	右端	左端	右端
5	−3.42	3.93	−2.86	2.86	−3.93	3.42
4	−12.46	16.23	−12.94	12.94	−16.23	12.46
3	−12.90	16.28	−12.89	12.89	−16.28	12.90
2	−12.95	16.29	−12.88	12.88	−16.29	12.95
1	−11.92	16.19	−13.11	13.11	−16.19	11.92

表 3-63　活载作用下转化后梁端弯矩　　　　　单位：kN·m

层号	梁 CD		梁 BC		梁 AB	
	左端	右端	左端	右端	左端	右端
5	−2.40	2.83	−2.56	2.56	−2.83	2.40
4	−8.45	11.76	−11.47	11.47	−11.76	8.45
3	−8.87	11.83	−11.42	11.42	−11.83	8.87
2	−8.92	11.84	−11.42	11.42	−11.84	8.92
1	−7.93	11.70	−11.65	11.65	−11.70	7.93

③ 风荷载作用下弯矩转化计算

表 3-64　风荷载作用下转化前梁端弯矩　　　　　单位：kN·m

层号	梁 CD		梁 BC		梁 AB	
	左端	右端	左端	右端	左端	右端
5	1.61	1.12	1.08	1.08	1.12	1.61
4	4.78	3.42	3.30	3.30	3.42	4.78
3	8.39	6.23	6.01	6.01	6.23	8.39
2	12.18	9.44	9.11	9.11	9.44	12.18
1	18.30	13.19	12.72	12.72	13.19	18.30

表 3-65　风荷载作用下转化后梁端弯矩　　　　　　单位：kN·m

层号	梁 CD		梁 BC		梁 AB	
	左端	右端	左端	右端	左端	右端
5	1.50	1.00	0.90	0.90	1.00	1.50
4	4.44	3.08	2.75	2.75	3.08	4.44
3	7.78	5.62	5.01	5.01	5.62	7.78
2	11.28	8.54	7.59	7.59	8.54	11.28
1	16.99	11.88	10.60	10.60	11.88	16.99

④ 地震作用下弯矩转化计算

表 3-66　地震作用下转化前梁端弯矩　　　　　　单位：kN·m

层号	梁 CD		梁 BC		梁 AB	
	左端	右端	左端	右端	左端	右端
5	25.30	17.51	16.83	16.83	17.51	25.30
4	56.90	43.62	41.91	41.91	43.62	56.90
3	92.56	66.88	64.25	64.25	66.88	92.56
2	112.68	87.81	84.37	84.37	87.81	112.68
1	152.18	103.13	99.09	99.09	103.13	152.18

表 3-67　地震作用下转化后梁端弯矩　　　　　　单位：kN·m

层号	梁 CD		梁 BC		梁 AB	
	左端	右端	左端	右端	左端	右端
5	23.25	15.73	14.02	14.02	15.73	23.52
4	52.71	39.43	34.93	34.93	39.43	52.71
3	85.92	60.23	53.54	53.54	60.23	85.92
2	104.33	79.46	70.31	70.31	79.46	104.33
1	141.40	92.50	82.60	82.60	92.50	141.40

3.7.3　框架柱内力转化

（1）框架柱剪力转化

框架柱在竖向荷载和水平节点荷载的作用下剪力沿柱无变化，因此柱的剪力转化前后一致。

① 恒载作用下剪力转化计算

表 3-68　恒载作用下转化前后柱端剪力　　　　　　单位：kN

层号	柱 D		柱 C		柱 B		柱 A	
	上端	下端	上端	下端	上端	下端	上端	下端
5	−14.50	−14.50	12.98	12.98	−12.98	−12.98	14.50	14.50
4	−12.85	−12.85	12.15	12.15	−12.15	−12.15	12.85	12.85
3	−12.88	−12.88	12.13	12.13	−12.13	−12.13	12.88	12.88
2	−14.30	−14.30	13.06	13.06	−13.06	−13.06	14.30	14.30
1	−4.64	−4.64	5.67	5.67	−5.67	−5.67	4.64	4.64

② 活载作用下剪力转化计算

表 3-69　活载作用下转化前后柱端剪力　　　　　　　单位：kN

层号	柱 D		柱 C		柱 B		柱 A	
	上端	下端	上端	下端	上端	下端	上端	下端
5	−2.27	−2.27	−0.93	−0.93	0.93	0.93	2.27	2.27
4	−3.46	−3.46	−1.23	−1.23	1.23	1.23	3.46	3.46
3	−3.30	−3.30	−1.21	−1.21	1.21	1.21	3.30	3.30
2	−3.67	−3.67	−1.30	−1.30	1.30	1.30	3.67	3.67
1	−1.15	−1.15	−0.47	−0.47	0.47	0.47	1.15	1.15

③ 风荷载作用下剪力转化计算

表 3-70　风荷载作用下转化前后柱端剪力　　　　　　　单位：kN

层号	柱 D		柱 C		柱 B		柱 A	
	上端	下端	上端	下端	上端	下端	上端	下端
5	0.76	0.76	1.13	1.13	1.13	1.13	0.76	0.76
4	1.99	1.99	2.92	2.92	2.92	2.92	1.99	1.99
3	3.21	3.21	4.72	4.72	4.72	4.72	3.21	3.21
2	4.43	4.43	6.52	6.52	6.52	6.52	4.43	4.43
1	6.39	6.39	7.85	7.85	7.85	7.85	6.39	6.39

④ 地震作用下剪力转化计算

表 3-71　地震作用下转化前后柱端剪力　　　　　　　单位：kN

层号	柱 D		柱 C		柱 B		柱 A	
	上端	下端	上端	下端	上端	下端	上端	下端
5	11.98	11.98	17.64	17.64	17.64	17.64	11.98	11.98
4	23.51	23.51	34.61	34.61	34.61	34.61	23.51	23.51
3	32.36	32.36	47.63	47.63	47.63	47.63	32.36	32.36
2	38.52	38.52	56.72	56.72	56.72	56.72	38.52	38.52
1	46.84	46.84	57.12	57.12	57.12	57.12	46.84	46.84

（2）框架柱弯矩转化

① 恒载作用下弯矩转化计算

表 3-72　恒载作用下转化前柱端弯矩　　　　　　　单位：kN·m

层号	柱 D		柱 C		柱 B		柱 A	
	上端	下端	上端	下端	上端	下端	上端	下端
5	25.81	22.03	−22.75	−20.09	22.75	20.09	−25.81	−22.03
4	21.05	21.36	−20.04	−20.06	−20.06	20.06	−21.05	−21.36
3	21.36	21.15	−20.06	−19.97	20.06	19.97	−21.36	−21.15
2	21.81	25.37	−20.35	−22.76	20.35	22.76	−21.81	−25.37
1	13.29	6.64	−12.48	−6.24	12.48	6.24	−13.29	−6.64

表 3-73　恒载作用下转化后柱端弯矩　　　　　　　单位：kN·m

层号	柱 D		柱 C		柱 B		柱 A	
	上端	下端	上端	下端	上端	下端	上端	下端
5	21.46	17.68	−18.85	−16.20	18.85	16.20	−21.46	−17.68
4	17.19	17.51	−16.40	−16.41	−23.70	16.41	−17.19	−17.51
3	17.50	17.29	−16.42	−16.33	16.42	16.33	−17.50	−17.29
2	17.52	21.08	−16.43	−18.84	16.43	18.84	−17.52	−21.08
1	11.90	5.25	−10.78	−4.54	10.78	4.54	−11.90	−5.25

② 活载作用下弯矩转化计算

表 3-74 活载作用下转化前柱端弯矩　　　　单位：kN·m

层号	柱 D		柱 C		柱 B		柱 A	
	上端	下端	上端	下端	上端	下端	上端	下端
5	2.98	4.51	−1.26	−1.82	1.26	1.82	−2.98	−4.51
4	5.93	5.48	−2.05	−1.99	−21.36	1.99	−5.93	−5.48
3	5.48	5.42	−1.99	−1.99	1.99	1.99	−5.48	−5.42
2	5.60	6.52	−2.02	−2.27	2.02	2.27	−5.60	−6.52
1	3.29	1.64	−1.35	−0.68	1.35	0.68	−3.29	−1.64

表 3-75 活载作用下转化后柱端弯矩　　　　单位：kN·m

层号	柱 D		柱 C		柱 B		柱 A	
	上端	下端	上端	下端	上端	下端	上端	下端
5	2.30	3.83	−1.54	−2.10	1.54	2.10	−2.30	−3.83
4	4.89	4.44	−2.42	−2.36	−20.99	2.36	−4.89	−4.44
3	4.49	4.43	−2.36	−2.35	2.36	2.35	−4.49	−4.43
2	4.50	5.42	−2.41	−2.66	2.41	2.66	−4.50	−5.42
1	2.94	1.30	−1.49	−0.82	1.49	0.82	−2.94	−1.30

③ 风荷载作用下弯矩转化计算

表 3-76 风荷载作用下转化前柱端弯矩　　　　单位：kN·m

层号	柱 D		柱 C		柱 B		柱 A	
	上端	下端	上端	下端	上端	下端	上端	下端
5	−1.61	−0.91	−2.19	−1.52	−2.19	−1.52	−1.61	−0.91
4	−3.87	−2.68	−5.20	−4.44	−5.20	−4.44	−3.87	−2.68
3	−5.71	−4.88	−7.79	−7.79	−7.79	−7.79	−5.71	−4.88
2	−7.31	−7.31	−10.76	−10.76	−10.76	−10.76	−7.31	−7.31
1	−10.99	−16.49	−15.15	−18.60	−15.15	−18.60	−10.99	−16.49

表 3-77 风荷载作用下转化后柱端弯矩　　　　单位：kN·m

层号	柱 D		柱 C		柱 B		柱 A	
	上端	下端	上端	下端	上端	下端	上端	下端
5	−1.38	−0.68	−1.86	−1.18	−1.86	−1.18	−1.38	−0.68
4	−3.28	−2.09	−4.33	−3.57	−4.33	−3.57	−3.28	−2.09
3	−4.75	−3.91	−6.38	−6.38	−6.38	−6.38	−4.75	−3.91
2	−5.98	−5.98	−8.80	−8.80	−8.80	−8.80	−5.98	−5.98
1	−9.08	−14.57	−12.79	−16.25	−12.79	−16.25	−9.08	−14.57

④ 地震作用下弯矩转化计算

表 3-78 地震作用下转化前柱端弯矩　　　　单位：kN·m

层号	柱 D		柱 C		柱 B		柱 A	
	上端	下端	上端	下端	上端	下端	上端	下端
5	−25.30	−14.23	−34.34	−23.86	−34.34	−23.86	−25.30	−14.23
4	−42.66	−34.91	−61.67	−52.53	−61.67	−52.53	−42.66	−34.91

层号	柱 D		柱 C		柱 B		柱 A	
	上端	下端	上端	下端	上端	下端	上端	下端
3	−57.66	−49.12	−78.60	−78.60	−78.60	−78.60	−57.66	−49.12
2	−63.57	−63.57	−93.58	−93.58	−93.58	−93.58	−63.57	−63.57
1	−88.63	−112.80	−108.08	−137.56	−108.08	−137.56	−88.63	−112.80

表 3-79   地震作用下转化后柱端弯矩   单位：kN·m

层号	柱 D		柱 C		柱 B		柱 A	
	上端	下端	上端	下端	上端	下端	上端	下端
5	−28.89	−17.83	−29.05	−18.57	−29.05	−18.57	−21.71	−10.64
4	−35.61	−27.86	−51.29	−42.15	−51.29	−42.15	−35.61	−27.86
3	−47.95	−39.41	−64.31	−64.31	−64.31	−64.31	−47.95	−39.41
2	−52.01	−52.01	−76.57	−76.57	−76.57	−76.57	−52.01	−52.01
1	−74.60	−98.77	−90.85	−120.33	−90.85	−120.33	−74.60	−98.77

3.8   荷载效应组合

3.8.1   确定荷载效应的组合方式

(1) 无地震作用时

① 当只考虑重力荷载时：

$$S_d = 1.3 S_{Gk} + 1.5 S_{Qk}$$

② 考虑重力荷载和风荷载时：

$$S_d = 1.3 S_{Gk} + 1.5 S_{Qk} + 1.5 \times 0.6 S_{Wk}$$
$$S_d = 1.0 S_{Gk} + 1.5 S_{Qk} + 1.5 \times 0.6 S_{Wk}$$
$$S_d = 1.3 S_{Gk} + 1.5 S_{Wk} + 1.5 \times 0.7 S_{Qk}$$
$$S_d = 1.0 S_{Gk} + 1.5 S_{Wk} + 1.5 \times 0.7 S_{Qk}$$

(2) 有地震作用时

本设计中建筑物高度低于 60m，所在地区抗震设防烈度 7 度，因此荷载组合公式如下：

$$S_d = 1.3(S_{Gk} + 0.5 S_{Qk}) + 1.4 S_{Ehk}$$

当重力荷载对结构承载有利时，γ_G 为 1.0，故公式如下：

$$S_d = 1.0(S_{Gk} + 0.5 S_{Qk}) + 1.4 S_{Ehk}$$

式中 S_d——荷载准永久组合的效应设计值；

  S_{Gk}——永久荷载标准值 G_k 计算的荷载效应值；

  S_{Qk}——可变荷载标准值 Q_k 计算的荷载效应值；

  S_{Wk}——风荷载标准值 W_k 计算的荷载效应值；

  S_{Ehk}——地震荷载标准值 E_{hk} 计算的荷载效应值。

3.8.2   荷载效应组合的计算

(1) 梁荷载效应组合计算

(2) 柱内力组合计算

表 3-80　梁荷载效应组合计算

层号	梁	截面位置	内力	①恒载	②活载	③风荷载 左风	③风荷载 右风	④地震作用 左震	④地震作用 右震	1.3①+1.5②	1.3①+1.5②+1.5×0.6③ 左风	1.3①+1.5②+1.5×0.6③ 右风	1.0①+1.5②+1.5×0.6③ 左风	1.0①+1.5②+1.5×0.6③ 右风	1.3①+1.5②+1.5×0.7③ 左风	1.3①+1.5②+1.5×0.7③ 右风	1.0①+1.5②+1.5×0.7③ 左风	1.0①+1.5②+1.5×0.7③ 右风	1.3(①+0.5②)+1.4④ 左震	1.3(①+0.5②)+1.4④ 右震	1.0(①+0.5②)+1.4④ 左震	1.0(①+0.5②)+1.4④ 右震
5层	梁CD	左端	M	-20.07	-2.40	1.50	-1.50	23.25	-23.25	-29.70	-28.35	-31.05	-22.33	-25.03	-26.37	-30.87	-20.35	-24.85	4.89	-60.21	11.27	-53.83
			V	44.77	4.08	-0.46	0.46	-7.14	7.14	64.32	63.91	64.73	50.48	51.30	61.81	63.17	48.37	49.74	50.86	70.85	36.82	56.81
		跨中	M	42.79	4.10	1.12	-1.12	15.73	-15.73	34.43	35.43	33.42	28.47	26.45	34.83	31.48	27.86	24.51	54.05	10.00	46.66	2.61
		右端	M	-47.84	-4.42	-0.85	0.85	-14.03	14.03	-68.83	-69.24	-68.42	-54.89	-54.07	-67.52	-66.16	-55.06	-54.05	-75.06	-55.07	-60.05	-40.06
			V	-12.59	-2.56	-0.68	0.68	-11.22	11.22	-20.21	-20.97	-19.45	-15.67	-17.19	-20.32	-17.79	-14.01	-16.55	-37.67	-17.19	-37.67	-33.51
		跨中	V	13.04	1.18	0.68	-0.68	11.22	-11.22	18.71	18.10	19.32	14.19	15.41	17.17	19.20	13.26	15.29	33.42	-2.08	5.77	-2.08
	梁BC	跨中	M	6.68	2.14	-0.84	0.84	-14.03	14.03	20.21	20.97	19.45	17.19	15.68	20.32	17.79	16.54	14.02	-1.61	33.51	33.51	-5.77
			V	12.59	2.56	-0.68	0.68	-11.22	11.22	20.21	19.45	18.11	15.41	14.19	19.20	17.17	15.29	13.26	-2.01	-50.86	-29.34	2.08
		左端	M	-13.04	-1.18	1.12	-1.12	15.73	-15.73	-18.71	-19.32	-18.11	-15.67	-14.19	-17.17	-34.83	-15.29	-24.51	-10.00	-54.05	-2.61	-46.66
			V	-23.22	-2.83	-1.12	1.12	-15.73	15.73	-34.43	-33.42	-35.43	-26.45	-28.47	-31.48	-34.83	-24.51	-27.86	-54.05	75.06	40.06	60.05
	梁AB	左端	M	47.84	4.42	0.46	-0.46	23.25	-23.25	68.83	68.42	69.24	54.07	54.89	66.16	67.52	53.17	54.89	55.07	-4.89	40.06	60.05
			V	42.79	4.10	-1.50	1.50	-23.25	23.25	61.78	61.05	63.17	47.07	48.54	58.70	61.81	45.02	47.07	60.21	-4.89	53.83	-11.27
		跨中	M	20.07	2.40	0.46	-0.46	15.73	-15.73	29.70	30.87	28.35	25.03	22.33	30.87	26.37	24.85	20.35	60.21	-50.86	36.82	-36.82
		右端	M	-44.77	-4.08	-4.36	4.36	52.71	-52.71	-64.32	-64.73	-63.91	-50.48	-51.30	-63.17	-61.81	-49.74	-48.37	26.79	-120.80	37.64	-109.95
			V	-31.93	-8.45	-4.36	4.36	-52.71	52.71	-54.19	-56.72	-50.26	-40.68	-48.54	-43.84	-56.93	-34.26	-47.35	60.18	107.08	40.88	87.78
				56.32	16.04	1.34	-1.34	16.75	-16.75	97.27	96.06	98.48	79.16	81.58	88.03	92.07	71.14	75.17	104.65	-5.75	93.24	-17.17
4层	梁CD	左端	M	47.81	16.47	-3.03	3.03	-39.43	39.43	59.44	62.17	56.72	52.52	47.07	58.70	49.61	49.05	39.96	112.32	-65.42	-91.81	-44.91
			V	32.16	11.76	1.34	-1.34	16.75	-16.75	-104.05	-105.26	-102.84	-87.44	-85.02	-98.03	-94.00	-80.20	-76.17	65.42	-67.23	32.99	-62.77
		跨中	M	-59.43	-17.87	-2.71	2.71	-34.2	34.2	-29.11	-26.67	-31.54	-23.93	-28.80	-19.88	-28.00	-17.14	-25.26	28.53	58.20	-24.43	53.80
			V	-9.15	-11.47	2.16	-2.16	27.94	-27.94	24.07	22.12	26.02	18.60	22.49	18.18	24.68	14.66	21.15	-20.03	-28.53	-32.99	24.43
	梁BC	跨中	M	11.75	5.86	2.71	-2.71	34.2	-34.2	29.11	31.54	26.02	28.80	22.12	28.00	19.88	26.67	18.18	67.23	-58.20	62.77	-53.80
			V	5.29	9.07	-2.71	2.71	-27.94	27.94	-24.07	-26.02	-22.12	-24.07	-22.49	-24.68	-18.18	-21.15	20.03	-58.20	20.03	-53.80	24.43
		左端	M	9.15	11.47	-3.03	3.03	-39.43	39.43	29.11	26.67	31.54	22.49	26.02	19.61	-61.94	14.66	-49.05	5.75	-104.65	17.17	-93.24
			V	-11.75	-5.86	-3.03	3.03	-16.75	16.75	-22.49	-22.12	-26.67	-47.07	-52.52	-49.61	-58.70	-39.96	-49.05	65.42	112.32	44.91	91.81
	梁AB	左端	M	-32.16	-11.76	4.36	-4.36	52.71	-52.71	-59.44	-56.72	-62.17	-47.07	-52.52	-43.84	-92.07	-34.26	-75.17	120.80	-26.79	109.95	-37.64
			V	59.43	17.87	1.34	-1.34	-16.75	16.75	104.05	102.84	105.26	85.02	87.44	94.00	98.03	76.17	80.20	-107.08	-60.18	-87.78	-40.88
		跨中	M	47.81	16.47	-4.36	4.36	-85.92	85.92	54.19	58.11	50.26	48.54	40.68	56.93	-61.33	43.84	-51.84	73.39	-167.19	84.21	-156.37
		右端	M	31.93	8.45	7.66	-7.66	-85.92	85.92	54.19	58.11	50.26	79.16	-38.05	-38.96	-52.45	-29.47	-52.45	46.16	121.06	26.86	101.76
			V	-56.32	-16.04	-5.53	5.53	60.24	-60.24	-97.27	-95.14	-99.46	78.27	82.59	86.45	93.65	69.58	76.78	133.80	-34.88	122.38	-46.29
3层	梁CD	左端	M	-31.64	-8.87	5.53	-5.53	-60.24	60.24	-104.01	-106.17	-101.85	-88.33	-84.01	-92.41	-74.56	-81.76	-51.44	-126.34	-51.44	-105.83	-30.93
			V	56.26	16.11	2.40	-2.40	-26.75	26.75	97.30	99.46											
		跨中	M	47.97	16.47																	
			V	32.13	11.83																	
		右端	M	-59.48	-17.79																	

续表

层号	梁	截面位置	内力	①恒载	②活载	③风荷载 左风	③风荷载 右风	④地震作用 左震	④地震作用 右震	1.3①+1.5②	1.3①+1.5②+1.5×0.6③ 左风	右风	1.0①+1.5②+1.5×0.6③ 左风	右风	1.3①+1.5③+1.5×0.7② 左风	右风	1.0①+1.5③+1.5×0.7② 左风	右风	1.3(①+0.5②)+1.4④ 左震	右震	1.0(①+0.5②)+1.4④ 左震	右震
3层	梁BC	左端	M	-9.88	-11.42	4.92	-4.92	53.54	-53.54	-29.98	-25.55	-34.41	-22.59	-31.44	-17.46	-32.22	-14.50	-29.26	54.69	-95.23	59.36	-90.55
		左端	V	12.10	5.86	-3.94	3.94	-42.84	42.84	24.52	20.98	28.07	17.35	24.44	15.98	27.80	12.35	24.17	-40.44	79.52	-44.94	75.01
		跨中	M	5.29	9.01																	
		右端	M	9.88	11.42	4.92	-4.92	53.54	-53.54	29.98	34.41	25.55	31.44	22.59	32.22	17.46	29.26	14.50	95.23	-54.69	90.55	-59.36
		右端	V	-12.10	-5.86	-3.94	3.94	-42.84	42.84	-24.52	-28.07	-20.98	-24.44	-17.35	-27.80	-15.98	-24.17	-12.35	-79.52	40.44	-75.01	44.94
	梁AB	左端	M	-32.13	-11.83	5.53	-5.53	60.24	-60.24	-59.52	-54.54	-64.50	-44.90	-54.86	-45.90	-62.49	-36.26	-52.85	34.88	-133.80	46.29	-122.38
		左端	V	59.48	17.79	-2.40	2.40	-26.75	26.75	104.01	101.85	106.17	84.01	88.33	92.41	99.61	74.56	81.76	51.44	126.34	30.93	105.83
		跨中	M	45.23	16.47																	
		右端	M	31.64	8.87	7.66	-7.66	85.92	-85.92	54.44	61.33	47.55	51.84	38.05	61.94	38.96	52.45	29.47	167.19	-73.39	156.37	-84.21
		右端	V	-56.26	-16.11	-2.40	2.40	-26.75	26.75	-97.30	-99.46	-95.14	-82.59	-78.27	-93.65	-86.45	-76.78	-69.58	-121.06	-46.16	-101.76	-26.86
	梁CD	左端	M	-31.84	-8.92	11.16	-11.16	104.33	-104.33	-54.78	-44.73	-64.82	-35.18	-55.27	-34.02	-67.50	-24.47	-57.95	98.87	-193.25	109.76	-182.36
		左端	V	56.28	16.12	-3.56	3.56	-33.42	33.42	97.35	94.14	100.55	77.26	83.67	84.75	95.43	67.87	78.55	36.86	130.43	17.55	111.13
		跨中	M	47.82	16.47																	
		右端	M	32.22	11.84	8.45	-8.45	79.46	-79.46	59.65	67.26	52.05	57.59	42.38	67.00	41.65	57.33	31.98	160.83	-61.66	149.39	-73.10
		右端	V	-59.46	-17.78	-3.56	3.56	-33.42	33.42	-103.97	-107.17	-100.77	-89.34	-82.93	-101.31	-90.63	-83.47	-72.79	-135.64	-42.07	-115.14	-21.56
2层	梁BC	左端	M	-9.80	-11.42	7.51	-7.51	70.31	-70.31	-29.86	-23.10	-36.62	-20.16	-33.68	-13.46	-35.99	-10.52	-33.05	78.28	-118.59	82.93	-113.94
		左端	V	12.10	5.86	-6.00	6.00	-56.25	56.25	24.52	19.12	29.92	15.49	26.29	12.89	30.89	9.26	27.26	-59.21	98.29	-63.72	93.78
		跨中	M	5.29	9.00																	
		右端	M	9.80	11.42	7.51	-7.51	70.31	-70.31	29.86	36.62	23.10	33.68	20.16	35.99	13.46	33.05	10.52	118.59	-78.28	113.94	-82.93
		右端	V	-12.10	-5.86	-6.00	6.00	-56.25	56.25	-24.52	-29.92	-19.12	-26.29	-15.49	-30.89	-12.89	-27.26	-9.26	-98.29	59.21	-93.78	63.72
	梁AB	左端	M	-32.22	-11.84	8.45	-8.45	104.33	-104.33	-59.65	-52.05	-67.26	-42.38	-57.59	-41.65	-67.00	-31.98	-57.33	96.48	-195.64	107.92	-184.20
		左端	V	59.46	17.78	-3.56	3.56	-33.42	33.42	103.97	100.77	107.17	82.93	89.34	90.63	101.31	72.79	83.47	42.07	135.64	21.56	115.14
		跨中	M	45.23	16.47																	
		右端	M	31.84	8.92	11.16	-11.16	141.56	-141.56	54.78	64.82	44.73	55.27	35.18	67.50	34.02	57.95	24.47	245.37	-150.99	234.48	-161.88
		右端	V	-56.28	-16.12	-3.56	3.56	-42.51	42.51	-97.35	-100.55	-94.14	-83.67	-77.26	-95.43	-84.75	-78.55	-67.87	-143.15	-24.13	-123.85	-4.83
	梁CD	左端	M	-28.23	-7.93	16.67	-16.67	92.22	-92.22	-48.60	-33.59	-63.59	-25.12	-55.12	-20.02	-70.03	-11.55	-61.56	87.26	-170.96	96.92	-161.30
		左端	V	55.97	15.94	-5.14	5.14	-42.51	42.51	96.66	92.04	101.29	75.25	84.50	81.78	97.20	64.99	80.41	23.60	142.63	4.42	123.45
		跨中	M	50.71	16.73																	
		右端	M	30.06	11.70	11.60	-11.60	82.34	-82.34	56.63	67.07	46.19	58.05	37.17	68.77	33.97	59.75	24.95	161.96	-68.60	151.19	-79.37
		右端	V	-59.78	-17.96	-5.14	5.14	-65.88	65.88	-104.66	-109.28	-100.03	-91.35	-82.10	-104.28	-88.86	-86.35	-70.93	-181.62	2.84	-160.99	23.47
1层	梁BC	左端	M	-12.03	-11.65	10.37	-10.37	82.34	-82.34	-33.11	-23.78	-42.45	-20.17	-38.84	-12.32	-43.43	-8.71	-39.82	92.06	-138.49	97.42	-133.13
		左端	V	12.10	5.86	-8.29	8.29	-65.88	65.88	24.52	17.06	31.98	13.43	28.35	9.45	34.32	5.82	30.69	-72.69	111.77	-77.20	107.26
		跨中	M	6.61	9.28																	
		右端	M	12.03	11.65	10.37	-10.37	82.34	-82.34	33.11	42.45	23.78	38.84	20.17	43.43	12.32	39.82	8.71	138.49	-92.06	133.13	-97.42
		右端	V	-11.75	-5.86	-8.29	8.29	-65.88	65.88	-24.07	-31.53	-16.61	-28.00	-13.08	-33.87	-9.00	-30.34	-5.47	-111.32	73.15	-106.91	77.55

层号	梁	截面位置	内力	①恒载	②活载	③风荷载 左风	③风荷载 右风	④地震作用 左震	④地震作用 右震	1.3①+1.5②	1.3①+1.5②+1.5×0.6③ 左风	1.3①+1.5②+1.5×0.6③ 右风	1.0①+1.5②+1.5×0.6③ 左风	1.0①+1.5②+1.5×0.6③ 右风	1.3①+1.5③+1.5×0.7② 左风	1.3①+1.5③+1.5×0.7② 右风	1.0①+1.5③+1.5×0.7② 左风	1.0①+1.5③+1.5×0.7② 右风	1.3(①+0.5②)+1.4④ 左震	1.3(①+0.5②)+1.4④ 右震	1.0(①+0.5②)+1.4④ 左震	1.0(①+0.5②)+1.4④ 右震
1层	梁AB	左端	M	-30.06	-11.70	11.60	-11.60	92.22	-92.22	-56.63	-46.19	-67.07	-37.17	-58.05	-33.97	-68.77	-24.95	-59.75	82.42	-175.79	93.19	-165.02
		左端	V	59.78	17.96	-5.14	5.14	-42.51	42.51	104.66	100.03	109.28	82.10	91.35	88.86	104.28	70.93	86.35	29.87	148.90	9.25	128.27
		跨中	M	45.23	16.73																	
		右端	M	28.23	7.93	16.67	-16.67	141.56	-141.56	48.59	63.60	33.59	55.13	25.12	70.03	20.02	61.56	11.55	240.04	-156.33	230.38	-165.99
		右端	V	-55.97	-15.94	-5.14	5.14	-42.51	42.51	-96.66	-101.29	-92.04	-84.50	-75.25	-97.20	-81.78	-80.41	-64.99	-142.63	-23.60	-123.45	-4.42

表3-81　柱内力组合计算

层号	柱	截面位置	内力	①恒载	②活载	③风荷载 左风	③风荷载 右风	④地震作用 左震	④地震作用 右震	1.3①+1.5②	1.3①+1.5②+1.5×0.6③ 左风	1.3①+1.5②+1.5×0.6③ 右风	1.0①+1.5②+1.5×0.6③ 左风	1.0①+1.5②+1.5×0.6③ 右风	1.3①+1.5③+1.5×0.7② 左风	1.3①+1.5③+1.5×0.7② 右风	1.0①+1.5③+1.5×0.7② 左风	1.0①+1.5③+1.5×0.7② 右风	1.3(①+0.5②)+1.4④ 左震	1.3(①+0.5②)+1.4④ 右震	1.0(①+0.5②)+1.4④ 左震	1.0(①+0.5②)+1.4④ 右震
5层	柱D	上端	M	25.81	2.98	-1.38	1.38	28.89	-28.89	38.01	36.77	39.26	29.02	31.51	34.60	38.75	26.85	31.01	75.93	-4.97	67.75	-13.16
		上端	N	158.73	9.86	-0.46	0.46	-7.14	7.14	221.14	220.73	221.55	173.11	173.93	216.02	217.39	168.40	169.77	202.77	222.75	153.67	173.65
		上端	V	-14.50	-2.27	0.76	-0.76	11.98	-11.98	-22.25	-21.56	-22.94	-17.21	-18.59	-20.08	-22.37	-15.73	-18.02	-3.55	-37.09	1.14	-32.40
		下端	M	22.03	4.51	-0.68	0.68	17.83	-17.83	35.40	34.79	36.02	28.18	29.41	32.35	34.40	25.75	27.79	56.53	6.62	49.24	-0.67
		下端	N	179.36	9.86	-0.46	0.46	-7.14	7.14	247.95	247.55	248.36	193.74	194.56	242.84	244.20	189.03	190.39	229.58	249.56	174.30	194.28
		下端	V	-14.50	-2.27	0.76	-0.76	11.98	-11.98	-22.25	-21.56	-22.94	-17.21	-18.59	-20.08	-22.37	-15.73	-18.02	-3.55	-37.09	1.14	-32.40
	柱C	上端	M	-22.75	-1.26	-1.86	1.86	-29.05	29.05	-31.47	-33.14	-29.80	-26.31	-22.97	-33.69	-28.11	-26.86	-21.29	-71.06	10.27	-64.05	17.29
		上端	N	193.05	18.49	-0.26	0.26	-4.08	4.08	278.70	278.47	278.94	220.55	221.02	269.99	270.78	212.07	212.86	257.27	268.70	196.58	208.01
		上端	V	12.98	0.93	1.13	-1.13	17.64	-17.64	18.28	19.29	17.27	15.40	13.37	19.55	16.17	15.65	12.27	42.18	-7.21	38.14	-11.24
		下端	M	-20.09	-1.82	-1.18	1.18	-18.57	18.57	-28.85	-29.91	-27.79	-23.89	-21.76	-29.80	-26.26	-23.78	-20.23	-53.30	-1.30	-47.00	5.00
		下端	N	213.68	18.49	-0.26	0.26	-4.08	4.08	305.52	305.28	305.75	241.18	241.65	296.80	297.59	232.70	233.48	284.08	295.51	217.21	228.64
		下端	V	12.98	0.93	1.13	-1.13	17.64	-17.64	18.28	19.29	17.27	15.40	13.37	19.55	16.17	15.65	12.27	42.18	-7.21	38.14	-11.24
	柱B	上端	M	22.75	1.26	-1.86	1.86	-29.05	29.05	31.47	29.80	33.14	22.97	26.31	28.11	33.69	21.29	26.86	-10.27	71.06	-17.29	64.05
		上端	N	193.05	18.49	0.26	-0.26	4.08	-4.08	278.70	278.94	278.47	221.02	220.55	270.78	269.99	212.86	212.07	268.70	257.27	208.01	196.58
		上端	V	-12.98	-0.93	1.13	-1.13	17.64	-17.64	-18.28	-17.27	-19.29	-13.37	-15.40	-16.17	-19.55	-12.27	-15.65	7.21	-42.18	11.24	-38.14
		下端	M	20.09	1.82	-1.18	1.18	-18.57	18.57	28.85	27.79	29.91	21.76	23.89	26.26	29.80	20.23	23.78	1.30	53.30	-5.00	47.00
		下端	N	213.68	18.49	0.26	-0.26	4.08	-4.08	305.52	305.75	305.28	241.65	241.18	297.59	296.80	233.48	232.70	295.51	284.08	228.64	217.21
		下端	V	-12.98	-0.93	1.13	-1.13	17.64	-17.64	-18.28	-17.27	-19.29	-13.37	-15.40	-16.17	-19.55	-12.27	-15.65	7.21	-42.18	11.24	-38.14
	柱A	上端	M	-25.81	-2.98	-1.38	1.38	-28.89	28.89	-38.01	-39.26	-36.77	-31.51	-29.02	-38.75	-34.60	-31.01	-26.85	-75.93	4.97	-67.75	13.16
		上端	N	158.73	9.86	0.46	-0.46	7.14	-7.14	221.14	221.55	220.73	173.93	173.11	217.39	216.02	169.77	168.40	222.75	202.77	173.65	153.67
		上端	V	14.50	2.27	0.76	-0.76	11.98	-11.98	22.25	22.94	21.56	18.59	17.21	22.37	20.08	18.02	15.73	37.09	3.55	32.40	-1.14
		下端	M	-22.03	-4.51	-0.68	0.68	-17.83	17.83	-35.40	-36.02	-34.79	-29.41	-28.18	-34.40	-32.35	-27.79	-25.75	-56.53	-6.62	-49.24	0.67
		下端	N	179.36	9.86	0.46	-0.46	7.14	-7.14	247.95	248.36	247.55	194.56	193.74	244.20	242.84	190.39	189.03	249.56	229.58	194.28	174.30
		下端	V	14.50	2.27	0.76	-0.76	11.98	-11.98	22.25	22.94	21.56	18.59	17.21	22.37	20.08	18.02	15.73	37.09	3.55	32.40	-1.14

续表

层号	柱	截面位置	内力	①恒载	②活载	③风荷载 左风	③风荷载 右风	④地震作用 左震	④地震作用 右震	1.3①+1.5②	1.3①+1.5②+1.5×0.6③ 左风	右风	1.0①+1.5②+1.5×0.6③ 左风	右风	1.3①+1.5×0.7②+1.5③ 左风	右风	1.0①+1.5×0.7②+1.5③ 左风	右风	1.3(①+0.5②)+1.4④ 左震	右震	1.0(①+0.5②)+1.4④ 左震	右震
4层	柱D	上端	M	21.05	5.93	-3.28	3.28	-35.61	35.61	36.26	33.31	39.20	26.99	32.83	28.67	38.50	22.36	32.19	-18.64	81.07	-25.85	73.87
			N	350.95	55.50	-1.82	1.82	-23.89	23.89	539.49	537.85	541.13	432.56	435.84	511.78	517.25	406.49	411.96	458.87	525.76	345.26	412.15
			V	-12.85	-3.46	1.99	-1.99	23.51	-23.51	-21.89	-20.10	-23.68	-16.25	-19.82	-17.36	-23.31	-13.50	-19.46	13.96	-51.86	18.33	-47.49
		下端	M	21.36	5.48	-2.09	2.09	-27.86	27.86	35.98	34.11	37.82	27.70	31.45	30.39	36.65	23.98	30.24	-7.67	70.33	-14.90	63.10
			N	371.58	55.50	-1.82	1.82	-23.89	23.89	566.30	564.66	567.94	453.19	456.47	538.59	544.06	427.12	432.59	485.68	552.57	365.88	432.77
			V	-12.85	-3.46	1.99	-1.99	23.51	-23.51	-21.89	-20.10	-23.68	-16.25	-19.82	-17.36	-23.31	-13.50	-19.46	13.96	-51.86	18.33	-47.49
	柱C	上端	M	-20.04	-2.05	-4.33	4.33	-51.29	51.29	-29.13	-33.03	-25.24	-27.01	-19.22	-34.70	-21.72	-28.69	-15.70	-99.19	44.41	-92.87	50.73
			N	446.44	99.64	-1.10	1.10	-15.27	15.27	729.84	728.86	730.83	594.92	596.90	683.36	686.65	549.43	552.71	623.77	666.52	474.89	517.64
			V	12.15	1.23	2.92	-2.92	34.61	-34.61	17.64	20.27	15.00	16.62	11.36	21.47	12.70	17.82	9.05	65.04	-31.86	61.21	-35.69
		下端	M	-20.06	-1.99	-3.57	3.57	-42.15	42.15	-29.06	-32.28	-25.85	-26.26	-19.84	-33.52	-22.82	-27.50	-16.80	-86.38	31.64	-80.07	37.96
			N	467.07	99.64	-1.10	1.10	-15.27	15.27	756.66	755.67	757.64	615.55	617.52	710.17	713.46	570.05	573.34	650.58	693.33	495.51	538.27
			V	12.15	1.23	2.92	-2.92	34.61	-34.61	17.64	20.27	15.00	16.62	11.36	21.47	12.70	17.82	9.05	65.04	-31.86	61.21	-35.69
	柱B	上端	M	20.04	2.05	-4.33	4.33	-51.29	51.29	29.13	25.24	33.03	19.22	27.01	21.72	34.70	15.70	28.69	-44.41	99.19	-50.73	92.87
			N	446.44	99.64	-1.10	1.10	-15.27	15.27	729.84	728.86	730.83	594.92	596.90	683.36	686.65	549.43	552.71	666.52	623.77	517.64	474.89
			V	-12.15	-1.23	2.92	-2.92	34.61	-34.61	-17.64	-15.00	-20.27	-11.36	-16.62	-12.70	-21.47	-9.05	-17.82	31.86	-65.04	35.69	-61.21
		下端	M	20.06	1.99	-3.57	3.57	-42.15	42.15	29.06	25.85	32.28	19.84	26.26	22.82	33.52	16.80	27.50	-31.64	86.38	-37.96	80.07
			N	467.07	99.64	-1.10	1.10	-15.27	15.27	756.66	755.67	757.64	615.55	617.52	710.17	713.46	570.05	573.34	693.33	650.58	538.27	495.51
			V	-12.15	-1.23	2.92	-2.92	34.61	-34.61	-17.64	-15.00	-20.27	-11.36	-16.62	-12.70	-21.47	-9.05	-17.82	31.86	-65.04	35.69	-61.21
	柱A	上端	M	-21.05	-5.93	-3.28	3.28	-35.61	35.61	-36.26	-39.20	-33.31	-32.83	-26.99	-38.50	-28.67	-32.19	-22.36	-81.07	18.64	-73.87	25.85
			N	350.95	55.50	1.82	-1.82	23.89	-23.89	539.49	541.13	537.85	435.84	432.56	517.25	511.78	411.96	406.49	525.76	458.87	412.15	345.26
			V	12.85	3.46	1.99	-1.99	23.51	-23.51	21.89	23.68	20.10	19.82	16.25	23.31	17.36	19.46	13.50	51.86	-13.96	47.49	-18.33
		下端	M	-21.36	-5.48	-2.09	2.09	-27.86	27.86	-35.98	-37.86	-34.11	-31.45	-27.70	-36.65	-30.39	-30.24	-23.98	-70.33	7.67	-63.10	14.90
			N	371.58	55.50	1.82	-1.82	23.89	-23.89	566.30	567.94	564.66	456.47	453.19	544.06	538.59	432.59	427.12	552.57	485.68	432.77	365.88
			V	12.85	3.46	1.99	-1.99	23.51	-23.51	21.89	23.68	20.10	19.82	16.25	23.31	17.36	19.46	13.50	51.86	-13.96	47.49	-18.33
3层	柱D	上端	M	21.36	5.48	-4.75	4.75	-47.95	47.95	35.98	31.71	40.26	25.30	33.85	26.40	40.64	19.99	34.23	-35.80	98.46	-43.03	91.23
			N	543.11	101.22	-4.26	4.26	-50.46	50.46	857.87	854.04	861.71	691.11	698.77	805.94	818.71	643.00	655.78	701.19	842.48	523.07	664.37
			V	-12.88	-3.30	3.21	-3.21	32.36	-32.36	-21.70	-18.81	-24.59	-14.95	-20.72	-15.40	-25.03	-11.54	-21.16	26.40	-64.19	30.76	-59.83
		下端	M	21.15	5.42	-3.91	3.91	-39.41	39.41	35.62	32.10	39.15	25.76	32.80	27.32	39.06	20.97	32.71	-24.15	86.19	-31.31	79.03
			N	563.74	101.22	-4.26	4.26	-50.46	50.46	884.69	880.85	888.52	711.73	719.40	832.75	845.53	663.63	676.41	728.00	869.30	543.70	684.99
			V	-12.88	-3.30	3.21	-3.21	32.36	-32.36	-21.70	-18.81	-24.59	-14.95	-20.72	-15.40	-25.03	-11.54	-21.16	26.40	-64.19	30.76	-59.83
	柱C	上端	M	-20.06	-1.99	-6.38	6.38	-64.31	64.31	-29.06	-34.80	-23.33	-28.79	-17.31	-37.73	-18.60	-31.71	-12.59	-117.40	62.66	-111.08	68.98
			N	699.89	180.72	-2.66	2.66	-31.53	31.53	1180.94	1178.55	1183.34	968.58	973.37	1095.62	1103.61	885.65	893.65	983.19	1071.47	746.11	834.40
			V	12.13	1.21	4.72	-4.72	47.63	-47.63	17.58	21.83	13.33	18.19	9.69	24.12	9.95	20.48	6.31	83.24	-50.14	79.42	-53.96
		下端	M	-19.97	-1.99	-6.38	6.38	-64.31	64.31	-28.94	-34.68	-23.20	-28.69	-17.21	-37.61	-18.48	-31.62	-12.49	-117.28	62.78	-110.99	69.07
			N	720.52	180.72	-2.66	2.66	-31.53	31.53	1207.76	1205.43	1210.15	989.20	994.00	1122.44	1130.43	906.28	914.27	1010.00	1098.29	766.73	855.02
			V	12.13	1.21	4.72	-4.72	47.63	-47.63	17.58	21.83	13.33	18.19	9.69	24.12	9.95	20.48	6.31	83.24	-50.14	79.42	-53.96

续表

层号	柱号	截面位置	内力	①恒载	②活载	③风荷载 左风	③风荷载 右风	④地震作用 左震	④地震作用 右震	1.3①+1.5②	1.3①+1.5②+1.5×0.6③ 左风	右风	1.0①+1.5②+1.5×0.6③ 左风	右风	1.3①+1.5×0.7②+1.5③ 左风	右风	1.0①+1.5×0.7②+1.5③ 左风	右风	1.3(①+0.5②)+1.4④ 左震	右震	1.0(①+0.5②)+1.4④ 左震	右震
3层	柱B	上端	M	20.06	1.99	-6.38	6.38	-64.31	64.31	29.06	23.33	34.80	17.31	28.79	18.60	37.73	12.59	31.71	-62.66	117.40	-68.98	111.08
			N	698.89	180.72	2.66	-2.66	31.53	-31.53	1179.64	1182.04	1177.24	972.37	967.58	1102.31	1094.32	892.64	884.65	1070.17	981.88	833.40	745.11
			V	-12.13	-1.21	4.72	-4.72	47.63	-47.63	-17.58	-13.33	-21.83	-9.69	-18.19	-9.95	-24.12	-6.31	-20.48	50.14	-83.24	53.96	-79.42
		下端	M	19.97	1.99	-6.38	6.38	-64.31	64.31	28.94	23.20	34.68	17.21	28.69	18.48	37.61	12.49	31.62	-62.78	117.28	-69.07	110.99
			N	719.51	180.72	2.66	-2.66	31.53	-31.53	1206.45	1208.84	1204.05	992.99	988.20	1129.12	1121.13	913.26	905.27	1096.98	1008.69	854.02	765.73
			V	-12.13	-1.21	4.72	-4.72	47.63	-47.63	-17.58	-13.33	-21.83	-9.69	-18.19	-9.95	-24.12	-6.31	-20.48	50.14	-83.24	53.96	-79.42
	柱A	上端	M	-21.36	-5.48	-4.75	4.75	-47.95	47.95	-35.98	-40.26	-31.71	-33.85	-25.30	-40.64	-26.40	-34.23	-19.99	-98.46	35.80	-91.23	43.03
			N	543.11	101.22	-4.26	4.26	50.46	-50.46	857.87	854.04	861.71	691.11	698.77	805.94	818.71	643.00	655.78	842.48	701.19	664.37	523.07
			V	-21.15	-5.42	3.21	-3.21	32.36	-32.36	-35.63	-32.74	-38.52	-26.39	-32.17	-28.37	-38.00	-22.03	-31.66	14.29	-76.32	21.44	-69.16
		下端	M	12.88	3.30	3.21	-3.21	32.36	-32.36	21.70	24.59	18.81	20.72	14.95	25.03	15.40	21.16	11.54	64.19	-26.40	59.83	-30.76
			N	563.74	101.22	-4.26	4.26	50.46	-50.46	884.69	880.85	888.52	711.73	719.40	832.75	845.53	663.63	676.41	869.30	728.00	684.99	543.70
			V	-21.15	-5.42	3.21	-3.21	32.36	-32.36	-35.63	-32.74	-38.52	-26.39	-32.17	-28.37	-38.00	-22.03	-31.66	14.29	-76.32	21.44	-69.16
2层	柱D	上端	M	21.81	5.60	-5.98	5.98	-52.01	52.01	36.76	31.37	42.14	24.83	35.59	25.27	43.20	18.72	36.66	-40.82	104.81	-48.20	97.42
			N	735.30	146.94	7.86	-7.86	83.88	-83.88	1176.30	1183.38	1169.23	962.79	948.64	1121.97	1098.38	901.38	877.79	1168.83	933.97	926.20	691.34
			V	-14.30	-3.67	-4.43	4.43	52.01	-52.01	-24.10	-28.08	-20.11	-23.79	-15.82	-29.09	-15.80	-24.80	-11.51	51.84	-93.79	56.68	-88.95
		下端	M	25.37	6.52	-5.98	5.98	-52.01	52.01	42.76	37.40	48.15	29.77	40.54	30.86	48.80	23.25	41.19	-35.60	110.03	-44.18	101.44
			N	755.92	146.94	7.86	-7.86	83.88	-83.88	1203.12	1210.19	1196.04	983.42	969.26	1148.79	1125.19	922.01	898.42	1195.64	960.78	946.82	711.96
			V	-14.30	-3.67	-4.43	4.43	52.01	-52.01	-24.10	-28.08	-20.11	-23.79	-15.82	-29.09	-15.80	-24.80	-11.51	51.84	-93.79	56.68	-88.95
	柱C	上端	M	-20.35	-2.02	-5.13	5.13	-76.57	76.57	-29.48	-34.10	-24.87	-28.00	-18.76	-36.27	-20.88	-30.17	-14.78	-134.96	79.43	-128.55	85.84
			N	829.56	261.79	5.13	-5.13	54.36	-54.36	1471.11	1475.73	1466.49	1226.86	1217.62	1361.00	1345.61	1112.13	1096.74	1324.69	1172.48	1036.56	884.35
			V	13.06	1.30	-6.52	6.52	57.42	-57.42	18.93	13.06	24.80	9.14	20.88	8.56	28.12	4.64	24.21	98.21	-62.56	94.10	-66.68
		下端	M	-22.76	-2.27	-8.80	8.80	-76.57	76.57	-32.98	-40.91	-25.07	-34.09	-18.25	-45.17	-18.77	-38.34	-11.93	-138.25	76.14	-131.08	83.31
			N	850.18	261.79	5.13	-5.13	54.36	-54.36	1497.92	1502.54	1493.30	1247.48	1238.25	1387.81	1372.42	1132.76	1117.36	1351.51	1199.29	1057.18	904.97
			V	13.06	1.30	-6.52	6.52	57.42	-57.42	18.93	13.06	24.80	9.14	20.88	8.56	28.12	4.64	24.21	98.21	-62.56	94.10	-66.68
	柱B	上端	M	20.35	2.02	5.13	-5.13	76.57	-76.57	29.48	34.10	24.87	28.00	18.76	36.27	20.88	30.17	14.78	134.96	-79.43	128.55	-85.84
			N	829.56	261.79	-5.13	5.13	-54.36	54.36	1471.11	1466.49	1475.73	1217.62	1226.86	1345.61	1361.00	1096.74	1112.13	1172.48	1324.69	884.35	1036.56
			V	-13.06	-1.30	6.52	-6.52	-57.42	57.42	-18.93	-13.06	-24.80	-9.14	-20.88	-8.56	-28.12	-4.64	-24.21	-98.21	62.56	-94.10	66.68
		下端	M	22.76	2.27	8.80	-8.80	76.57	-76.57	32.98	40.91	25.07	34.09	18.25	45.17	18.77	38.34	11.93	138.25	-76.14	131.08	-83.31
			N	850.18	261.79	-5.13	5.13	-54.36	54.36	1497.92	1493.30	1502.54	1238.25	1247.48	1372.42	1387.81	1117.36	1132.76	1199.29	1351.51	904.97	1057.18
			V	-13.06	-1.30	6.52	-6.52	-57.42	57.42	-18.93	-13.06	-24.80	-9.14	-20.88	-8.56	-28.12	-4.64	-24.21	-98.21	62.56	-94.10	66.68
	柱A	上端	M	-21.81	-5.60	5.98	-5.98	52.01	-52.01	-36.76	-31.37	-42.14	-24.83	-35.59	-25.27	-43.20	-18.72	-36.66	40.82	-104.81	48.20	-97.42
			N	735.30	146.94	-7.86	7.86	-83.88	83.88	1176.30	1169.23	1183.38	948.64	962.79	1098.38	1121.97	877.79	901.38	933.97	1168.83	691.34	926.20
			V	14.30	3.67	4.43	-4.43	-52.01	52.01	24.10	28.08	20.11	23.79	15.82	29.09	15.80	24.80	11.51	-51.84	93.79	-56.68	88.95
		下端	M	-25.37	-6.52	5.98	-5.98	52.01	-52.01	-42.76	-37.40	-48.15	-29.77	-40.54	-30.86	-48.80	-23.25	-41.19	35.59	-110.03	44.18	-101.44
			N	755.92	146.94	-7.86	7.86	-83.88	83.88	1203.12	1196.04	1210.19	969.26	983.42	1125.19	1148.79	898.42	922.01	960.78	1195.64	711.96	946.82
			V	14.30	3.67	4.43	-4.43	-52.01	52.01	24.10	28.08	20.11	23.79	15.82	29.09	15.80	24.80	11.51	-51.84	93.79	-56.68	88.95

续表

层号	柱号	截面位置	内力	①恒载	②活载	③风荷载		④地震作用		1.3①+1.5②	1.3①+1.5②+1.5×0.6③		1.0①+1.5②+1.5×0.6③		1.3①+1.5③+1.5×0.7②		1.0①+1.5③+1.5×0.7②		1.3(①+0.5②)+1.4④		1.0(①+0.5②)+1.4④	
						左风	右风	左震	右震		左风	右风	左风	右风	左风	右风	左风	右风	左震	右震	左震	右震
1层	柱D	上端	M	13.29	3.29	-9.08	9.08	-74.44	74.44	22.21	14.04	30.38	10.05	26.39	7.11	34.34	3.13	30.35	-84.80	123.62	-89.28	119.14
			N	927.16	192.49	-13.11	13.11	-126.40	126.40	1494.04	1482.24	1505.85	1204.09	1227.70	1387.76	1427.09	1109.61	1148.94	1153.46	1507.40	846.44	1200.37
			V	-4.64	-1.15	6.39	-6.39	46.76	-46.76	-7.75	-1.99	-13.50	-0.60	-12.11	2.36	-16.82	3.75	-15.43	58.69	-72.23	60.25	-70.67
		下端	M	6.64	1.64	-14.57	14.57	-98.56	98.56	11.10	-2.01	24.22	-4.00	22.23	-11.49	32.22	-13.49	30.23	-128.28	147.69	-130.52	145.45
			N	954.04	192.49	-13.11	13.11	-126.40	126.40	1528.98	1517.18	1540.78	1230.97	1254.57	1423.69	1462.03	1136.48	1175.82	1188.40	1542.33	873.32	1227.25
			V	-4.64	-1.15	6.39	-6.39	46.76	-46.76	-7.75	-1.99	-13.50	-0.60	-12.11	2.36	-16.82	3.75	-15.43	58.69	-72.23	60.25	-70.67
	柱C	上端	M	-12.48	-1.35	-12.79	12.79	-91.41	91.41	-18.25	-29.77	-6.74	-26.02	-2.99	-36.83	1.55	-33.09	5.29	-145.08	110.87	-141.13	114.82
			N	1083.30	343.04	-8.36	8.36	-77.80	77.80	1922.85	1915.33	1930.38	1590.34	1605.39	1755.94	1781.03	1430.95	1456.04	1522.34	1740.19	1145.90	1363.74
			V	5.67	0.61	7.85	-7.85	57.42	-57.42	8.30	15.36	1.23	13.66	-0.47	19.79	-3.75	18.09	-5.46	88.16	-72.61	86.37	-74.41
		下端	M	-6.24	-0.68	-15.74	15.74	-121.04	121.04	-9.13	-23.29	5.04	-21.42	6.91	-32.43	14.79	-30.56	16.66	-178.01	160.90	-176.03	162.88
			N	1110.17	343.04	-8.36	8.36	-77.80	77.80	1957.79	1950.26	1965.32	1617.21	1632.26	1790.88	1815.96	1457.82	1482.91	1557.28	1775.13	1172.77	1390.62
			V	5.67	0.61	7.85	-7.85	57.42	-57.42	8.30	15.36	1.23	13.66	-0.47	19.79	-3.75	18.09	-5.46	88.16	-72.61	86.37	-74.41
	柱B	上端	M	12.48	1.35	-12.79	12.79	-91.41	91.41	18.25	6.74	29.77	2.99	26.02	-1.55	36.86	-5.29	33.09	-110.87	145.08	-114.82	141.13
			N	1083.30	343.04	8.36	-8.36	77.80	-77.80	1922.85	1930.38	1915.33	1605.39	1590.34	1781.03	1755.94	1456.04	1430.95	1740.19	1522.34	1363.74	1146.90
			V	-5.67	-0.61	-7.85	7.85	-57.42	57.42	-8.30	-15.36	-1.23	-13.66	0.47	-19.79	3.75	-18.09	5.46	-88.16	72.61	-86.37	74.41
		下端	M	6.24	0.68	-15.74	15.74	-121.04	121.04	9.13	-5.04	23.29	-6.91	21.42	-14.79	32.43	-16.66	30.56	-160.90	178.01	-162.88	176.03
			N	1110.17	343.04	8.36	-8.36	77.80	-77.80	1957.79	1965.32	1950.26	1632.26	1617.21	1815.96	1790.88	1482.91	1457.82	1775.13	1557.28	1390.62	1172.77
			V	-5.67	-0.61	-7.85	7.85	-57.42	57.42	-8.30	-15.36	-1.23	-13.66	0.47	-19.79	3.75	-18.09	5.46	-88.16	72.61	-86.37	74.41
	柱A	上端	M	-13.29	-3.29	-9.08	9.08	-74.44	74.44	-22.21	-30.38	-14.04	-26.39	-10.05	-34.34	-7.11	-30.35	-3.13	-123.62	84.80	-119.14	89.28
			N	927.16	192.49	13.11	-13.11	126.40	-126.40	1494.04	1505.85	1482.24	1227.70	1204.09	1427.09	1387.76	1148.94	1109.61	1507.40	1153.46	1200.37	846.44
			V	4.64	1.15	-6.39	6.39	-46.76	46.76	7.75	1.99	13.50	0.60	12.11	-2.36	16.82	-3.75	15.43	-58.69	72.23	-60.25	70.67
		下端	M	-6.64	-1.64	-14.57	14.57	-98.56	98.56	-11.10	-24.22	2.01	-22.23	4.00	-32.22	11.49	-30.23	13.49	-147.69	128.28	-145.45	130.52
			N	954.04	192.49	13.11	-13.11	126.40	-126.40	1528.98	1540.78	1517.18	1254.57	1230.97	1462.03	1423.69	1175.82	1136.48	1542.33	1188.40	1227.25	873.32
			V	4.64	1.15	-6.39	6.39	-46.76	46.76	7.75	1.99	13.50	0.60	12.11	-2.36	16.82	-3.75	15.43	-58.69	72.23	-60.25	70.67

3.8.3　框架梁跨中最大组合弯矩

求跨间最大弯矩通常采用方法：作弯矩包络图及解析法。下面采用解析法求解框架梁跨间最大弯矩。

如图 3-9 所示，从框架中选取梁为隔离体，梁上作用的荷载值为重力荷载设计值（恒载及活载的组合值）。梁两端的弯矩值为组合后的弯矩设计值。按下述步骤求得跨间弯矩的最大值：

① 用平衡条件求出梁端剪力 R_A；

② 写出距梁端 x 截面处的弯矩方程式 $M(x)$；

③ 令 $\mathrm{d}M(x)/\mathrm{d}x = 0$，求出 x；

④ 将 x 代入 $M(x)$ 即可求得弯矩的最大值。

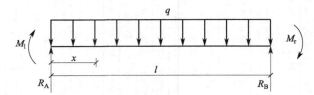

图 3-9　框架梁隔离体

以一层 AB 跨梁为例，其跨中最大组合弯矩设计值如下。

(1) 组合 $S_d = 1.3 S_{Gk} + 1.5 S_{Qk} + 1.5 \times 0.6 S_{Wk}$（左风）

$$q = 1.3 \times 20.55 + 1.5 \times 6.10 = 35.87 (\mathrm{kN/m})$$

$$M_A = -33.30 \mathrm{kN \cdot m}, M_B = 67.32 \mathrm{kN \cdot m}, l_n = 6 - 0.5 = 5.5 \mathrm{m}$$

$$R_A = \frac{35.87 \times 5.5}{2} - \frac{1}{5.5} \times (-33.30 + 67.32) = 92.44 (\mathrm{kN})$$

$$M_{bmax} = -\frac{92.44^2}{2 \times 35.87} - (-33.30) = -85.84 (\mathrm{kN \cdot m})$$

$$x = \frac{R_A}{q} = \frac{92.44}{35.87} = 2.58 (\mathrm{m})$$

(2) 组合 $S_d = 1.3 S_{Gk} + 1.5 S_{Qk} + 1.5 \times 0.6 S_{Wk}$（右风）

$$q = 1.3 \times 20.55 + 1.5 \times 6.10 = 35.87 (\mathrm{kN/m})$$

$$M_A = -63.88 \mathrm{kN \cdot m}, M_B = 45.94 \mathrm{kN \cdot m}, l_n = 6 - 0.5 = 5.5 \mathrm{m}$$

$$R_A = \frac{35.87 \times 5.5}{2} - \frac{1}{5.5} \times (-63.88 + 45.94) = 101.89 (\mathrm{kN})$$

$$M_{bmax} = -\frac{101.89^2}{2 \times 35.87} - (-63.88) = -80.85 (\mathrm{kN \cdot m})$$

$$x = \frac{R_A}{q} = \frac{101.89}{35.87} = 2.84 (\mathrm{m})$$

(3) 组合 $S_d = 1.0 S_{Gk} + 1.5 S_{Qk} + 1.5 \times 0.6 S_{Wk}$（左风）

$$q = 1.0 \times 20.55 + 1.5 \times 6.10 = 29.70 (\mathrm{kN/m})$$

$$M_A = -24.84 \mathrm{kN \cdot m}, M_B = 58.30 \mathrm{kN \cdot m}, l_n = 6 - 0.5 = 5.5 \mathrm{m}$$

$$R_A = \frac{29.70 \times 5.5}{2} - \frac{1}{5.5} \times (-24.84 + 58.30) = 75.59(\text{kN})$$

$$M_{bmax} = -\frac{75.59^2}{2 \times 29.70} - (-24.84) = -71.36(\text{kN} \cdot \text{m})$$

$$x = \frac{R_A}{q} = \frac{75.69}{29.70} = 2.55(\text{m})$$

(4) 组合 $S_d = 1.0S_{Gk} + 1.5S_{Qk} + 1.5 \times 0.6S_{Wk}$（右风）

$$q = 1.0 \times 20.55 + 1.5 \times 6.10 = 29.70(\text{kN/m})$$

$$M_A = -55.42\text{kN} \cdot \text{m}, M_B = 36.92\text{kN} \cdot \text{m}, l_n = 6 - 0.5 = 5.5\text{m}$$

$$R_A = \frac{29.70 \times 5.5}{2} - \frac{1}{5.5} \times (-55.42 + 36.92) = 85.04(\text{kN})$$

$$M_{bmax} = -\frac{85.04^2}{2 \times 29.70} - (-55.42) = -66.32(\text{kN} \cdot \text{m})$$

$$x = \frac{R_A}{q} = \frac{85.04}{29.70} = 2.86(\text{m})$$

(5) 组合 $S_d = 1.3S_{Gk} + 1.5S_{Wk} + 1.5 \times 0.7S_{Qk}$（左风）

$$q = 1.3 \times 20.55 + 1.5 \times 0.7 \times 6.10 = 33.12(\text{kN/m})$$

$$M_A = -19.54\text{kN} \cdot \text{m}, M_B = 69.18\text{kN} \cdot \text{m}, l_n = 6 - 0.5 = 5.5\text{m}$$

$$R_A = \frac{33.12 \times 5.5}{2} - \frac{1}{5.5} \times (-19.54 + 69.18) = 82.05(\text{kN})$$

$$M_{bmax} = -\frac{82.05^2}{2 \times 33.12} - (-19.54) = -82.10(\text{kN} \cdot \text{m})$$

$$x = \frac{R_A}{q} = \frac{82.05}{33.12} = 2.48(\text{m})$$

(6) 组合 $S_d = 1.3S_{Gk} + 1.5S_{Wk} + 1.5 \times 0.7S_{Qk}$（右风）

$$q = 1.3 \times 20.55 + 1.5 \times 0.7 \times 6.10 = 33.12(\text{kN/m})$$

$$M_A = -70.51\text{kN} \cdot \text{m}, M_B = 33.55\text{kN} \cdot \text{m}, l_n = 6 - 0.5 = 5.5\text{m}$$

$$R_A = \frac{33.12 \times 5.5}{2} - \frac{1}{5.5} \times (-70.51 + 33.55) = 97.80(\text{kN})$$

$$M_{bmax} = -\frac{97.80^2}{2 \times 33.12} - (-70.51) = -73.89(\text{kN} \cdot \text{m})$$

$$x = \frac{R_A}{q} = \frac{97.80}{33.12} = 2.95(\text{m})$$

(7) 组合 $S_d = 1.0S_{Gk} + 1.5S_{Wk} + 1.5 \times 0.7S_{Qk}$（左风）

$$q = 1.0 \times 20.55 + 1.5 \times 0.7 \times 6.10 = 26.96(\text{kN/m})$$

$$M_A = -11.07\text{kN} \cdot \text{m}, M_B = 60.16\text{kN} \cdot \text{m}, l_n = 6 - 0.5 = 5.5\text{m}$$

$$R_A = \frac{26.96 \times 5.5}{2} - \frac{1}{5.5} \times (-11.07 + 60.16) = 65.20(\text{kN})$$

$$M_{bmax} = -\frac{65.20^2}{2 \times 26.51} - (-11.07) = -67.78(\text{kN} \cdot \text{m})$$

$$x = \frac{R_A}{q} = \frac{65.20}{26.96} = 2.42(\text{m})$$

（8）组合 $S_d = 1.0 S_{Gk} + 1.5 S_{Wk} + 1.5 \times 0.7 S_{Qk}$（右风）

$$q = 1.0 \times 20.55 + 1.5 \times 0.7 \times 6.10 = 26.96 (kN/m)$$

$$M_A = -62.04 kN \cdot m, M_B = 24.53 kN \cdot m, l_n = 6 - 0.5 = 5.5 m$$

$$R_A = \frac{26.96 \times 5.5}{2} - \frac{1}{5.5} \times (-62.04 + 24.53) = 80.95 (kN)$$

$$M_{bmax} = -\frac{80.95^2}{2 \times 26.96} - (-62.04) = -59.49 (kN \cdot m)$$

$$x = \frac{R_A}{q} = \frac{80.95}{26.96} = 3.00 (m)$$

（9）组合 $S_d = 1.3 (S_{Gk} + 0.5 S_{Qk}) + 1.4 S_{Ehk}$（左震）

$$q = 1.3 \times (20.55 + 0.5 \times 6.10) = 30.68 (kN/m)$$

$$M_A = 156.10 kN \cdot m, M_B = 176.19 kN \cdot m, l_n = 6 - 0.5 = 5.5 m$$

$$R_A = \frac{28.32 \times 5.5}{2} - \frac{1}{5.5} \times (156.10 + 176.19) = 23.95 (kN)$$

$$M_{bmax} = -\frac{17.46^2}{2 \times 28.32} - 156.10 = -165.45 (kN \cdot m)$$

$$x = \frac{R_A}{q} = \frac{17.46}{28.32} = 0.78 (m)$$

（10）组合 $S_d = 1.3 (S_{Gk} + 0.5 S_{Qk}) + 1.4 S_{Ehk}$（右震）

$$q = 1.3 \times (20.55 + 0.5 \times 6.10) = 30.68 (kN/m)$$

$$M_A = -239.81 kN \cdot m, M_B = -82.81 kN \cdot m, l_n = 6 - 0.5 = 5.5 m$$

$$R_A = \frac{28.32 \times 5.5}{2} - \frac{1}{5.5} \times (-239.81 - 82.81) = 143.03 (kN)$$

$$M_{bmax} = -\frac{136.54^2}{2 \times 28.32} - (-240.04) = -93.58 (kN \cdot m)$$

$$x = \frac{R_A}{q} = \frac{136.54}{28.32} = 4.66 (m)$$

（11）组合 $S_d = 1.0 (S_{Gk} + 0.5 S_{Qk}) + 1.4 S_{Ehk}$（左震）

$$q = 1.0 \times (20.55 + 0.5 \times 6.10) = 23.60 (kN/m)$$

$$M_A = 165.76 kN \cdot m, M_B = 165.41 kN \cdot m, l_n = 6 - 0.5 = 5.5 m$$

$$R_A = \frac{23.60 \times 5.5}{2} - \frac{1}{5.5} \times (165.76 + 165.41) = 4.69 (kN)$$

$$M_{bmax} = -\frac{4.69^2}{2 \times 23.15} - 165.76 = -166.23 (kN \cdot m)$$

$$x = \frac{R_A}{q} = \frac{4.69}{23.60} = 0.20 (m)$$

（12）组合 $S_d = 1.0 (S_{Gk} + 0.5 S_{Qk}) + 1.4 S_{Ehk}$（右震）

$$q = 1.0 \times (20.55 + 0.5 \times 6.10) = 23.60 (kN/m)$$

$$M_A = -230.15 kN \cdot m, M_B = -93.59 kN \cdot m, l_n = 6 - 0.5 = 5.5 m$$

$$R_A = \frac{23.60 \times 5.5}{2} - \frac{1}{5.5} \times (-230.15 - 93.59) = 123.76 (kN)$$

$$M_{\text{bmax}} = -\frac{123.76^2}{2 \times 23.60} - (-230.15) = -94.36 (\text{kN} \cdot \text{m})$$

$$x = \frac{R_A}{q} = \frac{123.76}{23.60} = 5.24 (\text{m})$$

比较以上 12 种组合情况，并与不考虑地震作用的两种情况比较可得出，底层梁 AB 的跨中最大值组合弯矩设计值为 $M_{\text{bmax}} = -166.23\text{kN} \cdot \text{m}$。

3.9 内力设计值调整

为达到抗震设计的要求，使框架结构具有足够的承载能力、良好的变形能力以及合理的破坏机制，在进行截面设计之前需要先对内力进行调整。调整的事项包括强柱弱梁、强节点弱杆件和强剪弱弯。

3.9.1 框架梁剪力设计值调整

以底层梁 AB 为例进行内力设计值调整，考虑地震作用时，梁 AB 内力如表 3-82。

表 3-82 考虑地震作用时梁 AB 内力

截面位置	内力	$S_d = 1.3(S_{Gk} + 0.5S_{Qk}) + 1.4S_{Ehk}$		$S_d = 1.0(S_{Gk} + 0.5S_{Qk}) + 1.4S_{Ehk}$	
		左震	右震	左震	右震
左端	M/kN·m	156.10	−239.81	165.76	−230.15
	V/kN	23.58	142.65	4.40	123.47
右端	M/kN·m	176.19	−82.81	165.41	−93.59
	V/kN	−148.92	−29.85	−128.30	−9.22

根据对表中数据进行比较发现，梁 AB 的左端在右震情况下所受剪力较大，左震情况下剪力很小；右端在左震情况下剪力设计值较大，右震时很小。

根据规范规定，梁 AB 的左端弯矩在组合时由于重力荷载对结构而言左震时有利，右震时不利，因此选取的弯矩值为右震时的 −239.81kN·m，左震时的 165.76kN·m；梁 AB 的右端弯矩在组合时由于重力荷载右震时有利，左震时不利，因此选取的弯矩值为右震时的 −93.59kN·m，左震时的 176.19kN·m。

本设计为三级框架，故梁端剪力增大系数 η_{Vb} 取值为 1.1。

根据上述左端取右震，右端取左震的原则，确定左、右端剪力设计值如下：

$$V_{\text{Gb}}^l = V_{\text{Gb}}^r = \frac{1}{2} \times (1.2 \times (20.55 + 0.5 \times 6.10)) \times (6 - 0.5) = 77.88 (\text{kN})$$

$$V_b^l = 1.1 \times \frac{239.81 + 93.59}{5.5} + 77.88 = 144.56 (\text{kN})$$

$$V_b^r = 1.1 \times \frac{165.76 + 176.19}{5.5} + 77.88 = 146.27 (\text{kN})$$

3.9.2 框架柱弯矩设计值调整

以底层柱 A 为例进行计算，计算结果见表 3-83。

表 3-83　考虑地震时柱 A 的内力

截面位置	内力	$S_d=1.3(S_{Gk}+0.5S_{Qk})+1.4S_{Ehk}$		$S_d=1.0(S_{Gk}+0.5S_{Qk})+1.4S_{Ehk}$	
		左震	右震	左震	右震
二层柱下端	$M/kN \cdot m$	−35.59	110.03	−44.18	101.44
	N/kN	960.78	1195.64	711.96	946.82
	V/kN	32.96	−74.91	37.80	−70.07
一层柱上端	$M/kN \cdot m$	−84.80	123.62	−89.28	119.14
	N/kN	1153.46	1507.40	846.44	1200.37
	V/kN	58.69	−72.23	60.25	−70.67
一层柱下端	$M/kN \cdot m$	−128.28	147.69	−130.52	145.45
	N/kN	1188.40	1542.33	873.32	1227.25
	V/kN	58.69	−72.23	60.25	−70.67

本设计为三级框架，故柱端弯矩增大系数取为 1.3，柱下端端截面组合的弯矩设计值增大系数取为 1.3。梁端弯矩为 −239.81kN · m，因此：$\sum M_c = \eta_c \sum M_b = 1.3 \times 239.81 = 311.75$（kN · m）。

上下柱端的弯矩设计按弹性刚度分配，上柱线刚度 49715.9kN · m，下柱线刚度 38154.1kN · m，所以二层柱下端分配的弯矩为 176.38kN · m，一层柱上端分配的弯矩为 135.36kN · m。

框架底层柱下端，柱端弯矩增大系数为 1.3，所以底层柱下端的弯矩设计值调整为 $1.3 \times 147.69 = 192.00$(kN · m)。

3.9.3　框架柱剪力设计值调整

以底层柱 A 为例进行计算。本设计为三级框架结构，柱端剪力增大系数为 1.3。

$$V = 1.3 \times \frac{135.36 + 192.00}{4.3 - 0.3} = 106.39(kN)$$

3.10　框架梁和框架柱截面设计

本设计以底层梁 AB 和柱 A 为例进行截面设计。建筑所在地区抗震设防烈度为 7 度，因此框架梁和柱的设计均为抗震设计。

3.10.1　承载力抗震调整系数 γ_{RE}

承载力抗震调整系数除有关规定之外按表 3-84 取值。

表 3-84　承载力抗震调整系数 γ_{RE}

混凝土受弯梁	混凝土偏压柱		混凝土各类构件
	轴压比<0.15	轴压比>0.15	受剪、偏拉
0.75	0.75	0.80	0.85

3.10.2　框架梁截面设计

梁截面设计以底层梁 AB 为例。

（1）正截面受弯承载力计算

① 选取最不利内力

左端： $M=-239.81\text{kN}\cdot\text{m}$ ， $V=144.56\text{kN}$

右端： $M=176.19\text{kN}\cdot\text{m}$ ， $V=146.27\text{kN}$

跨中： $M=-166.23\text{kN}\cdot\text{m}$

② 跨中配筋计算

a. 设计参数　混凝土采用 C35 混凝土， $f_c=16.7\text{N/mm}^2$ ， $f_t=1.57\text{N/mm}^2$ ；

纵筋为 HRB400，箍筋为 HRB400， $f_y=f_y'=360\text{N/mm}^2$ ， $\xi_b=0.518$ ；

梁宽 $b=300\text{mm}$ ，截面高 $h=600\text{mm}$ ，板厚 $h_f'=120\text{mm}$ ；

根据规范规定，一类环境类别下，混凝土等级高于 C25 时，梁内钢筋的混凝土保护层厚度不得小于 20mm。因此可估算梁截面有效高度。

$$h_0=h-40\text{mm}=600\text{mm}-40\text{mm}=560(\text{mm})$$

梁底面受拉，顶面受压，考虑板的作用，梁与楼板形成 T 形梁，T 形梁的受压区有效计算截面宽度 b_f' 为：

$$b_f'=\min\{l_0/3,b+S_n,b+12h_f'\}=\min\{5.4/3,0.3+3,0.3+12\times0.12\}=1.74(\text{m})$$

b. 判别 T 形截面类型　根据中和轴的位置判别截面类型：令 $x=h_f'$ ，

$$M_u=\alpha_1 f_c b_f' h_f'\left(h_0-\frac{h_f'}{2}\right)=1.0\times16.7\times10^3\times1.74\times0.12\times(0.56-0.12/2)$$

$$=1743.48(\text{kN}\cdot\text{m})>\gamma_{RE}M=0.75\times166.23=124.67(\text{kN}\cdot\text{m})$$

因此，属于第一类 T 形截面。

c. 截面配筋计算　不考虑梁顶部钢筋的抗压作用，按单筋截面计算。

跨中弯矩值： $M=166.23\text{kN}\cdot\text{m}$ ， $\gamma_{RE}M=0.75\times166.23=124.67(\text{kN}\cdot\text{m})$ ，

截面抵抗矩系数 $\alpha_s=\dfrac{\gamma_{RE}M}{\alpha_1 f_c b_f' h_0^2}=\dfrac{0.75\times166.23\times10^6}{1.0\times16.7\times1740\times560^2}=0.0137$ ，

相对受压区高度：

$$\xi=1-\sqrt{1-2\alpha_s}=1-\sqrt{1-2\times0.0137}=0.0138<\xi_b=0.518，则：$$

$$A_s=\frac{\alpha_1 f_c b_f'\xi h_0}{f_y}=\frac{1.0\times16.7\times1740\times0.0138\times560}{360}=622.69(\text{mm}^2)$$

选配钢筋为 4Φ16， $A_s=804\text{mm}^2>622.69\text{mm}^2$ ，通长布置。

d. 配筋率验算　为防止梁出现少筋和超筋破坏，规范规定梁配筋有最大值与最小值。

规范规定：三级框架梁跨中截面最小配筋率 ρ_{min} 为：

$$\rho_{min}=\max\{0.20\%,0.45f_t/f_y\}=\max\{0.20\%,0.45\times1.57/360\}=0.20\%$$

梁最大配筋率为界限破坏时的配筋率：

$$\rho_{max}=\xi_b\frac{\alpha_1 f_c}{f_y}=0.518\times\frac{1.0\times16.7}{360}=2.4\%$$

梁实际配筋率为：

$$\rho=\frac{A_s}{bh_0}=\frac{804}{300\times560}=0.48\%$$

故 $\rho_{max}=2.4\%>\rho=0.48\%>\rho_{min}=0.20\%$ ，满足配筋率要求。

③ 支座配筋计算

    a. 截面配筋计算   梁端支座处梁顶部受拉,底部受压,不考虑混凝土的抗拉作用,因此支座处截面以矩形截面进行计算。

取梁端较大一组内力进行计算:$M=-239.81\text{kN}\cdot\text{m}$,$V=146.27\text{kN}$。

梁底部具有通长布置的钢筋 4Φ16,因此截面按双筋计算。计算分为两步:

首先,底部钢筋 4Φ16,$A_{s1}=804\text{mm}^2$ 能承担的弯矩 M_1 为:

$$M_1=A_{s1}f'_y(h_0-a'_s)/\gamma_{RE}=804\times360\times(560-40)/0.75=200.68(\text{kN}\cdot\text{m})$$

其次,计算钢筋 A_{s2} 要承担的弯矩 M_2:

$$M_2=M-M_1=239.81-200.68=39.13(\text{kN}\cdot\text{m})$$

$$\alpha_s=\frac{\gamma_{RE}M_2}{\alpha_1 f_c b h_0^2}=\frac{0.75\times39.13\times10^6}{1.0\times16.7\times300\times560^2}=0.0187$$

相对受压区高度:

$$\xi=1-\sqrt{1-2\alpha_s}=1-\sqrt{1-2\times0.0187}=0.019<\xi_b=0.518,则:$$

受压区高度为:$x=\xi h_0=0.019\times560=10.62(\text{mm})<2a'_s=80(\text{mm})$

受压钢筋不能达到其抗压强度,取 $x=2a'_s=80\text{mm}$,即假设混凝土压应力合力点和受压钢筋合力点相重合。

$$A_{s2}=\frac{\gamma_{RE}M_2}{f_y(h_0-a_s)}=\frac{0.75\times39.13\times10^6}{360\times(560-40)}=156.76(\text{mm}^2)$$

综上,梁支座处配筋面积为:

$$A_s=A_{s1}+A_{s2}=804+156.76=960.76(\text{mm}^2)$$

选配钢筋为 4Φ18,$A_s=1017\text{mm}^2>961.68\text{mm}^2$,2Φ18 通长布置。

    b. 配筋率验算   规范规定:三级框架梁支座截面最小配筋率为:

$$\rho_{min}=\max\{0.25\%,0.55f_t/f_y\}=\max\{0.25\%,0.55\times1.57/360\}=0.25\%$$

梁最大配筋率不宜超过 2.5%。

梁实际配筋率为:$\rho=\dfrac{A_s}{bh_0}=\dfrac{1017}{300\times560}=0.61\%$,

故 $\rho_{max}=2.5\%>\rho=0.61\%>\rho_{min}=0.25\%$ 满足配筋率要求。

    c. 构造要求   混凝土受压区高度:

$x=2a'_s=80(\text{mm})<0.35h_0=0.35\times560=196(\text{mm})$,满足要求。

《混凝土结构设计规范(2015 年版)》(GB 50010—2010)第 11.3.6 条规定:抗震等级为三级的框架梁梁端截面的底部和顶部纵向受力钢筋截面面积的比值不应小于 0.3。

$A'_s/A_s=804/1017=0.79>0.3$,满足要求。

梁顶部和底部分别有两根钢筋 2Φ16、2Φ18 通长布置,钢筋直径大于 12mm,满足要求。

(2) 斜截面受剪承载力计算

    ① 验算受剪截面   《混凝土结构设计规范(2015 年版)》(GB 50010—2010)对梁截面尺寸有如下规定:

当 $\dfrac{h_w}{b}\leqslant4$ 时,应满足:$V\leqslant0.25\beta_c f_c b h_0$;

当 $\dfrac{h_w}{b}\geqslant6$ 时,应满足:$V\leqslant0.2\beta_c f_c b h_0$;

当 $4 < \dfrac{h_w}{b} < 6$ 时，按直线内插法取用。

式中　h_w——截面的腹板高度，矩形截面取有效高度，T形截面取有效高度减去翼缘高度；

　　　　β_c——混凝土强度影响系数，当混凝土强度等级不超过C50时，取 $\beta_c = 1.0$；当混凝土强度等级为C80时，取 $\beta_c = 0.8$，其间按直线内插法取用。

本设计中：

$$\frac{h_w}{b} = \frac{600 - 40 - 120}{300} = 1.47 < 4$$

$V \leqslant 0.25\beta_c f_c b h_0 = 0.25 \times 1.0 \times 16.7 \times 300 \times 560 = 701.4(\text{kN}) > V_{max} = 144.56(\text{kN})$

满足规范要求。

梁跨高比：

$$\frac{l_0}{h} = \frac{5500}{600} = 9.17 > 2.5$$

规范规定当跨高比大于2.5时，

$V \leqslant 0.20\beta_c f_c b h_0 / \gamma_{RE} = 0.20 \times 1.0 \times 16.7 \times 300 \times 560 / 0.85 = 660.14(\text{kN}) > V_{max} = 144.56(\text{kN})$

满足规范要求。

故梁截面满足受剪要求。

② 箍筋计算　考虑地震组合的矩形框架梁，其斜截面受剪承载力应符合下列规定：

$$V_b = \frac{1}{\gamma_{RE}}\left[0.6\alpha_{cv} f_t b h_0 + f_{yv}\frac{A_{sv}}{s}h_0\right]$$

式中　α_{cv}——截面混凝土受剪承载力系数，对于一般受弯构件取0.7；对于集中荷载作用下（包括作用有多种荷载，其中集中荷载对支座截面或节点边缘所产生的剪力值占总剪力值的75%以上的情况）的独立梁，取 $\alpha_{cv} = 1.75/(\lambda + 1)$，$\lambda$ 为计算截面的剪跨比，可取 $\lambda = a/h_0$，当 $\lambda < 1.5$ 时，取1.5。当 $\lambda > 3$ 时取3，a 取集中荷载作用点至支座截面或节点边缘的距离。

本设计中梁跨中无集中荷载作用，因此 $\alpha_{cv} = 0.7$。

$$\frac{A_{sv}}{s} \geqslant (\gamma_{RE}V - 0.6\alpha_{cv}f_t b h_0)/(f_{yv}h_0)$$

式中　f_{yv}——箍筋抗拉强度设计值；

　　　　A_{sv}——配置在同一个截面内箍筋各肢的全部截面面积；

　　　　s——沿构件长度方向箍筋的间距。

$\dfrac{\gamma_{RE}V - 0.6\alpha_{cv}f_t b h_0}{f_{yv}h_0} = (0.85 \times 144560 - 0.6 \times 0.7 \times 1.57 \times 300 \times 560)/(360 \times 560) = 0.060$

结合以上结果及构造配箍筋。

据规范要求，梁CD箍筋加密区长度为900mm，加密区箍筋为$\Phi 8@100$，非加密区箍筋为$\Phi 8@200$。

$\dfrac{A_{sv}}{s} = \dfrac{101}{200} = 0.505 > 0.060$，满足配箍要求。

③ 配箍率验算　根据规范，梁箍筋配箍率 ρ_{sv} 应满足下式。

$\rho_{sv} \geqslant 0.26 f_t / f_{yv}$

$$\rho_{sv}=\frac{A_{sv}}{bs}=\frac{101}{300\times200}=0.168\%\geqslant0.26\times1.57/360=0.113\%,满足要求。$$

由于非加密区始端的剪力设计值小于梁端剪力设计值，而梁端剪力设计值计算所得的最大箍筋间距大于 200mm，因此可不验算非加密区始端的受剪承载力。

3.10.3 柱截面设计

以底层柱 D 为例进行计算。

混凝土采用 C35 混凝土，$f_c=16.7\text{N/mm}^2$，$f_t=1.57\text{N/mm}^2$。

纵筋为 HRB400，箍筋为 HRB400，$f_y=f'_y=360\text{N/mm}^2$，$\xi_b=0.518$。

截面：500mm×500mm。

(1) 选取最不利内力

表 3-85 给出了柱端截面最不利内力组合。

表 3-85 柱端截面最不利内力组合

组合	$|M|_{\max}$	$N_{\max}$	$N_{\min}$	$|M|$ 比较大，N 比较大	$|M|$ 比较大，N 比较小
$M/\text{kN}\cdot\text{m}$	147.69	24.22	−130.52	145.45	−128.28
N/kN	1542.33	1540.78	873.32	1227.25	1188.40
V/kN	−72.23	−13.50	60.25	−70.67	58.69

框架柱内力按前述方法进行调整，调整计算结果如表 3-86。

表 3-86 调整后柱最不利内力

组合	$|M|_{\max}$	$N_{\max}$	$N_{\min}$	$|M|$ 比较大，N 比较大	$|M|$ 比较大，N 比较小
$M/\text{kN}\cdot\text{m}$	192.00	31.48	−169.67	189.09	−166.76
N/kN	1542.33	1540.78	873.32	1227.25	1188.40
V/kN	−93.90	−17.55	78.32	−91.87	76.29

(2) 截面验算

① 剪跨比和轴压比验算 规范规定柱的剪跨比宜大于 2，剪跨比 λ 计算公式如下：

$$\lambda=\frac{M}{Vh_0}$$

计算见表 3-87。

表 3-87 柱剪跨比验算

组合	$|M|_{\max}$	$N_{\max}$	$N_{\min}$	$|M|$ 比较大，N 比较大	$|M|$ 比较大，N 比较小
$M/\text{kN}\cdot\text{m}$	192.00	31.48	−169.67	189.09	−166.76
V/kN	−93.90	−17.55	78.32	−91.87	76.29
h_0/m	0.46	0.46	0.46	0.46	0.46

组合	$\|M\|_{max}$	N_{max}	N_{min}	$\|M\|$ 比较大, N 比较大	$\|M\|$ 比较大, N 比较小
λ	4.45	3.90	4.71	4.47	4.75
是否满足	是	是	是	是	是

规范规定抗震等级三级的框架柱轴压比限值为 0.85 。轴压比 μ_n 是指柱组合的轴向压力设计值与柱的全截面面积和混凝土轴心抗压强度设计值乘积的比值，计算公式如下：

$$\mu_n = \frac{N}{f_c b h}$$

计算见表 3-88。

表 3-88　柱轴压比验算

组合	$\|M\|_{max}$	N_{max}	N_{min}	$\|M\|$ 比较大, N 比较大	$\|M\|$ 比较大, N 比较小
N/kN	1542.33	1540.78	873.32	1227.25	1188.4000
f_c/(kN/m²)	16.7×10^3	16.7×10^3	16.7×10^3	16.7×10^3	16.7×10^3
b/m	0.5	0.5	0.5	0.5	0.5
h/m	0.5	0.5	0.5	0.5	0.5
μ_n	0.37	0.37	0.21	0.29	0.28
是否满足	是	是	是	是	是

② 剪压比验算　剪压比 μ_V 是截面上平均剪应力与轴心抗压强度设计值的比值，计算公式如下：

$$\mu_V = \frac{V}{\beta_c f_c b h_0}$$

式中　β_c——混凝土强度影响系数，本设计中混凝土取用 C35，β_c 取 1.0。

地震设计状况下，柱受剪截面应符合下列要求：

框架柱剪跨比大于 2 时：

$$V_c \leqslant \frac{1}{\gamma_{RE}}(0.2\beta_c f_c b h_0)$$

框架柱剪跨比不大于 2 时：

$$V_c \leqslant \frac{1}{\gamma_{RE}}(0.15\beta_c f_c b h_0)$$

由以上计算知，柱 E 剪跨比大于 2，轴压比大于 0.15，γ_{RE} 取 0.8。

故：

$$\frac{1}{\gamma_{RE}}(0.2\beta_c f_c b h_0) = \frac{1}{0.8} \times (0.2 \times 1.0 \times 16.7 \times 10^3 \times 0.50 \times 0.46) = 960.25 \,(kN) >$$

$V_{max} = 94.06 \,(kN)$，柱剪压比满足要求。

(3) 正截面受压承载力计算

① 柱计算长度的确定　根据《混凝土结构设计规范(2015 年版)》(GB 50010—2010)规定，框架结构现浇楼盖底层柱计算长度应为 $l_0 = 1.0H$，H 为底层柱从基础顶面到一层楼盖

顶面的高度。

$$l_0 = 1.0H = 4300\text{mm}$$

② 附加偏心距的确定　根据《混凝土结构设计规范（2015 年版）》（GB 50010—2010）规定，在偏心受压构件的正截面承载力计算中，应计入轴向压力在偏心方向存在的附加偏心距 e_a，其值应取 20mm 和偏心方向截面最大尺寸的 1/30 两者中的较大值。

本设计中 $e_a = \max\{20, 1/30 \times 500\} = 20\text{(mm)}$，构件的计算长度 $l_c = 4.3\text{m}$，回转半径 $i = \sqrt{\dfrac{I}{A}} = \sqrt{\dfrac{0.5 \times 0.5^3}{12 \times 0.5^2}} = 0.144\text{(m)}$。因此，$34 - 12M_1/M_2 \geqslant l_c/i = 4.3/0.144 = 29.86$。

由于构件不按单曲率弯曲，M_1/M_2 取负值，因此上式成立，不考虑附加弯矩的影响。

$$b = 500\text{mm}, h = 500\text{mm}, a = 40\text{mm}, h_0 = 460\text{mm}$$

混凝土轴心抗压强度设计值 $f_c = 16.7\text{N/mm}^2$，钢筋抗拉和抗压强度设计值 $f_y = f'_y = 360\text{N/mm}^2$。

a. $M = 192.00\text{kN} \cdot \text{m}, N = 1542.33\text{kN}$

$$e_i = M/N + e_a = (192.33 \times 10^6)/(1542.31 \times 10^3) + 20 = 144.49\text{(mm)}$$

$$\xi = \frac{\gamma_{RE}N}{\alpha_1 f_c b h_0} = \frac{0.8 \times 1542.33}{1.0 \times 16.7 \times 10^3 \times 0.5 \times 0.46} = 0.321 < \xi_b = 0.518$$

因此为大偏压构件。

混凝土受压区高度：$x = \xi h_0 = 0.321 \times 460 = 147.77\text{(mm)} \geqslant 2a'_s = 80\text{(mm)}$

$$e = e_i + \frac{h}{2} - a = 144.49 + \frac{500}{2} - 40 = 354.49\text{(mm)}$$

$$A_s = A'_s = \frac{\gamma_{RE}Ne - \alpha_1 f_c bx(h_0 - x/2)}{f'_y(h_0 - a'_s)}$$

$$= \frac{0.8 \times 1542.33 \times 10^3 \times 354.70 - 1.0 \times 16.7 \times 500 \times 144.77 \times (460 - 144.77/2)}{360 \times (460 - 40)} < 0$$

b. $M = 31.48\text{kN} \cdot \text{m}, N = 1540.78\text{kN}$

$$e_i = M/N + e_a = (31.48 \times 10^6)/(1540.78 \times 10^3) + 20 = 40.43\text{(mm)}$$

$$\xi = \frac{\gamma_{RE}N}{\alpha_1 f_c b h_0} = \frac{0.8 \times 1540.78}{1.0 \times 16.7 \times 10^3 \times 0.5 \times 0.46} = 0.321 < \xi_b = 0.518$$

因此为大偏压构件。

混凝土受压区高度：$x = \xi h_0 = 0.321 \times 460 = 147.62\text{(mm)} \geqslant 2a'_s = 80\text{(mm)}$

$$e = e_i + \frac{h}{2} - a = 40.43 + \frac{500}{2} - 40 = 250.43\text{(mm)}$$

$$A_s = A'_s = \frac{\gamma_{RE}Ne - \alpha_1 f_c bx(h_0 - x/2)}{f'_y(h_0 - a'_s)}$$

$$= \frac{0.8 \times 1540.78 \times 10^3 \times 250.43 - 1.0 \times 16.7 \times 500 \times 147.62 \times (460 - 147.62/2)}{360 \times (460 - 40)} < 0$$

c. $M = -169.67\text{kN} \cdot \text{m}, N = 873.32\text{kN}$

$$e_i = M/N + e_a = (169.67 \times 10^6)/(873.32 \times 10^3) + 20 = 214.29\text{(mm)}$$

$$\xi = \frac{\gamma_{RE} N}{\alpha_1 f_c b h_0} = \frac{0.8 \times 873.32}{1.0 \times 16.7 \times 10^3 \times 0.5 \times 0.46} = 0.182 < \xi_b = 0.518$$

因此为大偏压构件。

混凝土受压区高度：$x = \xi h_0 = 0.182 \times 460 = 83.67 (mm) > 2a'_s = 80 (mm)$

$$e = e_i + \frac{h}{2} - a = 214.29 + \frac{500}{2} - 40 = 424.29 (mm)$$

$$A_s = A'_s = \frac{\gamma_{RE} Ne - \alpha_1 f_c b x (h_0 - x/2)}{f'_y (h_0 - a'_s)}$$

$$= \frac{0.8 \times 873.34 \times 10^3 \times 424.29 - 1.0 \times 16.7 \times 500 \times 83.67 \times (460 - 83.67/2)}{360 \times (460 - 40)} = 28.29$$

d. $M = 189.09 kN \cdot m, N = 1227.25 kN$

$$e_i = M/N + e_a = (189.09 \times 10^6)/(1227.25 \times 10^3) + 20 = 174.07 (mm)$$

$$\xi = \frac{\gamma_{RE} N}{\alpha_1 f_c b h_0} = \frac{0.8 \times 1227.25}{1.0 \times 16.7 \times 10^3 \times 0.5 \times 0.46} = 0.256 < \xi_b = 0.518$$

因此为大偏压构件。

混凝土受压区高度：$x = \xi h_0 = 0.256 \times 460 = 117.58 (mm) \geqslant 2a'_s = 80 (mm)$

$$e = e_i + \frac{h}{2} - a = 174.07 + \frac{500}{2} - 40 = 384.07 (mm)$$

$$A_s = A'_s = \frac{\gamma_{RE} Ne - \alpha_1 f_c b x (h_0 - x/2)}{f'_y (h_0 - a'_s)}$$

$$= \frac{0.8 \times 1227.22 \times 10^3 \times 384.07 - 1.0 \times 16.7 \times 500 \times 117.58 \times (460 - 117.58/2)}{360 \times (460 - 40)} < 0$$

e. $M = -166.76 kN \cdot m, N = 1188.40 kN$

$$e_i = M/N + e_a = (167.76 \times 10^6)/(1188.40 \times 10^3) + 20 = 160.33 (mm)$$

$$\xi = \frac{\gamma_{RE} N}{\alpha_1 f_c b h_0} = \frac{0.8 \times 1188.40}{1.0 \times 16.7 \times 10^3 \times 0.5 \times 0.46} = 0.248 < \xi_b = 0.518$$

因此为大偏压构件。

混凝土受压区高度：$x = \xi h_0 = 0.248 \times 460 = 113.86 (mm) \geqslant 2a'_s = 80 (mm)$

$$e = e_i + \frac{h}{2} - a = 160.33 + \frac{500}{2} - 40 = 370.33 (mm)$$

$$A_s = A'_s = \frac{\gamma_{RE} Ne - \alpha_1 f_c b x (h_0 - x/2)}{f'_y (h_0 - a'_s)}$$

$$= \frac{0.8 \times 1188.40 \times 10^3 \times 370.60 - 1.0 \times 16.7 \times 500 \times 113.86 \times (460 - 113.86/2)}{360 \times (460 - 40)} < 0$$

综上，五组最不利内力计算 $A_{smin} = 0.002bh = 0.002 \times 500 \times 500 = 500 (mm^2) > A_s$，因此按规范要求的最小配筋率配筋。

单侧配筋率要求：

$$\rho_{min} = 0.2\%, A_s = \rho_{min} A = 0.2\% \times 500 \times 500 = 500 (mm^2)$$

纵向全部受力钢筋配筋要求：

$$\rho_{min}=0.75\%,A_{s总}=0.75\%\times500\times500=1875(mm^2)$$

因此，应按规范要求最小配筋率配筋。

$$A_s=A'_s=A_{s总}/3=1875/3=625(mm^2)$$

故柱 D 单侧选配钢筋为Φ18，全截面纵向配筋为 12Φ18。

单侧配筋面积 $A_s=1017mm^2>A_{smin}=500mm^2$，满足要求。

全截面纵向受力钢筋配筋率

$$0.75\%=\rho_{min}<\rho=\frac{A_{s总}}{bh}=\frac{12\times254.5}{500\times500}=1.22\%<\rho_{max}=5\%，满足要求。$$

（4）斜截面受剪承载力计算

选择剪力最大的最不利内力组合进行截面设计，即：

$$M=192.00kN\cdot m,N=1542.33kN,V=-94.90kN$$

根据规范，考虑地震组合的矩形截面框架柱，其斜截面受剪承载力应符合下式规定：

$$V_c\leqslant\frac{1}{\gamma_{RE}}\left(\frac{1.05}{\lambda+1}f_tbh_0+f_{yv}\frac{A_{sv}}{s}h_0+0.056N\right)$$

式中　λ——框架柱的计算剪跨比，当 λ 小于 1.0 时取 1.0，当 λ 大于 3.0 时取 3.0；

N——考虑地震组合的框架柱轴向压力设计值，当 N 大于 $0.3f_cA$ 时取 $0.3f_cA$。

框架柱剪跨比为 $\lambda=4.69>3$，取 $\lambda=3$

$0.3f_cA=0.3\times16.7\times500\times500=1252.5$ （kN）$<N=1566.55$ （kN），取 $N=1252.5kN$

故：

$$\frac{A_{sv}}{s}\geqslant\frac{\gamma_{RE}V_c-\frac{1.05}{\lambda+1}f_tbh_0-0.056N}{f_{yv}h_0}$$

$$=\frac{0.85\times92.38\times10^3-\frac{1.05}{3+1}\times1.57\times500\times460-0.056\times1252.5\times10^3}{360\times460}=-0.52<0$$

因此，按构造要求配筋。

（5）配箍率验算

《混凝土结构设计规范(2015 年版)》(GB 50010—2010)规定抗震等级为三级的框架柱箍筋加密区的体积配箍率应满足下式要求，且不应小于 0.4%。

$$\rho_v\geqslant\lambda_v\frac{f_c}{f_{yv}}$$

式中　ρ_v——柱箍筋加密区的体积配筋率，计算中应扣除重叠部分的箍筋体积；

λ_v——最小配箍特征值。

柱 E 轴压比为 0.36，查规范可得，$\lambda_v=0.066$，

$$\lambda_v\frac{f_c}{f_{yv}}=0.066\times\frac{16.7}{360}=0.31\%$$

加密区体积配箍率为：

$$\rho_{v} = \frac{n_1 A_{s1} l_1 + n_2 A_{s2} l_2}{A_{cor} s} = \frac{4 \times 50.3 \times (500-25) + 4 \times 50.3 \times (500-25)}{(500-35 \times 2) \times (500-35 \times 2) \times 100} = 1.03\% >$$

0.4%，且 $\rho_v = 1.03\% \geqslant \lambda_v \dfrac{f_c}{f_{yv}} = 0.31\%$

故加密区箍筋体积配箍率满足要求。

3.11　楼板设计

3.11.1　设计依据

项目采用钢筋混凝土现浇板，板厚 $h=120\text{mm}$，混凝土的强度等级 C35，$f_c=16.7\text{N/}$ mm^2；钢筋采用 HRB400，$f_y=360\text{N/mm}^2$，泊松比 $\mu=0.2$。梁系把楼盖分为 B1、B2、B3、B4 等九种双向板，如图 3-10 所示。

根据《混凝土结构设计规范（2015 年版）》（GB 50010—2010）9.1.1 要求：对于四边支承的板，当长边与短边长度之比不大于 2.0 时，应按双向板计算；当板的长边/短边在 2～3 之间时，宜按双向板计算。本设计分析时采用弹性设计理论。为了方便计算，板跨取轴线到轴线的距离。本设计以标准层编号 B3 板为例。该编号板宽 3.6m，长 6.0m，长宽比<2.0。在恒载作用下，每块板上都有自重 g，本板四边均按照固定边界进行计算。

该板厚度为 120mm，永久荷载控制时的标准值为：3.708kN/m^2；荷载设计值：$g=1.3 \times 3.708 = 4.82(\text{kN/m}^2)$。

可变荷载控制时的标准值为：2.0kN/m^2；活荷载设计值：$q=1.5 \times 2.0 = 3.0$（kN/ m^2）。

折算荷载为：

$$g' = \frac{q}{2} + g = 4.82 + \frac{3.0}{2} = 6.32\ (\text{kN/m}^2), q' = \frac{q}{2} = \frac{3.0}{2} = 1.5\ (\text{kN/m}^2)$$

活荷载的作用下，隔跨布置 q，布置成棋盘状。本跨中活荷载 q 的布置方式：①每块板均布 $q/2$（四周嵌固支座）；②布置 $\pm q/2$，有活载的板布 $+q/2$，无活载的板布 $-q/2$（四面铰接）。

因此本板计算方式为：①计算支座最大负弯矩，将 $g+q$ 一次作用上去，按四面嵌固支座计算；②计算跨中最大弯矩时，先算 $g+q/2$ 作用下的内力，再算 $q/2$ 作用下的内力，按四面简支。两次所得的弯矩叠加即得到跨中 M_{max}，但值得指出的是①以及②在计算时必须要根据泊松比进行修正。

B3 板短边和长边分别为：$l_{0x}=3600\text{mm}$，$l_{0y}=6000\text{mm}$，

$\dfrac{l_{0x}}{l_{0y}} = \dfrac{3600}{6000} = 0.6$，通过《建筑结构静力计算实用手册》得出弯矩系数：

$$m_{x1}=0.0367, m_{x2}=0.0820, m_{y1}=0.0076, m_{y2}=0.0242$$

3.11.2　跨中弯矩的计算

① $M_x = (m_{x1} + \mu m_{y1}) g' l_0^2 + (m_{y2} + \mu m_{x2}) \dfrac{q}{2} l_0^2 = 3.92(\text{kN} \cdot \text{m})$；

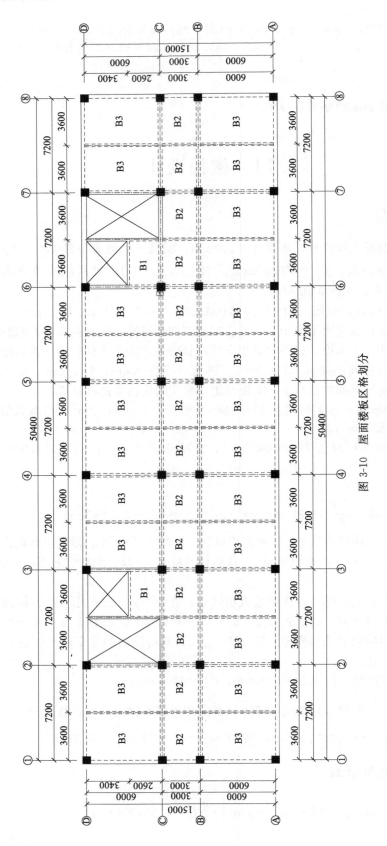

图 3-10　屋面楼板区格划分

混凝土保护层的厚度取为 25mm，则板的截面有效高度：

$$h_{0x}=h-c'-\frac{d}{2}=120-25-5=90(\text{mm})$$

取受压区混凝土等效矩形应力图的应力值与混凝土轴心抗压强度设计值 f_c 的比值 α_1 为 1.0，可以求出受拉钢筋合力点至截面受拉区边缘的距离 α_s 和截面内力臂系数 γ_s，最后求出钢筋的截面面积 A_s：

$$\alpha_s=\frac{M_x}{\alpha_1 f_c b h_{0x}^2}=\frac{3.92\times10^6}{1.0\times16.7\times1000\times90^2}=0.0290$$

$$\gamma_s=\frac{1\sqrt{1-2\times0.0290}}{2}=0.985$$

$$A_s=\frac{M_x}{f_y\gamma_s h_{0x}}=\frac{3.92\times10^6}{360\times0.985\times90}=122.83(\text{mm}^2)$$

因此钢筋配 ⏀8@200，$A_s=252\text{mm}^2$，配筋率 $\rho=252/(1000\times120)\times100\%=0.21\%$，符合构造要求的相关规定，即钢筋直径 $d\geqslant8\text{mm}$，钢筋间距 $S\leqslant200\text{mm}$。

$$\rho_{min}=\max\left(20\%,0.45\frac{f_t}{f_y}\right)=\max\left(20\%,0.45\times\frac{1.57}{360}\right)=0.2\%,\rho>\rho_{min}，满足条件。$$

② $M_y=(m_{y1}+m_{x1})g'l_0^2+(m_{x2}+m_{y2})\frac{q}{2}l_0^2=2.912(\text{kN}\cdot\text{m})$；

板的有效高度：$h_{0x}=h-c-d-\frac{d}{2}=120-30-8-\frac{8}{2}=78(\text{mm})$；

截面抵抗矩系数：$\alpha_s=\frac{M_y}{\alpha_1 f_c b h_{0x}^2}=\frac{2.912\times10^6}{1.0\times16.7\times1000\times78^2}=0.0287$；

截面内力臂系数：$\gamma_s=\frac{1+\sqrt{1-2\times0.0287}}{2}=0.985$

$$A_s=\frac{M_x}{f_y\gamma_s h_{0x}}=\frac{2.912\times10^6}{360\times0.985\times78}=105.28(\text{mm}^2)$$

因此钢筋配 ⏀8@200，$A_s=252(\text{mm}^2)$。
$\rho=252/(1000\times120)\times100\%=0.21\%>\rho_{min}=0.2\%$，符合最小配筋率 ρ_{min} 要求。

3.11.3 支座负弯矩的计算

当考虑活荷载在板上满布时，弯矩系数

$$m_x^0=-0.0793$$
$$m_y^0=-0.0571$$
$$g+q=4.82+3.0=7.82(\text{kN/m}^2)$$

支座处的弯矩为：

$$M_x^0=(m_x^0+\mu m_y^0)(g+q)l_0^2=-9.194(\text{kN}\cdot\text{m})$$

$$\alpha_s=\frac{M_x}{\alpha_1 f_c b h_{0x}^2}=\frac{9.194\times10^6}{1.0\times16.7\times1000\times90^2}=0.0680$$

$$\gamma_s=\frac{1+\sqrt{1-2\times0.0680}}{2}=0.965$$

$$A_s = \frac{M_x}{f_y \gamma_s h_{0x}} = \frac{9.194 \times 10^6}{360 \times 0.965 \times 90} = 294.06(\text{mm}^2)$$

因此钢筋配$\Phi 8@120$，$A_s = 419\text{mm}^2$。

配筋率 $\rho = 419/(1000 \times 120) \times 100\% = 0.35\% > \rho_{\min} = 0.2\%$，符合最小配筋率 $\rho_{\min}$ 要求。

$$M_y^0 = (m_y^0 + \mu m_x^0)(g+q)l_0^2 = -7.39(\text{kN} \cdot \text{m})$$

$$\alpha_s = \frac{M_y}{\alpha_1 f_c b h_{0x}^2} = \frac{7.39 \times 10^6}{1.0 \times 16.7 \times 1000 \times 78^2} = 0.073$$

$$\gamma_s = \frac{1 + \sqrt{1 - 2 \times 0.073}}{2} = 0.962$$

$$A_s = \frac{M_x}{f_y \gamma_s h_{0x}} = \frac{7.39 \times 10^6}{360 \times 0.962 \times 78} = 273.57(\text{mm}^2)$$

因此钢筋配$\Phi 8@150$，$A_s = 335\text{mm}^2$。

$\rho = 335/(1000 \times 120) \times 100\% = 0.28\% > \rho_{\min} = 0.2\%$，符合最小配筋率 $\rho_{\min}$ 要求。

3.11.4 跨中挠度的验算

(1) 计算参数

荷载准永久组合：

$$M_q = (m_{x1} + m_{y1}) \times (3.708 + 0.5 \times 2) \times 3.6^2 = 2.33(\text{kN} \cdot \text{m})$$

钢筋的弹性模量 $E_s = 200 \times 10^3 \text{N/mm}^2$

混凝土的弹性模量 $E_c = 31.5 \times 10^3 \text{N/mm}^2$

混凝土抗拉强度标准值 $f_{tk} = 2.2\text{N/mm}^2$

钢筋的抗拉强度设计值 $f_y = 360\text{N/mm}^2$

板的有效高度 $h_0 = 120 - 25 - 5 = 90$ (mm)

(2) 受弯构件短期刚度 B_s

① 计算裂缝间纵向受拉钢筋应变不均匀系数 ψ。

求得受拉钢筋内的应力 σ_{sq}：

$$\sigma_{sq} = \frac{M_q}{\eta h_0 A_s} = \frac{2.33 \times 10^6}{0.87 \times 90 \times 252} = 118.08(\text{N/mm}^2)$$

$$A_{te} = 0.5bh = 0.5 \times 1000 \times 120 = 60000(\text{mm}^2)$$

$$\rho_{te} = \frac{A_s}{A_{te}} = \frac{252}{60000} = 0.0042$$

$$h_0 = 120 - 25 - 5 = 90(\text{mm})$$

当 $\rho_{te} < 0.01$ 时，取 $\rho_{te} = 0.01$

$\psi = 1.1 - 0.65 f_{tk}/(\rho_{te}\sigma_{sq}) = 1.1 - 0.65 \times 2.2/(0.01 \times 118.08) = -0.1110 < 0.2$，取 $\psi = 0.2$。

② $\alpha_E = $ 钢筋弹性模量/混凝土弹性模量：

$$\alpha_E = \frac{E_s}{E_c} = \frac{200 \times 10^3}{31.5 \times 10^3} = 6.35$$

③ 矩形截面的有效面积比：

$$\gamma_f = 0$$

④ 配筋率：

$$\rho = \frac{A_s}{bh_0} = \frac{252}{1000 \times 90} \times 100\% = 0.28\%$$

⑤ 由《混凝土结构设计规范(2015 年版)》(GB 50010—2010) 7.2.3 可得板的短期刚度 B_s：

$$B_s = \frac{E_s A_s h_0^2}{1.5\psi + 0.2 + 6\alpha_E\rho/(1+3.5\gamma_f)} = \frac{200 \times 10^3 \times 252 \times 90^2 \times 10^{-3} \times 10^{-6}}{1.5 \times 0.2 + 0.2 + 6 \times 6.35 \times 0.0028/(1+3.5 \times 0)}$$
$$= 672.91(\text{kN} \cdot \text{m})$$

(3) 长期效应组合影响系数 θ

由《混凝土结构设计规范(2015 年版)》(GB 50010—2010) 7.2.5：$\rho' = 0$ 时，$\theta = 2.0$。此处，$\rho' = A'_s/(bh_0)$。

(4) 长期刚度 B

$$B = B_s/\theta = 672.91/2 = 336.45(\text{kN} \cdot \text{m})$$

(5) 板的挠度 f 由挠度系数 $k = 0.00236$ 可以求出

$$f = k(g+q)l_0^4/B = 0.00236 \times 7.82 \times 3.6^4/336.45 = 9.21(\text{mm})$$

$$\frac{f}{l_0} = \frac{9.21}{3600} = 0.0026 < 0.005$$

符合规范规定。

3.11.5　裂缝宽度验算

裂缝间纵向受拉钢筋应变不均匀系数 ψ，按如下公式计算：

$$\psi = 1.1 - 0.65 f_{tk}/(\rho_{te}\sigma_{sq})$$

矩形截面：

$$A_{te} = 0.5bh = 0.5 \times 1000 \times 120 = 60000(\text{mm}^2)$$

$$\rho_{te} = \frac{A_s}{A_{te}} = \frac{252}{60000} = 0.0042$$

$\rho_{te} < 0.01$ 时，取 $\rho_{te} = 0.01$

$\psi = 1.1 - 0.65 f_{tk}/(\rho_{te}\sigma_{sq}) = 1.1 - 0.65 \times 2.2/(0.01 \times 118.08) = -0.1$，取 $\psi = 0.2$。

根据《混凝土结构设计规范(2015 年版)》(GB 50010—2010) 7.1.2，可求出按荷载的标准组合或准永久组合并考虑长期作用影响计算的最大裂缝宽度 ω_{max}。

$$\omega_{max} = \alpha_{cr}\psi\frac{\sigma_{sq}}{E_s}(1.9c_s + 0.08d_{eq}/\rho_{te})$$

式中，α_{cr} 为构件受力特征系数。

$$\omega_{max} = 1.9 \times 0.2 \times \frac{118.08}{200 \times 10^3} \times (1.9 \times 35 + 0.08 \times 8/0.01) = 0.029(\text{mm})$$

符合规范要求。

3.12 楼梯设计

3.12.1 基本资料

本工程采用钢筋混凝土现浇板式楼梯，如图 3-11 所示。建筑标准层层高为 3.30m，两跑楼梯，所以梯段高度为 1.65m。每个梯段 11 级踏步，踏步尺寸高为 150mm，宽为 280mm。楼梯做法：30mm 厚现制水磨石面层，底面为 20mm 厚混合砂浆，采用不锈钢栏杆。

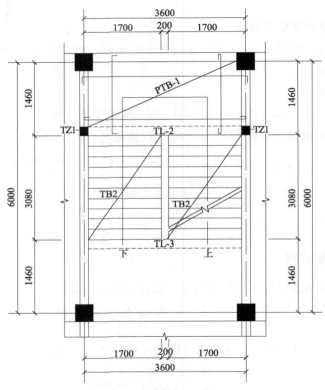

图 3-11 楼梯结构布置示意

3.12.2 梯段板设计

（1）对梯段板取 1m 宽计算

确定斜板厚度 t。

梯段板的水平投影净长：$l_{n1} = 3080\text{mm}$。

由斜梁与水平方向夹角 α 可以求出梯段板斜向长度为：

$$l'_{n1} = \frac{l_{n1}}{\cos\alpha} = \frac{3080}{280/\sqrt{280^2 + 150^2}} = 3494.1(\text{mm})$$

$$\cos\alpha = 280/\sqrt{280^2 + 150^2} = 0.8815$$

梯段板厚度：$t_1 = \left(\dfrac{1}{30} \sim \dfrac{1}{25}\right) l'_{n1} = 116.47 \sim 139.7\,\text{mm}$

取 $t_1 = 130\,\text{mm}$。

（2）荷载计算

表 3-89　梯板荷载计算　　　　　　　　　　单位：kN/m

荷载种类		荷载标准值
恒荷载	栏杆	0.20
	30mm 厚水磨石面层	$(0.15+0.28) \times 0.65/0.28 = 0.998$
	三角形踏步	$0.5 \times 0.15 \times 0.28 \times 25/0.28 = 1.875$
	混凝土斜板	$0.13 \times 25 \times 0.8815 = 2.8648$
	板底抹灰	$0.02 \times 17 \times 0.8815 = 0.2997$
	恒荷载合计 g	6.24
活荷载 q		3.50

（3）荷载效应组合

$$P = 1.3 \times 6.24 + 1.5 \times 3.50 = 13.36\,(\text{kN/m})$$

（4）内力计算

跨中最大弯矩可取：

$$M = \frac{Pl^2}{10} = \frac{13.36 \times 3.08^2}{10} = 12.67\,(\text{kN} \cdot \text{m})$$

（5）配筋计算

$$h_0 = 130 - 20 = 110\,(\text{mm})$$

$$\alpha_s = \frac{M}{\alpha_1 f_c b h_0^2} = \frac{12.67 \times 10^6}{16.7 \times 1000 \times 110^2} = 0.0627$$

$$\gamma_s = 0.5(1 + \sqrt{1 - 2\alpha_s}) = 0.5 \times (1 + \sqrt{1 - 2 \times 0.0627}) = 0.9676$$

$$A_s = \frac{M}{f_y \gamma_s h_0} = \frac{12.67 \times 10^6}{360 \times 0.9676 \times 110} = 330.66\,(\text{mm}^2)$$

选用钢筋 Φ10@150（$A_s = 523\,\text{mm}^2$），分布筋选用 Φ8@200。

3.12.3　平台板设计

（1）尺寸取值

长宽比为 $3600/(1460 - 200) = 2.86$，近似按单向板设计，平台板厚度取 100mm。

（2）荷载计算

表 3-90　平台板荷载计算　　　　　　　　　　单位：kN/m

荷载种类		荷载标准值
恒荷载	30mm 厚水磨石面层	0.65
	平台板自重	$25 \times 0.10 = 2.50$
	20mm 厚混合砂浆	$17 \times 0.02 = 0.34$
	恒荷载合计 g	3.49
活荷载 q		3.50

(3) 内力组合

$$P=1.3\times3.49+1.5\times3.50=9.79(\text{kN/m})$$

(4) 内力计算

平台板的计算跨度：$l_0=1.70-0.20=1.50(\text{m})$；

弯矩设计值：$M=\dfrac{1}{10}Pl_0^2=0.1\times9.79\times1.5^2=2.20(\text{kN}\cdot\text{m})$。

(5) 配筋计算

$$h_0=100-20=80(\text{mm})$$

$$\alpha_s=\frac{M}{\alpha_1 f_c b h_0^2}=\frac{2.20\times10^6}{1.0\times16.7\times1000\times80^2}=0.0206$$

$$\gamma_s=0.5(1+\sqrt{1-2\alpha_s})=0.5(1+\sqrt{1-2\times0.0206})=0.9896$$

$$A_s=\frac{M}{\gamma_s f_y h_0}=\frac{2.20\times10^6}{0.9896\times360\times80}=77.19(\text{mm}^2)$$

选配Φ8@200，实配钢筋 $A_s=251.0\text{mm}^2$

3.12.4 平台梁设计

(1) 平台梁计算简图

平台梁的计算跨度取：$l=3600\text{mm}$，平台梁的截面尺寸为$b\times h=250\text{mm}\times400\text{mm}$。

(2) 荷载计算

表 3-91 平台梁荷载计算 单位：kN/m

荷载种类		荷载标准值
恒荷载	平台梁自重	$25\times0.40\times0.25=2.50$
	15mm 厚底部和侧面抹灰	$17\times0.015\times[0.25+2\times(0.4-0.1)]=0.217$
	斜板传来的荷载	$6.24\times3.08/2=9.61$
	平台板传来的荷载	$3.49\times1.9/2=3.32$
	恒荷载合计 g	15.65
活荷载 q		$3.50\times(3.08/2+1.9/2)=8.715$

(3) 荷载组合

$$P=1.3\times15.65+1.5\times8.715=33.42(\text{kN/m})$$

(4) 内力计算

最大弯矩：$\quad M=\dfrac{Pl^2}{8}=\dfrac{33.42\times3.6^2}{8}=54.14(\text{kN}\cdot\text{m})$

最大剪力：$\quad V=\dfrac{Pl}{2}=\dfrac{33.42\times3.6}{2}=60.16(\text{kN})$

(5) 配筋计算

① 正截面受弯承载力计算。

$$h_0=400-35=365(\text{mm})$$

$$\alpha_s=\frac{M}{\alpha_1 f_c b h_0^2}=\frac{54.14\times10^6}{16.7\times250\times365^2}=0.0973$$

$$\gamma_s = 0.5(1+\sqrt{1-2\alpha_s}) = 0.5 \times (1+\sqrt{1-2\times0.0973}) = 0.949$$

$$A_s = \frac{M}{\gamma_s f_y h_0} = \frac{54.14\times10^6}{0.949\times360\times365} = 434.17(\text{mm}^2)$$

纵向受力钢筋选用 3Φ20，$A_s = 941(\text{mm}^2)$

② 斜截面受剪承载能力计算。

为了防止发生斜压破坏，其受剪截面应符合下列条件：

验算梁截面尺寸：$h_w = h_0 = 365\text{mm}$，

$$\frac{h_w}{b} = \frac{365}{250} = 1.46 < 4$$

$$0.25\beta_c f_c bh_0 = 0.25\times1\times16.7\times250\times365 = 380.97(\text{kN}) > V$$

$$V_c = 0.7\beta_h f_t bh_0 = 0.7\times1\times1.57\times250\times365 = 100.28(\text{kN}) > V$$

所以不需要计算配置腹筋，按构造配筋：取Φ8@200 双肢箍。

3.13　基础设计

3.13.1　基本资料

以 E 柱底基础为例进行设计。

本设计选用第②层地基土作为持力层，地基承载力特征值为 $f_{ak}=200\text{kPa}$。综合考虑当地地质状况，本设计基础采用独立基础的形式，中柱处由于柱距过小采用联合基础。

基础设计材料为 C35 混凝土，$f_t = 1.57\text{N/mm}^2$；垫层为 C20 混凝土；钢筋选用 HRB400，$f_y = 360\text{N/mm}^2$。

3.13.2　荷载计算

（1）柱传至基础顶面的各类荷载标准值（见表 3-92）

表 3-92　柱传至基础顶面的荷载标准值

类别	N/kN	M/kN·m	V/kN
永久荷载	954.04	6.64	−4.64
楼屋面活荷载	192.49	1.64	−1.15
左风荷载	−13.11	−14.57	6.39
右风荷载	13.11	14.57	−6.39

（2）基础梁传至基础顶面的荷载效应标准值

① 纵向基础梁　基础梁尺寸确定：

$$h = \frac{7200}{20} \sim \frac{7200}{15} = 360\sim480(\text{mm})，取 h = 400\text{mm}。$$

$$b = \frac{7200}{35} \sim \frac{7200}{25} = 205.71\sim288(\text{mm})，取 b = 250\text{mm}。$$

外基础梁布置时，为了使墙与柱外侧齐平，基础梁靠外侧布置，偏心距为：

(0.5−0.25)/2 = 0.125(mm)

基础梁顶的机制砖墙砌到室内底面标高＋0.300m处，基础顶面标高为－1.000m，机制砖墙高为：

$$h_1 = 1.0 + 0.3 = 1.3(\text{m})$$

机制砖墙上砌块墙高为：

$$h_2 = 3.3 - 0.3 - 0.6 = 2.4(\text{m})$$

荷载标准值计算见下表。

砌块墙重	$[(7.2-0.5) \times 2.4 - 2.4 \times 1.8 \times 2] \times 2.39 = 17.78\text{kN}$
窗户重	$2.4 \times 1.8 \times 2 \times 0.4 = 3.46\text{kN}$
机制砖墙重	$0.2 \times 1.3 \times (7.2-0.6) \times 19 = 32.60\text{kN}$
基础梁重	$0.25 \times 0.4 \times (7.2-0.5) \times 25 = 16.75\text{kN}$
基础梁传至基础顶面的轴力标准值	70.59kN
基础梁传至基础顶面的弯矩设计值	$70.59 \times 0.125 = 8.82\text{kN} \cdot \text{m}$

② 内横向基础梁　基础梁截面尺寸确定：

$$h = \frac{6000}{20} \sim \frac{6000}{15} = 300 \sim 400(\text{mm})，取 h = 400\text{mm}。$$

$$b = \frac{6000}{35} \sim \frac{6000}{25} = 171.43 \sim 240(\text{mm})，取 b = 200\text{mm}。$$

基础梁顶的机制砖墙砌到室内底面标高＋0.300m处，基础顶面标高为－1.000m，机制砖墙高为：

$$h_1 = 1.0 + 0.3 = 1.3\text{m}$$

机制砖墙上砌块墙高为：

$$h_2 = 3.3 - 0.3 - 0.6 = 2.4\text{m}$$

荷载标准值计算见下表。

砌块墙重	$(6-0.5) \times 2.4 \times 1.93 = 25.48\text{kN}$
机制砖墙重	$0.2 \times 1.3 \times (6-0.5) \times 19 = 27.17\text{kN}$
基础梁重	$0.25 \times 0.4 \times (6-0.5) \times 25 = 13.75\text{kN}$
基础梁传至基础顶面的轴力标准值	$66.4/2 = 33.20\text{kN}$

(3) 基础顶面的荷载效应标准值（见表 3-93）

表 3-93　基础顶面处的荷载效应标准值

类别	N/kN	$M/\text{kN} \cdot \text{m}$	V/kN
永久荷载	1057.83	15.46	－4.64
楼屋面活荷载	192.49	1.64	－1.15
左风荷载	－13.11	－14.57	6.39
右风荷载	13.11	14.57	－6.39

3.13.3　荷载效应组合

本设计为高度 16.50m 的五层旅馆，根据《建筑抗震设计规范（2016 年版）》(GB 50011—2010) 规定：地基主要受力层范围内不存在软弱黏性土层，不超过 8 层且高度不超过 24m 以下的一般民用框架和框架-抗震墙房屋可不进行天然地基及基础的抗震承载力验算。因此本建筑设计只需要进行天然地基及基础的非抗震设计。

（1）非抗震设计时的荷载效应标准组合

① 组合①：$S_k = S_{Gk} + S_{Qk}$

$$N_k = 1057.83 + 192.49 = 1250.32(kN)$$
$$M_k = 15.46 + 1.64 = 17.10(kN \cdot m)$$
$$V_k = -4.64 - 1.15 = -5.79(kN)$$

② 组合②：$S_k = S_{Gk} + S_{Qk} + 0.6 S_{Wk}$

左风作用情况：

$$N_k = 1057.83 + 192.49 - 0.6 \times 13.11 = 1242.45(kN)$$
$$M_k = 15.46 + 1.64 - 0.6 \times 14.57 = 8.36(kN \cdot m)$$
$$V_k = -4.64 - 1.15 + 0.6 \times 6.39 = -1.96(kN)$$

右风作用情况：

$$N_k = 1057.83 + 192.49 + 0.6 \times 13.11 = 1258.19(kN)$$
$$M_k = 15.46 + 1.64 + 0.6 \times 14.57 = 25.85(kN \cdot m)$$
$$V_k = -4.64 - 1.15 - 0.6 \times 6.39 = -9.62(kN)$$

（2）非抗震设计时的荷载效应基本组合

从柱的荷载基本组合表中挑出三组柱传至基础顶面的最不利荷载设计值如表 3-94 所示。

表 3-94　柱传至基础顶面的最不利荷载设计值

组合	$+M_{max}$	$-M_{max}$	$+N_{max}$
$M/kN \cdot m$	32.22	-13.49	24.22
N/kN	1462.03	1136.48	1540.78
V/kN	-16.82	3.75	-13.50

基础梁传至基础顶面的荷载效应设计值如下。

$+M_{max}$，$-M_{max}$ 的组合：

$$M = 1.2 \times 8.82 = 10.58(kN \cdot m)$$
$$N = 1.2 \times 103.79 = 124.55(kN)$$

$+N_{max}$ 的组合：

$$M = 1.35 \times 8.82 = 11.91(kN \cdot m)$$
$$N = 1.35 \times 103.79 = 140.12(kN)$$

基础顶面处的荷载效应组合设计值如表 3-95 所示。

表 3-95　基础顶面处的荷载效应-组合设计值

组合	$+M_{max}$（Ⅰ）	$-M_{max}$（Ⅱ）	$+N_{max}$（Ⅲ）
$M/kN \cdot m$	42.81	-2.90	36.13
N/kN	1586.58	1261.03	1680.90
V/kN	-16.82	3.75	-13.50

3.13.4　基础尺寸的确定

根据《建筑地基基础设计规范》（GB 50007—2011）要求，当采用独立基础时，基础埋深一般自室外设计地面标高算起。基础埋深至少取建筑物高度的 1/15（16.50/15 = 1.10m），基础高度暂按柱截面高度加 $200\sim300\mathrm{mm}$ 设计，则基础高度 $h=0.8\mathrm{m}$，又因为基础顶面标高为 $-1.000\mathrm{m}$，故基础埋深 d：

$$d=1.00+0.8=1.8(\mathrm{m})$$

由地质资料，选择第②层地基土作为持力层，地基承载力特征值为 $f_{ak}=200\mathrm{kPa}$。

按《建筑地基基础设计规范》(GB 50007—2011) 第 5.2.4 条规定，当基础宽度大于 $3\mathrm{m}$，埋深大于 $0.5\mathrm{m}$ 时，地基承载力特征值按下式进行修正：

$$f_a=f_{ak}+\eta_b\gamma(b-3)+\eta_d\gamma_m(d-0.5)$$

式中　f_a——修正后的地基承载力特征值，kPa；

f_{ak}——按现场载荷试验确定的地基承载力特征值，kPa；

γ——基底以下土的天然重度，地下水位以下用浮重度，根据地质资料计算得 $19\mathrm{kN/m^3}$；

γ_m——基础底面以上土的加权平均重度，地下水位以上用浮重度，取为 $20\mathrm{kN/m^3}$；

b——基础宽度，暂时取为 $3\mathrm{m}$；

d——基础埋置深度；

η_b、η_d——相应于基础宽度和埋置深度的承载力修正系数，查表知 $\eta_b=0.3$，$\eta_d=1.6$。

故：

$$\begin{aligned}f_a&=f_{ak}+\eta_b\gamma(b-3)+\eta_d\gamma_m(d-0.5)\\&=200+0.3\times19\times(3-3)+1.6\times20\times(1.8-0.5)=241.6(\mathrm{kPa})\end{aligned}$$

基础面积计算，基底面积可以先按照轴心受压时面积的 $1.1\sim1.4$ 倍估算：

$$A=\frac{N_k}{f_a-\gamma_m d}=\frac{1258.19}{241.6-20\times1.8}=6.12(\mathrm{m^2})$$

考虑到偏心荷载作用下应力分布不均匀，将 A 增大 $10\%\sim40\%$，则：

$$A=(1.1\sim1.4)\times6.12=6.73\sim8.57(\mathrm{m^2})$$

取 $A=2.8\times2.8=7.84(\mathrm{m^2})$，基础宽度小于 $3\mathrm{m}$，不用再对地基承载力进行修正。

另外，《建筑地基基础设计规范》(GB 50007—2011) 规定锥形基础的边缘高度不宜小于 $200\mathrm{mm}$，所以取该基础的边缘高度为 $400\mathrm{mm}$。

3.13.5　基底压力验算

根据《建筑地基基础设计规范》(GB 50007—2011) 第 5.2.1 和第 5.2.2 条规定进行计算。

基础底面抵抗矩 $W=\frac{1}{6}bl^2=\frac{1}{6}\times2.8^3=3.66(\mathrm{m^3})$

基础自重及基础以上土自重标准值：

土体自重 $G_k=1.9\times2.8\times2.8\times20=297.9(\mathrm{kN})$

(1) 对荷载组合①：$S_k=S_{Gk}+S_{Qk}$ 进行验算

$$N_k=1250.32\mathrm{kN},M_k=17.10\mathrm{kN\cdot m},V_k=-5.79\mathrm{kN}(使用绝对值)$$

$$P_k=\frac{N_k+G_k}{A}=\frac{1250.32+297.9}{7.84}=197.48(\mathrm{kPa})<f_a=241.6(\mathrm{kPa})(满足要求)$$

在荷载标准值作用下，基础底面处的平均压力值：

$$P_k = \frac{N_k + G_k}{A} + \frac{M_k + V_k h}{W} = \frac{1250.32 + 297.9}{7.84} + \frac{17.10 + 5.79 \times 0.8}{3.66}$$

$$= 203.42(kPa) < 1.2f_a = 289.92(kPa)(满足要求)$$

$$P_k = \frac{N_k + G_k}{A} + \frac{M_k + V_k h}{W} = \frac{1250.32 + 297.9}{7.84} - \frac{17.10 + 5.79 \times 0.8}{3.66} = 191.54(kPa) > 0$$

（满足要求）

（2）对荷载组合②：$S_k = S_{Gk} + S_{Qk} + 0.6S_{Wk}$（左风）进行验算

$N_k = 1242.58kN, M_k = 8.58kN \cdot m, V_k = -1.96kN$（使用绝对值）

$$P_k = \frac{N_k + G_k}{A} = \frac{1242.58 + 297.9}{7.84} = 196.48(kPa) < f_a = 241.6(kPa)(满足要求)$$

$$P_k = \frac{N_k + G_k}{A} + \frac{M_k + V_k h}{W}$$

$$= \frac{1242.45 + 297.9}{7.84} + \frac{8.36 + 1.96 \times 0.8}{3.66} = 199.19(kPa) < 1.2f_a = 289.92(kPa)(满足要求)$$

$$P_k = \frac{N_k + G_k}{A} - \frac{M_k + V_k h}{W} = \frac{1242.45 + 297.9}{7.84} - \frac{8.36 + 1.96 \times 0.8}{3.66} = 193.76(kPa) > 0(满足要求)$$

（3）对荷载组合②：$S_k = S_{Gk} + S_{Qk} + 0.6S_{Wk}$（右风）进行验算

$N_k = 1258.19kN, M_k = 25.85kN \cdot m, V_k = -9.62kN$（使用绝对值）

$$P_k = \frac{N_k + G_k}{A} = \frac{1258.19 + 297.9}{7.84} = 198.48(kPa) < f_a = 241.6(kPa)(满足要求)$$

$$P_k = \frac{N_k + G_k}{A} + \frac{M_k + V_k h}{W}$$

$$= \frac{1258.19 + 297.9}{7.84} + \frac{25.85 + 9.62 \times 0.8}{3.66} = 207.65(kPa) < 1.2f_a = 289.92(kPa)(满足要求)$$

$$P_k = \frac{N_k + G_k}{A} - \frac{M_k + V_k h}{W}$$

$$= \frac{1258.19 + 297.9}{7.84} - \frac{25.85 + 9.62 \times 0.8}{3.66} = 189.32(kPa) > 0，满足要求。$$

3.13.6 基础配筋计算

基础底面地基净反力设计值计算见表 3-96：

表 3-96 基础底面地基净反力设计值计算

内力	Ⅰ	Ⅱ	Ⅲ
$N_d = N/kN$	1586.58	1261.03	1680.90
$M_d = M + Vh/kN \cdot m$	56.26	0.09	46.92

续表

内力	I	II	III
$p_{jmax}=\dfrac{N_d}{A}+\dfrac{|M_d|}{W}/(kN/m^2)$	217.74	160.87	227.22
$p_{jmin}=\dfrac{N_d}{A}-\dfrac{|M_d|}{W}/(kN/m^2)$	187.00	160.82	201.58

注：M_d 为作用于基础底面力矩值；p_{jmax} 为基础底面边缘的最大压力值；p_{jmin} 为基础底面边缘的最小压力值。

(1) 受冲切承载力验算

基础混凝土强度等级根据其所处的环境类别为二（a）类。因此根据《混凝土结构设计规范（2015 年版)》(GB 50010—2010) 第 3.5.3 条表 3.5.3 选用 C35。基础底面以上有 C20 混凝土垫层（厚度为 100mm)。因此基础最外层纵向受力钢筋的混凝土保护层厚度为 40mm。基础的受冲切承载力根据《建筑地基基础设计规范》(GB 50007—2011) 第 8.2.7 及第 8.2.8 条的规定进行计算，基础的计算简图如图 3-12 所示。

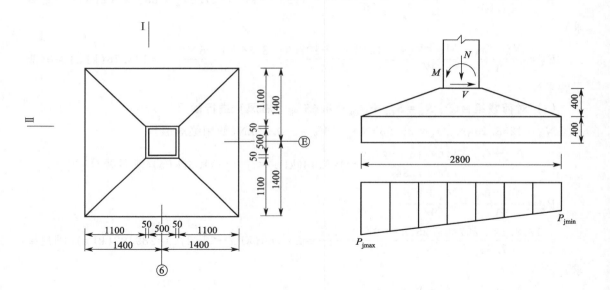

图 3-12 基础计算

柱与基础交接处的受冲切承载力计算如下：

基础有效高度 $h_0=800-40-20/2=750(mm)$，

根据规范要求进行验算：

冲切荷载设计值：$F_l=P_{max}A=227.22\times\dfrac{1}{2}\times(2.8+2.8-0.3\times2)\times0.3=170.42(kN)$

$$a_t=800mm,a_b=800+2\times750=2300(mm)<3000(mm)$$

$$a_m=\frac{a_t+a_b}{2}=\frac{800+2300}{2}=1550(mm)$$

$0.7\beta_{hp}f_t a_m h_0=0.7\times1.0\times1.57\times1550\times750=1277.6(kN)>170.42(kN)$，满足要求。

（2）基础底板配筋计算

取Ⅲ组的最不利基底反力计算配筋。

① 柱边Ⅰ—Ⅰ截面处的弯矩 M_I 为：

$$M_I = \frac{1}{24}\left(\frac{p_{j\max}+p_{jI}}{2}\right)(b-h_c)^2(2l+b_c)$$

$$= \frac{1}{24} \times \left(\frac{227.22+217.74}{2}\right) \times (2.8-0.6)^2 \times (2 \times 2.8+0.6) = 278.18(\text{kN} \cdot \text{m})$$

Ⅰ—Ⅰ截面所需钢筋用量 $A_{sI} = \dfrac{M_I}{0.9f_yh_0} = \dfrac{278.18 \times 10^6}{0.9 \times 360 \times 750} = 1144.75(\text{mm}^2)$

《混凝土结构设计规范（2015 年版）》（GB 50010—2010）第 8.5.2 条规定，基础的最小配筋率不应小于 0.15%，按此规定：

$$A_{s\min} = 0.15\%A = 0.15\% \times \left[400 \times 2800 + \frac{400 \times (600+100+2800)}{2}\right] = 2730(\text{mm}^2)$$

故选配钢筋为 $\Phi16@200$，$A_{sI} = 3016.5\text{mm}^2 > 2730\text{mm}^2$，满足要求。

② 柱边截面Ⅱ—Ⅱ处弯矩：

$$M_{II} = \frac{1}{24}\left(\frac{p_{j\max}+p_{j\min}}{2}\right)(l-b_c)^2(2b+h_c)$$

$$= \frac{1}{24} \times \left(\frac{227.22+201.58}{2}\right) \times (2.8-0.6)^2 \times (2 \times 2.8+0.6) = 268.07(\text{kN} \cdot \text{m})$$

Ⅱ—Ⅱ截面所需钢筋用量 $A_{sII} = \dfrac{M_{II}}{0.9f_yh_0} = \dfrac{268.07 \times 10^6}{0.9 \times 360 \times 750} = 1103.17(\text{mm}^2)$。

《混凝土结构设计规范（2015 年版）》（GB 50010—2010）第 8.5.2 条规定，基础的最小配筋率不应小于 0.15%，按此规定：

$$A_{s\min} = 0.15\%A = 0.15\% \times \left[400 \times 2800 + \frac{400 \times (600+100+2800)}{2}\right] = 2730(\text{mm}^2)$$

故选配钢筋为 $\Phi16@200$，$A_{sII} = 3016.5\text{mm}^2 > 2730\text{mm}^2$，满足要求。

根据《建筑地基基础设计规范》（GB 50007—2011）第 8.2.1 条规定，柱下钢筋混凝土独立基础的边长和墙下钢筋混凝土条形基础的宽度大于 2.5m 时，底板受力钢筋的长度可取边长的或宽度的 0.9 倍，并交错布置。

思考题

3.1 框架梁、框架柱的截面尺寸如何确定？应考虑哪些因素？

3.2 怎样确定框架结构的计算简图？

3.3 怎样验算框架结构的楼层刚度？

3.4 框架结构中风荷载如何简化？

3.5 简述多层框架结构中，如何采用顶点位移法计算其基本自振周期？

3.6 底部剪力法计算多层框架结构水平地震作用的限制条件有哪些？

3.7 简述弯矩二次分配法的计算要点及步骤。

3.8 试分析框架结构在水平荷载作用下，框架柱反弯点高度的影响因素有哪些？

3.9 框架结构设计时一般可对梁端负弯矩进行调幅，调幅的目的是什么？

3.10 框架柱的控制截面如何选取？

3.11 楼板的跨中挠度验算时，需要满足哪些条件？

3.12 对楼梯进行设计时需要进行哪些构件的计算？

3.13 对框架结构的柱下独立基础进行设计时，需要用到哪些荷载组合？

第4章

钢筋混凝土框架-剪力墙结构设计实例

4.1　基本资料

　　某大学综合楼，其部分建筑施工图如图4-1所示。地上9层，地下1层，采用框架-剪力墙结构，所在地的地面粗糙度类别为B类，场地类别为Ⅱ类，抗震设防烈度为7度（第一组别），设计工作年限为50年。建筑物总高度为38.1m。抗震设防类别为丙类，框架抗震等级为三级，剪力墙为二级。

　　工程场地地质资料：①层为杂填土，层厚为0～2.30m，土质不均匀，工程性质差，压缩模量为0MPa；②层为粉土，浅黄色，土质较均匀，局部夹黏土，厚4.0m，地基承载力为280kPa，压缩模量为3.5MPa，③层为黏土，棕黄色，硬塑性，具有中压缩性，层厚2.0m，地基承载力为120kPa，压缩模量为3.5MPa；④层为粉质黏土，黄褐色，硬塑性，具有中压缩性，层厚1.6m，地基承载力为120kPa，压缩模量为3.5MPa。地下水靠天然降水补给，地下水标高为-40.3m。

4.1.1　楼地面及屋面构造做法

　　所选用的楼面及屋面构造做法如表4-1所示。

表4-1　楼面及屋面做法

名称	用料做法	使用部位
彩色混凝土面层 （燃烧性能A）	1.50mm厚C25彩色混凝土面层，内配4@200双向钢筋	地下室车库地面
	2.水泥浆一道（内掺建筑胶）	
	3.60mm厚C15混凝土垫层	
	4.150mm厚粒径5～32mm卵石（碎石）灌M2.5混合砂浆；振捣密实或3∶7灰土	
	5.素土夯实	
陶瓷锦砖（马赛克）面层（燃烧性能A）	1.5mm厚陶瓷锦砖（马赛克），干水泥擦缝	一般楼面
	2.30mm厚1∶3干硬性水泥砂浆结合层，表面撒水泥粉	
	3.60mm厚1∶6水泥焦渣	
	4.现浇钢筋混凝土楼板	
石材地面 （燃烧性能A）	1.20mm厚磨光石材板，水泥浆擦缝	楼梯间楼面
	2.30mm厚1∶3干硬性水泥砂浆结合层，表面撒水泥粉	
	3.60mm厚LC7.5轻骨料混凝土	
	4.现浇混凝土楼板	

名称	用料做法	使用部位
陶瓷锦砖(马赛克)面层(有防水层)(燃烧性能 A)	1.5mm 厚陶瓷锦砖(马赛克),干水泥擦缝	卫生间楼面
	2.30mm 厚 1:3 干硬性水泥砂浆结合层,表面撒水泥粉	
	3.1.5mm 厚聚氨酯防水层或 2mm 厚聚合物水泥基防水涂料	
	4.1:3 水泥砂浆或最薄处 30mm 厚 C20 细石混凝土找坡层抹平	
	5.60mm 厚 LC7.5 轻骨料混凝土	
	6.现浇钢筋混凝土楼板	
铺块材保护层屋面	1. 铺地块(防滑地砖、仿石砖、水泥砖),干水泥擦缝	上人屋面
	2.6mm 厚聚合物水泥砂浆粘贴	
	3. 硬泡聚氨酯保温(现场喷涂发泡成型)	
	4. 防水层	
	5.20mm 厚 1:3 水泥砂浆找平层	
	6. 最薄 30mm 厚 LC5.0 轻集料混凝土 2% 找坡层	
	7. 钢筋混凝土屋面板	
涂料粒料保护层屋面	1. 涂料保护层	不上人屋面
	2. 硬泡聚氨酯保温(现场喷涂发泡成型)	
	3. 防水层	
	4.20mm 厚 1:3 水泥砂浆找平层	
	5. 最薄 30mm 厚 LC5.0 轻集料混凝土 2% 找坡层	
	6. 钢筋混凝土屋面板	

4.1.2 墙面构造做法

所选用的外墙面及内墙面构造做法如表 4-2 墙面做法所示。

表 4-2 墙面做法

名称	用料做法	使用部位
劈离砖墙面	1.1:1 水泥(或白水泥掺色)砂浆(细砂)勾缝	外墙面
	2. 贴 8~10mm 厚外墙饰面砖,在砖粘贴面上随贴涂一遍混凝土界面加强剂,增强黏结力	
	3.6mm 厚 1:2.5 水泥砂浆(掺建筑胶)	
	4. 刷素水泥浆一道(内掺水重 5% 的建筑胶)	
	5.5mm 厚 1:3 水泥砂浆打底扫毛或划出纹道	
	6. 刷聚合物水泥浆一道	
水泥砂浆墙面	1. 面浆(或涂料)饰面	一般内墙面
	2.5mm 厚 1:2.5 水泥砂浆抹平	
	3.8mm 厚 1:1:1.6 水泥石灰膏砂浆打底扫毛或划出纹道	
	4.3mm 厚外加剂专用砂浆打底刮糙或用专用界面剂一道扫毛	
	5. 喷湿墙面	
贴锦砖(马赛克)防水墙面	1. 白水泥擦缝(或 1:1 彩色水泥细砂砂浆勾缝)	卫生间内墙面
	2.3~5mm 厚锦砖(马赛克)	
	3.3mm 厚强力胶粉泥黏结层,揉挤压实	
	4.1.5mm 厚聚合物水泥基复合防水涂料防水层	
	5. 挂金属网,8mm 厚 1:0.5:2.5 水泥石灰膏砂浆压入网孔,分层压实抹平	
	6. 刷水泥浆一道	
	7.6mm 厚 1:1:6 水泥石灰膏砂浆打底扫毛或划出纹道	
	8.3mm 厚外加剂专用砂浆抹基底,抹前喷湿墙面(用于加气混凝土砌块墙),聚合物水泥砂浆修补墙面专用界面剂一道甩毛,甩前喷湿墙面(用于加气混凝土条板墙)	

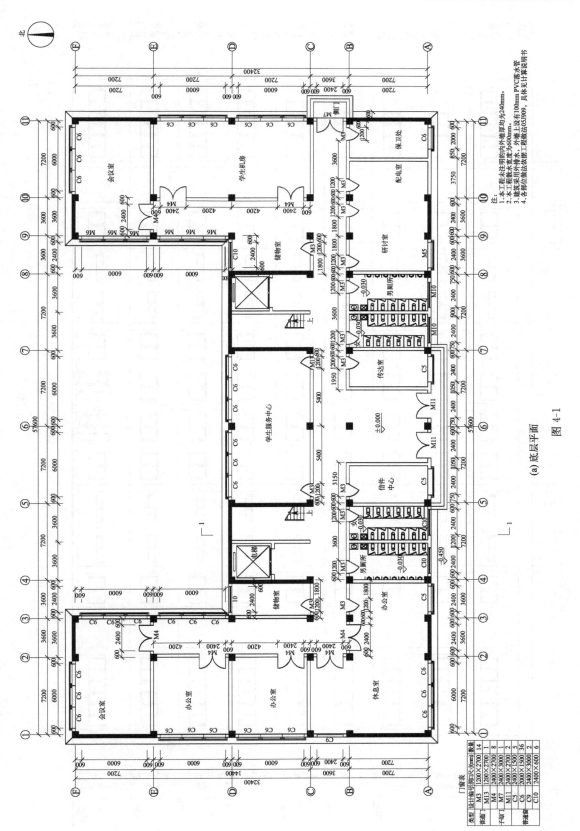

(a) 底层平面

图 4-1

注：
1. 本工程未注明的内外墙厚均为240mm。
2. 本工程散水宽度为600mm。
3. 建筑采用外排水，外墙上设有100mm PVC落水管，具体见计算说明书。
4. 各部位做法依据工程做法05J909，具体见计算说明书。

门窗表

类型	设计编号	洞口尺寸(mm)	数量
普通门	M3	1200×2700	14
	M13	1200×2700	1
子母门	M4	2400×2700	8
	M7	2400×3000	1
	M11	2400×2700	2
	C5	2400×1500	5
普通窗	C6	2000×1500	36
	C9	2400×3000	2
	C10	2400×600	6

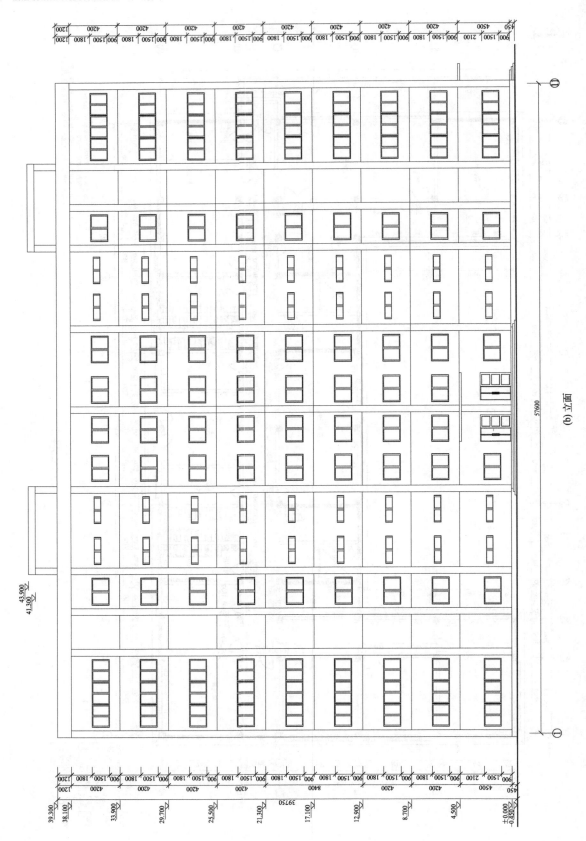

(b) 立面

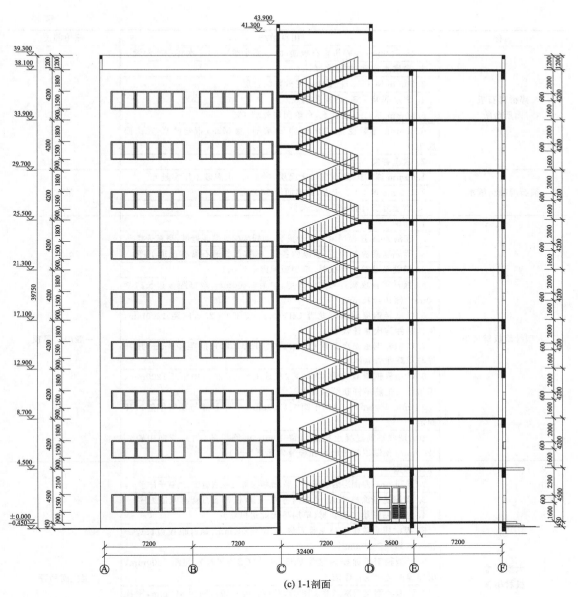

(c) 1-1剖面

图 4-1　建筑施工图

4.1.3　其他构造做法

所选用的踢脚、台阶、散水等其他构造做法如表 4-3 其他构造做法所示。

表 4-3　其他构造做法

名称	用料做法	使用部位
地砖踢脚 （燃烧性能等级 A）	1.5～10mm 厚地砖踢脚,稀水泥浆（或彩色水泥浆）擦缝	地砖踢脚
	2.5mm 厚 1∶2 水泥砂浆黏结层（内掺建筑胶）	
	3. 素水泥浆一道（内掺建筑胶）	
	4.5mm 厚 1∶2 水泥砂浆打底压实抹平	
	5. 满贴涂塑中碱玻纤网格布一层,用石膏黏结剂横向黏结（用水泥条板时无此道工序）	

续表

名称	用料做法	使用部位
碎拼青石板 面层台阶	1. 15～20mm 厚碎拼青石板铺面（表面平整），1∶2 水泥砂浆勾缝 2. 撒素水泥面（洒适量清水） 3. 20mm 厚 1∶3 干硬性水泥砂浆结合层 4. 素水泥浆一道（内掺建筑胶） 5. 60mm 厚 C15 混凝土，台阶面向外坡 1% 6. 300mm 厚粒径 5～32mm 卵石（砾石）灌 M2.5 混合砂浆，宽出面层 100 7. 素土夯实	台阶
细石混凝土散水	1. 50mm 厚 C20 细石混凝土面层，撒 1∶1 水泥砂子压实赶光 2. 150mm 厚 3∶7 灰土，宽出面层 100 3. 素土夯实，向外坡 3%～5%	散水
大型纤维板材吊顶	1. 饰面 2. 满刮 2mm 厚面层耐水腻子找平，面板接缝处贴嵌缝带，刮腻子找平 3. 满刷防潮涂料两道，横纵向各刷一道（仅普通石膏有此道工序） 4. 错缝粘贴第二层板材（单层板无此道做法） 5. 板材用自攻螺钉与龙骨固定；中距≤200mm，螺钉距板边长边≥10mm，短边≥15mm 6. U 型轻钢覆面横撑龙骨 CB60×27（CB50×20），间距 1200mm，用挂插件与次龙骨联结 7. U 型轻钢覆面次龙骨 CB60×27（CB50×20），间距 400mm，用挂件与承载龙骨联结 8. U 型轻钢承载龙骨 CB60×27（或 CB50×20），中距≤1200mm，用吊件与钢筋吊杆联结后找平 9. 6mm 钢筋吊杆，双向中距≤1200mm，吊杆上部与预留钢筋吊环固定 10. 现浇钢筋混凝土板底预留 10mm 钢筋吊环（勾），双向中距≤1200mm（预制混凝土板可在板缝内预留吊环）	一般房间吊顶
大型纤维 板材吊顶	1. 饰面 2. 满刮 2mm 厚面层耐水腻子找平，面板接缝处贴嵌缝带，刮腻子抹平 3. 满刷防潮涂料两道，横纵向各刷一道（仅普通石膏有此道工序） 4. 错缝粘贴第二层板材（单层板无此道做法） 5. 板材用自攻螺钉与龙骨固定，中距≤200mm，螺钉距板边长边≥10mm，短边≥15mm 6. U 型轻钢覆面横撑龙骨 CB60×27（CB50×20），间距 1200mm，用挂插件与次龙骨联结 7. U 型轻钢覆面次龙骨 CB60×27（CB50×20），间距 400mm，用挂件与承载龙骨联结 8. U 型轻钢承载龙骨 CB60×27（或 CB50×20），中距≤1200mm，用吊件与钢筋吊杆联结后找平 9. 6mm 钢筋吊杆，双向中距≤1200mm，吊杆上部与预留钢筋吊环固定 10. 现浇钢筋混凝土板底预留 10mm 钢筋吊环（勾），双向中距≤1200mm（预制混凝土板可在板缝内预留吊环）	卫生间吊顶
粘贴石材墙面	1. 1∶1 水泥砂浆（细砂）勾缝 2. 贴 12～16mm 厚薄型石材，石材背面涂 5mm 厚胶黏剂 3. 6mm 厚 1∶2.5 水泥砂浆结合层，内掺水重 5% 的建筑胶，表面扫毛或划出纹道 4. 刷聚合物水泥浆一道 5. 9mm 厚 1∶3 水泥砂浆中层刮平扫毛或划出纹道 6. 3mm 厚外加剂专用砂浆地面刮糙；或专用界面剂甩毛 7. 喷湿墙面	女儿墙

4.2 结构选型与布置

4.2.1 设计资料

结构材料选取如下。

(1) 混凝土

混凝土选取情况如表 4-4 不同结构构件采用的混凝土强度等级表所示。

表 4-4 不同结构构件采用的混凝土强度等级表

结构构件	混凝土强度等级	抗压/拉强度/(N/mm²)	备注
框架柱			—
剪力墙			—
梁			—
板	C40	19.1/1.71	—
节点			保证节点处不同混凝土标号之间共同工作有效性
筏板基础			防水混凝土
构造柱、圈梁及过梁等			—

设置后浇带时，因为其为薄弱部位，后期浇筑时应采用高一等级的混凝土进行浇筑。

(2) 钢筋

在板、梁、柱以及其他受力构件中，受力主筋及分布钢筋一律采用 HRB400 级钢筋；箍筋统一采用 HRB400 级。

(3) 填充墙所用砌块

外填充墙选用 200mm 厚混凝土空心砌块，一般内填充墙和卫生间内墙选用 200mm 厚蒸压加气混凝土砌块，女儿墙选用 200mm 厚蒸压加气混凝土。

4.2.2 结构方案选型以及结构布置

4.2.2.1 竖向承重体系

本工程设计为高层建筑，建筑高度 38.1m。选用框架结构可以自由灵活地划分较大的使用空间以满足不同建筑功能的需要，但可能无法提供足够的抗侧刚度；剪力墙结构则可以提供较大的抗侧刚度，以减少建筑物在水平地震作用或风荷载作用下的侧向位移，但对空间布局会有一定的限制。综合使用功能、结构安全性和经济性等因素，拟采用框架-剪力墙结构。

4.2.2.2 水平承重体系

为配合本工程设计中所采用的框架-剪力墙竖向承重结构体系，拟选用现浇楼盖作为水平承重结构形式。综上，结构形式采用现浇框架-剪力墙结构。

4.2.2.3 基础形式

由于工程所在场地地质条件较为良好，不均匀沉降情况不容易发生；且主体结构共地上9 层，结构倾斜的敏感度较低，底层柱底承受的荷载较为合理，柱间场地范围较大，因此采用平板式筏板基础。

4.2.2.4 楼梯形式选取

常用楼梯形式有板式楼梯、梁式楼梯。板式楼梯具有下表面平整，施工支模方便，外观比较轻巧等优点。且根据楼梯的使用要求、施工条件、材料供应等因素，依照经济适用、美观的要求，选用板式楼梯。

4.2.3 框架梁、柱，剪力墙尺寸初定

本工程为框架-剪力墙结构，标准层结构平面布置图如图 4-2 所示。

4.2.3.1 框架柱截面尺寸初定

在工程实际中，中柱所受荷载相比于边柱较大，考虑到经济合理性，因此柱截面尺寸初定时中柱、边柱应分别计算。工程设计为地上 9 层，地下 1 层。拟采用如下的截面设计方案：

中柱：地下 1 层及地上 1～5 层柱同截面，6～9 层柱同截面；

边柱：地下 1 层及地上 1～9 层均同截面。

依据抗震规范要求的轴压比限值初定柱的尺寸，即：

$$A_0 \geqslant \frac{\zeta N}{\mu_N f_c}$$
$$N = 1.25 n g_e A$$

式中，N 为柱轴向压力设计值，计算方法为在重力荷载代表值的基础上，乘以 1.25 的分项系数（重力荷载代表值中恒载占 75%，活载占 25%）；ζ 为考虑地震作用组合后轴向压力的放大系数，对于等跨内柱，取 1.2；μ_N 为抗震要求下框架柱轴压比限值，本工程框架抗震等级为三级，因此取为 0.85；n 为所选柱截面以上的楼层数；g_e 为单位面积上的重力荷载代表值本工程中依据工程经验取每层均为 $13kN/m^2$；A 为楼层柱的负荷面积。

① -1～5 层框架中柱截面初设计，即

$$N = 1.25 \times 6 \times 13 \times 7.2 \times 7.2 = 5054.4(kN)$$

$$A_0 \geqslant \frac{1.2 \times 5054.4 \times 1000}{0.85 \times 19.1} = 373592.855(mm^2)$$

拟采用正方形截面，边长 $a \geqslant \sqrt{373592.855} = 611.22(mm)$，取 $a = 700mm$，故取中柱截面尺寸为 700mm×700mm。

② 6～9 层框架中柱截面初设计，即

$$N = 1.25 \times 4 \times 13 \times 7.2 \times 7.2 = 3369.6(kN)$$

$$A_0 \geqslant \frac{1.2 \times 3369.6 \times 1000}{0.85 \times 19.1} = 249061.9(mm^2)$$

拟采用正方形截面，边长 $a \geqslant \sqrt{249061.9} = 499.1(mm)$，为使结构竖向刚度均匀，取柱截面尺寸为 600mm×600mm，并与 -1～5 层中柱中心对齐布置。

③ -1～9 层框架边柱截面初设计，即

$$N = 1.25 \times 10 \times 13 \times 7.2 \times (7.2 \div 2) = 4212(kN)$$

$$A_0 \geqslant \frac{1.2 \times 4212 \times 1000}{0.85 \times 19.1} = 311327.4(mm^2);$$

拟采用正方形截面，边长 $a \geqslant \sqrt{311327.4} = 558.0(mm)$，取 $a = 600mm$，为使平面内刚

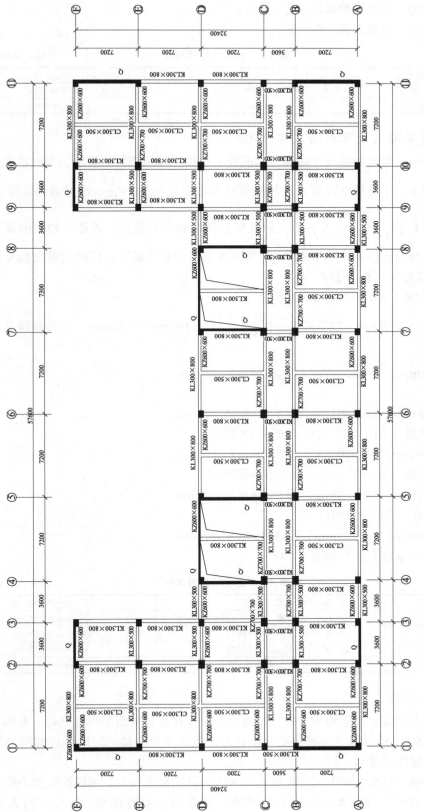

图 4-2 标准层结构平面布置

度分布较为均匀，取边柱截面尺寸为 600mm×600mm。

柱截面尺寸汇总后如表 4-5 所示。

表 4-5　框架柱截面尺寸

单位：mm×mm

层号	中柱	边柱
−1～5	700×700	600×600
6～9	600×600	600×600

4.2.3.2　框架梁及次梁截面尺寸初定

高层结构中，梁的截面尺寸应满足《混凝土结构设计规范》的要求，即对承载力、刚度及延性等的要求。主梁截面高度 h 一般取梁计算跨度 L 的 $\frac{1}{18}\sim\frac{1}{10}$。次梁截面高度 h 则一般取梁计算跨度 L 的 $\frac{1}{18}\sim\frac{1}{12}$。设计中，如果梁上作用的荷载较大，可选择较大的高跨比。梁净跨与截面高度的比值不宜小于 4，保证梁不发生剪切脆性破坏。同时梁截面的宽度不宜小于 200mm，高宽比不宜大于 4。

① 横向主梁　AB、CD 、DE、EF 跨：

跨度为 $L=7200$mm，故梁高 $h=\left(\frac{1}{18}\sim\frac{1}{10}\right)L=400$mm～720mm，由于梁跨度较大，荷载较大，故：

取 $h=800$mm，$b=300$mm，即 300mm×800mm。

BC 跨：

取 $h=500$mm，$b=300$mm，即 300mm×500mm。

② 横向次梁　AB、BC、CD、DE、EF 跨：

取 $h=500$mm，$b=300$mm，即 300mm×500mm。

③ 纵向主梁　①～②、④～⑧、⑩～⑪轴线：

取 $h=800$mm，$b=300$mm，即 300mm×800mm。

对于②～④、⑧～⑩轴线：

取 $h=500$mm，$b=300$mm，即 300mm×500mm。

梁截面尺寸参数汇总后如表 4-6 所示。

表 4-6　主次梁截面尺寸

横向主梁	AB、CD 、DE、EF 跨	300mm×800mm
	BC 跨	300mm×500mm
横向次梁	AB、BC、CD、DE、EF 跨	300mm×500mm
纵向主梁	①～②、④～⑧、⑩～⑪轴线	300mm×800mm
	①～④、⑧～⑩轴线	300mm×500mm

4.2.3.3　剪力墙

剪力墙应在建筑平面上均匀、对称布置，并且宜在建筑平面形状变化处、电梯间、楼梯间四周布置。框架-剪力墙中的剪力墙应设计为带边框的剪力墙，同时带边框剪力墙的混凝土等级宜与边框柱同等级。

在本工程中，结构纵向上尺寸较横向尺寸大，纵向刚度较大，可以少设剪力墙，同时在建筑横向上设置剪力墙。本设计中也在重要的逃生通道如电梯间、楼梯间四周设置了剪力墙。

在工程上，考虑到经济合理性和实用性，剪力墙的截面面积率一般取为 2%～3%，考虑到本工程地上 9 层在高层建筑中较矮的实际情况，剪力墙的面积率适当取小，为 1.5% 左右。

依据《高层建筑混凝土结构技术规程》(JGJ 3—2010) 第 7.2 条可确定剪力墙的截面厚度，对于带边框的剪力墙的截面厚度，墙板厚度不应小于 160mm。因此在设计时，地上 1～9 层墙板厚度取为 200mm。剪力墙的具体布置如图 4-2 所示。同时对于带边框的剪力墙，在进行抗震设计时，一级以及二级剪力墙底部的加强部位截面厚度不应小于 200mm，因此地下一层的剪力墙选为 300mm 厚，并满足刚度要求。

4.2.4 计算简图

本工程设计取横向单元进行手算，其为框架剪力墙刚接体系，分别计算综合框架、综合连梁、综合剪力墙。手算取⑥号轴线的纯框架以及一榀剪力墙、一道连梁进行计算。计算简图如图 4-3 所示。由于本工程中设有整体刚度相当大的地下室，底层柱下端可取地下室的顶部。

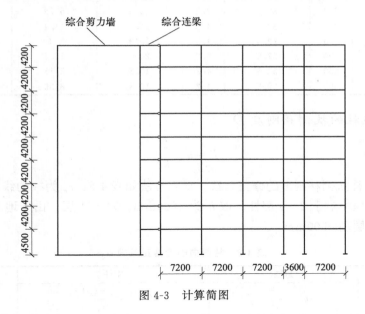

图 4-3　计算简图

4.3　框架、剪力墙及连梁刚度

4.3.1　总框架抗推刚度的计算

4.3.1.1　框架梁、柱线刚度的计算

考虑到楼板在结构上可以作为梁有效翼缘，因此需要对梁惯性矩 I_b 进行放大：

一侧有楼板即单边支承时，$I_b = 1.5I$；

两侧均有楼板即双边支承时，$I_b = 2.0I$。

梁线刚度 $i_c = \dfrac{EI_b}{l_b}$。

其中 I 为梁矩形截面的惯性矩 $\left(I = \dfrac{bh^3}{12}\right)$；$E$ 是 C40 混凝土的弹性模量；l_b 是梁的计算跨度，如果梁端与墙相连，需要考虑刚域的影响。

对于柱的线刚度，计算方法如下：

先求柱截面惯性矩，$I_c = \dfrac{1}{12}b_c h_c^3$；再求解柱的线刚度，$i_c = \dfrac{EI_c}{l_c}$。

其中，l_c 为柱的计算长度，可取层高；b_c、h_c 分别是柱截面的宽度和高度。

以⑥号轴线的框架梁、柱进行计算。其线刚度表如表 4-7 所示。

表 4-7　⑥号轴线梁柱线刚度计算表

类别	b/mm	h/mm	$E/$ $(\times 10^3\,\text{N/mm}^2)$	L/m	$I_0/$ $(\times 10^9\,\text{mm}^4)$	$i_c/$ $(\times 10^{10}\,\text{N}\cdot\text{mm})$	$2i_c/$ $(\times 10^{10}\,\text{N}\cdot\text{mm})$
AB 跨梁	300	800	32.5	7.2	12.8	5.78	11.56
BC 跨梁	300	500	32.5	3.6	3.13	2.82	5.64
CD 跨梁	300	800	32.5	7.2	12.8	5.78	11.56
1 层中柱	700	700	32.5	4.5	20.0	14.4	—
1 层边柱	600	600	32.5	4.5	10.8	7.8	—
2～5 层中柱	700	700	32.5	4.2	20.0	15.5	—
2～5 层边柱	600	600	32.5	4.2	10.8	8.36	—
6～9 层柱	600	600	32.5	4.2	10.8	8.36	—

4.3.1.2　框架柱的抗侧移刚度 D

$$D = \alpha_c \frac{12i_c}{h^2} \tag{4-1}$$

式中，α_c 为柱抗侧移刚度的修正系数，计算方法如表 4-8；i_c 为柱的线刚度；h 为柱的计算高度，本工程中对于 2～9 层柱，取 h 为 4200mm，对于 1 层，由于地下室的刚度足够大，可同样取为层高 4500mm。

表 4-8　柱侧向刚度修正系数 α_c

位置	边柱	中柱	α_c
一般层	$k' = \dfrac{i_2 + i_4}{2i_c}$	$k' = \dfrac{i_1 + i_2 + i_3 + i_4}{2i_c}$	$\alpha_c = \dfrac{k'}{k' + 2}$
底层（固接）	$k' = \dfrac{i_2}{i_c}$	$k' = \dfrac{i_1 + i_2}{i_c}$	$\alpha_c = \dfrac{0.5 + k'}{k' + 2}$

注：表中 i_1、i_2、i_3、i_4 为与柱上下端相交的四根横梁的线刚度。

则框架柱的抗侧移刚度值见表 4-9。

表 4-9　框架柱侧向刚度计算表

类别	层号	k'	α_c	$D_{jk}/(\text{kN/m})$
A、D 列柱	2～9 层	1.383	0.409	23260
	1 层	1.482	0.569	26300
B、C 列柱	6～9 层	2.057	0.507	28833
	2～5 层	1.109	0.357	37643
	1 层	1.194	0.530	45226

4.3.1.3 框架的抗推刚度计算

框架第 i 层柱的抗推刚度为：

$$C_{fi} = Dh = h \sum D_{ij} \tag{4-2}$$

当各层 C_{fi} 不相同时，计算中框架整体的抗推计算公式为：

$$C_f = \frac{C_{f1}h_1 + C_{f2}h_2 + \cdots + C_{fi}h_i}{h_1 + h_2 + \cdots + h_i} \tag{4-3}$$

式中 C_{fi}——总框架的剪切刚度；

D_{ij}——第 i 层第 j 根柱的侧移刚度。

其计算结果如表 4-10 所示。

表 4-10　框架的剪切刚度

层号	层高/m	D_i	C_{fi}/N	C_f/N
9	4.2	852940	358×10^3	
8	4.2	852940	358×10^3	
7	4.2	852940	358×10^3	
6	4.2	852940	358×10^3	
5	4.2	1023830	430×10^3	409.9×10^4
4	4.2	1023830	430×10^3	
3	4.2	1023830	430×10^3	
2	4.2	1023830	430×10^3	
1	4.5	1174504	528.5×10^3	

4.3.2　剪力墙等效抗弯刚度计算

在本工程实际中均采用整截面剪力墙，可采用如下公式计算剪力墙的等效抗弯刚度：

$$EI_e = \frac{E_e I_w}{1 + \frac{9\mu I_w}{A_w H^2}}$$

式中，EI_e 为剪力墙的等效抗弯刚度，其计算方法是依据顶点位移相等的原则，将剪力墙抗侧刚度折算为承受相同荷载的悬壁杆件只考虑弯曲变形时的刚度；I_w 是考虑开洞影响后的剪力墙的水平截面的折算惯性矩，对整截面剪力墙来说，$I_w = \sum I_i h_i / \sum h_i$，$I_i$ 为剪力墙沿竖向各段各层水平截面的惯性矩，若有洞口则应扣除按组合截面进行计算；而对整体小开口剪力墙来说，$I_w = \frac{I}{1.2}$，I 为整个剪力墙截面对组合截面的形心的惯性矩；A_w 是考虑开洞口影响后剪力墙水平截面的折算面积；H 为剪力墙的总高度；μ 是剪应力分布不均匀系数。

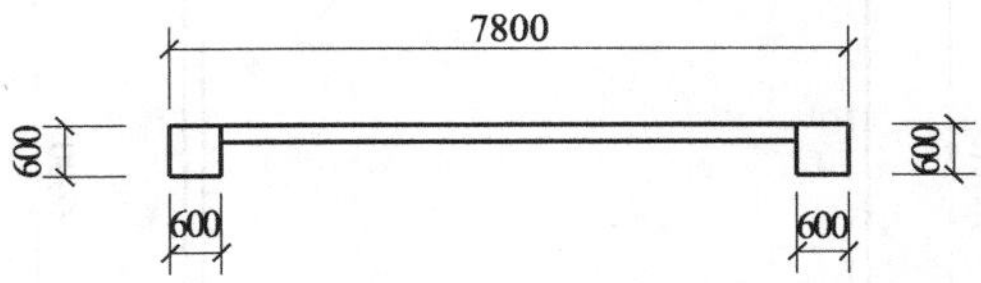

图 4-4　剪力墙 W-1 的截面尺寸

剪力墙 W-1（图 4-4）的截面刚度计算：

选用 C40 混凝土。

剪力墙的截面面积：$A = 600 \times 600 \times 2 + 200 \times 6600 = 2.04 \times 10^6 (mm^2)$。

截面形心高度：$y = 600 + 6600 \div 2 = 3900 (mm)$。

截面惯性矩：

$$I = \frac{1}{12} \times 200 \times 6600^3 + 2 \times \frac{1}{12} \times 600 \times 600^3 + 2 \times 600 \times 600 \times 3600^2 = 1.414 \times 10^{13} (\text{mm}^4)$$

剪应力分布不均匀系数查表为 $\mu = 2.04$。

对 W-1 来说：未开洞整截面剪力墙，$A_w = A$，且各层的截面均相同，则 $I_w = I$

剪力墙等效抗弯刚度为：

$$EI_e = \frac{3.25 \times 10^4 \times 1.414 \times 10^{13}}{1 + \frac{9 \times 2.04 \times 1.414 \times 10^{13}}{2.04 \times 10^6 \times 38100^2}} = 4.23 \times 10^{17} (\text{N} \cdot \text{mm}^2);$$

剪力墙 W-2 的截面等效抗弯刚度：

由于纵墙与横墙在其交接面上位移连续，在水平荷载作用下，纵横墙共同作用，因此要将纵墙的一部分作为翼缘考虑。其考虑方法如表 4-11 所示。

表 4-11   剪力墙的有效翼缘宽度 b_f

考虑方式	T 形或 I 形截面	L 形或槽形截面
按剪力墙的间距 S_0 考虑	$b + \frac{S_{01}}{2} + \frac{S_{02}}{2}$	$b + \frac{S_{03}}{2}$
按翼缘厚 h_f 度考虑	$b + 12h_f$	$b + 6h_f$
按窗间墙宽度考虑	b_{01}	b_{02}
按剪力墙总高度考虑	$0.15H$	$0.15H$

进行有效翼缘取值时取上表中最小值。

1～5 层（图 4-5）：

有效翼缘按翼缘厚度取 $\min\{b + S_{03}/2, b + 6h_f, b_{02}, 0.15H\} = 630\text{mm}$；

剪力墙截面面积：$A = 4.23 \times 10^6 \text{mm}^2$；

截面形心高度：$y = 4036\text{mm}$；

截面惯性矩：$I = 1.803 \times 10^{13} \text{mm}^4$；

剪应力分布不均匀系数：$\mu = 1.56$；

剪力墙等效抗弯刚度：$EI_e = 5.63 \times 10^{17} \text{N} \cdot \text{mm}^2$。

6～9 层（图 4-6）：

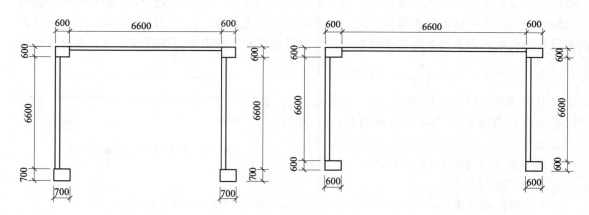

图 4-5   剪力墙 W-2 1～5 层截面尺寸   图 4-6   剪力墙 W-2 6-9 层截面尺寸

有效翼缘按翼缘厚度取 $\min\{b + S_{03}/2, b + 6h_f, b_{02}, 0.15H\} = 140\text{mm}$；

剪力墙截面面积：$A = 4.09 \times 10^6 \text{mm}^2$；

截面形心高度：$y = 4036\text{mm}$；

截面惯性矩：$I = 1.803 \times 10^{13} \text{mm}^4$；

剪应力分布不均匀系数：$\mu = 1.56$；

剪力墙等效抗弯刚度：$EI_e = 5.62 \times 10^{17} \text{N} \cdot \text{mm}^2$；

则 W-2 剪力墙等效抗弯刚度：$EI_e = 5.62 \times 10^{17} \text{N/mm}^2$。

4.3.3　连梁的约束刚度

本工程有三种连梁，分别为 LL1（300mm×500mm）、LL2（300mm×800mm）以及 LL3（300mm×500mm）。

框架-剪力墙刚接体系结构中的连梁有两种情形：一种是在墙肢与框架之间；另一种则是在墙肢与墙肢之间。而这些情况都可以简化为带刚域的梁。

对于两端都有刚域的连梁的约束弯矩系数：

$$m_{12} = \frac{6EI(1+a-b)}{(1+\beta)(1-a-b)^3 l}$$

$$m_{21} = \frac{6EI(1-a+b)}{(1+\beta)(1-a-b)^3 l}$$

$$\beta = \frac{12\mu EI}{GAl_0^2}$$

式中　a、b——连梁左、右端刚域长度系数；

　　　l_0——梁柱非刚域段长度；

　　　β——考虑杆件剪切变形的影响系数；

　　　μ——截面形状系数。

若左端与墙相连，右端与柱相连，则可令 $b=0$，那么可得左端约束弯矩系数为：

$$m_{12} = \frac{6EI(1+a)}{(1+\beta)(1-a)^3 l}$$

当连梁高跨比小于 0.25 时，可忽略剪切变形，取 $\beta=0$。

由于连梁与柱相连端对柱的约束将体现在柱的 D 值中，因此在计算一端有刚域的梁的约束弯矩系数时，不必计算 m_{21}。

① 连梁 LL1。

左端与墙相连：$al = (7200 + 300 \times 2) \div 2 - 500 \div 4 = 3775(\text{mm})$；

右端与框架柱相连：可得 $b=0$；

$l_0 = 3600 - 300 - 300 = 3000(\text{mm})$；

$l = al + bl + l_0$；

可得：$a = 0.557$；

跨高比大于 4，无需考虑剪切变形的影响；

在水平荷载作用下，根据刚性楼板的假定，同层框架和剪力墙的水平位移相同，同时假定同层所有节点的转角 θ 也相同，则可得带刚域连梁的杆端转动刚度：

$$m_{12} = \frac{6EI(1+a-b)}{(1+\beta)(1-a-b)^3 l} = 2.42 \times 10^{12} (\text{N} \cdot \text{mm/rad})$$

当采用连续化方法计算框架-剪力墙结构内力时，应将 m_{12} 化为沿层高 h 的线约束刚度 C_{12}、C_{21}，由此可求得单位高度上连梁两端线约束刚度之和 C_b：

1 层：$C_{12}=\dfrac{m_{12}}{h}=5.37\times10^8\text{N}$，　$C_{21}=0$，　$C_b=C_{12}+C_{21}=5.37\times10^8\text{N}$；

2～9 层：$C_{12}=\dfrac{m_{12}}{h}=5.76\times10^8\text{N}$，　$C_{21}=0$，　$C_b=C_{12}+C_{21}=5.76\times10^8\text{N}$。

② 连梁 LL2。

左端与墙相连：$al=(7200+300\times2)\div2-800\div4=3700(\text{mm})$；

右端与框架柱相连：可得 $b=0$；

$$l_0=3600-300-300=3000(\text{mm})；$$

$$l=al+bl+l_0；$$

可得：$a=0.359$；

跨高比大于 4，无需考虑剪切变形的影响；

$$m_{12}=\frac{6EI(1+a-b)}{(1+\beta)(1-a-b)^3 l}=1.88\times10^{12}\text{N}\cdot\text{mm/rad}；$$

1 层：$C_{12}=\dfrac{m_{12}}{h}=4.17\times10^8\text{N}$，　$C_{21}=0$，　$C_b=C_{12}+C_{21}=4.17\times10^8\text{N}$；

2～9 层：$C_{12}=\dfrac{m_{12}}{h}=4.48\times10^8\text{N}$，　$C_{21}=0$，　$C_b=C_{12}+C_{21}=4.48\times10^8\text{N}$。

③ 连梁 LL3。

左端与墙相连：$al=(7200+300\times2)\div2-500\div4=3775(\text{mm})$；

右端与框架柱相连：可得 $b=0$；

$l_0=3600-350-350=2900(\text{mm})$；

$l=al+bl+l_0$；

可得：$a=0.565$；

跨高比大于 4，无需考虑剪切变形的影响；

$$m_{12}=\frac{6EI(1+a-b)}{(1+\beta)(1-a-b)^3 l}=1.736\times10^{12}\text{N}\cdot\text{mm/rad}；$$

1 层：$C_{12}=\dfrac{m_{12}}{h}=3.86\times10^8\text{N}$，　$C_{21}=0$，　$C_b=C_{12}+C_{21}=3.86\times10^8\text{N}$；

2～5 层：$C_{12}=\dfrac{m_{12}}{h}=4.13\times10^8\text{N}$，　$C_{21}=0$，　$C_b=C_{12}+C_{21}=4.13\times10^8\text{N}$；

6～9 层：$C_{12}=\dfrac{m_{12}}{h}=5.76\times10^8\text{N}$，　$C_{21}=0$，　$C_b=C_{12}+C_{21}=5.76\times10^8\text{N}$。

各层总连梁的约束刚度取各层所有连梁的约束刚度之和：

$$C_b=\frac{\sum C_{bi}h_i}{\sum h_i}$$

$$=\frac{3.86\times10^8\times4.50\times10^3+4.13\times10^8\times4.20\times10^3\times4+5.76\times10^8\times4.20\times10^3\times4}{4.50\times10^3+4.20\times10^3\times8}$$

$$=4.82\times10^8\ (\text{N})$$

总连梁的约束刚度 $C_b=4.82\times10^8\,\mathrm{N}$。

4.3.4　结构刚度特征值

4.3.4.1　计算地震作用下框架-剪力墙结构的内力和位移时的结构刚度特征值

在体系协同计算内力时，总连梁的约束刚度 C_b 可用来考虑弹塑性影响的折减系数，该系数不应小于 0.5，本工程取为 0.75：$\lambda=1.65$。

计算结构刚度特征值 λ 按下式求解：

$$\lambda=H\sqrt{\frac{C_f+\eta C_b}{E_c I_{eq}}}$$

4.3.4.2　计算风荷载作用下框架-剪力墙结构的内力和位移时的结构刚度特征值

风荷载作用下可认为体系完全处于弹性阶段：$\lambda=1.91$。

4.4　竖向、水平荷载计算

4.4.1　结构恒载

4.4.1.1　面荷载

结构面荷载如表 4-12～表 4-14 所示。

表 4-12　楼面荷载标准值表

适用区域	自重/(kN/m²)
一般楼面	4.89
卫生间楼面	5.62
楼梯间楼面	5.00

表 4-13　屋面恒荷载标准值表

适用区域	自重/(kN/m²)
不上人屋面	5.29
上人屋面	4.67

表 4-14　墙体荷载标准值表

适用区域	自重/(kN/m²)	适用区域	自重/(kN/m²)
外墙面	0.57	卫生间墙面	0.58
一般内墙面	0.35	女儿墙	0.96

4.4.1.2　构件自重荷载计算

框架柱截面尺寸如表 4-15 所示。

表 4-15　框架柱截面尺寸

层号	中柱	边柱
−1～5	700mm×700mm	600mm×600mm
6～9	600mm×600mm	600mm×600mm

主次梁截面尺寸如表 4-16 所示。

表 4-16　主次梁截面尺寸

横向主梁	ⒶⒷ、ⒸⒹ、ⒹⒺ、ⒺⒻ跨	300mm×800mm
	ⒷⒸ跨	300mm×500mm
横向次梁	ⒶⒷ、ⒷⒸ、ⒸⒹ、ⒹⒺ、ⒺⒻ跨	300mm×500mm
纵向主梁	①~②、④~⑧、⑩~⑪轴线	300mm×800mm
	①~④、⑧~⑩轴线	300mm×500mm

(1) 框架柱自重荷载

1 层中柱(尺寸:700mm×700mm×4500mm):0.7×0.7×4.5×25=55.13(kN);

1 层边柱(尺寸:600mm×600mm×4500mm):0.6×0.6×4.5×25=40.5(kN);

2~5 层中柱(尺寸:700mm×700mm×4200mm):0.7×0.7×4.2×25=51.45(kN);

2~9 层边柱(尺寸:600mm×600mm×4200mm):0.6×0.6×4.2×25=37.8(kN);

6~9 层中柱(尺寸:600mm×600mm×4200mm):0.6×0.6×4.2×25=37.8(kN);

(2) 框架梁自重荷载

7200mm 跨度横向主梁(300mm×800mm):0.3×0.8×25=6.00(kN/m);

3600mm 跨度横向主梁(300mm×500mm):0.3×0.5×25=3.75(kN/m);

7200mm 跨度纵向主梁(300mm×800mm):0.3×0.8×25=6.00(kN/m);

3600mm 跨度纵向主梁(300mm×500mm):0.3×0.5×25=3.75(kN/m);

次梁(300mm×500mm):0.3×0.5×25=3.75(kN/m)。

(3) 墙体自重荷载

外填充墙:外墙饰面的面荷载为 0.57kN/m²,200mm 厚混凝土空心砌块的面荷载为 2.36kN/m²,内墙饰面的面荷载为 0.35kN/m²,总计 3.28kN/m²;

内填充墙:内墙饰面的面荷载为 0.35kN/m²,200mm 厚蒸压加气混凝土砌块的面荷载为 1.10kN/m²,内墙饰面的面荷载为 0.35kN/m²,总计:1.80kN/m²;

女儿墙(上人):外墙饰面的面荷载为 0.57kN/m²,200mm 厚蒸压加气混凝土砌块的面荷载为 1.10kN/m²,300mm 高钢筋混凝土压顶,内墙饰面的面荷载为 0.35kN/m²,总计 3.22kN/m²;

女儿墙(不上人):外墙饰面的面荷载为 0.57kN/m²,200mm 厚蒸压加气混凝土砌块的面荷载为 1.10kN/m²,300mm 高钢筋混凝土压顶,内墙饰面的面荷载为 0.35kN/m²,总计 4.42kN/m²;

外剪力墙:外墙饰面的面荷载为 0.57kN/m²,钢筋混凝土的面荷载为 5.00kN/m²,内墙饰面的面荷载为 0.35kN/m²,总计 5.92kN/m²;

内剪力墙:内墙饰面的面荷载为 0.35kN/m²,钢筋混凝土的面荷载为 5.00kN/m²,内墙饰面的面荷载为 0.35kN/m²,总计 5.70kN/m²;

卫生间隔墙 1:内墙饰面的面荷载为 0.35kN/m²,200mm 厚蒸压加气混凝土砌块的面荷载为 1.10kN/m²,卫生间墙饰面的面荷载为 0.58kN/m²,总计 2.03kN/m²;

卫生间隔墙 2:卫生间墙饰面的面荷载为 0.58kN/m²,200mm 厚蒸压加气混凝土砌块的面荷载为 1.10kN/m²,卫生间墙饰面的面荷载为 0.58kN/m²,总计 2.26kN/m²。

4.4.2 结构活载

4.4.2.1 楼屋面活荷载

楼屋面活荷载根据《建筑结构荷载规范》(GB 50009—2012) 和《工程结构通用规范》(GB 55001—2021) 取值如表 4-7 所示。

表 4-17 楼屋面荷载汇总

适用区域	恒荷载标准值/(kN/m²)	活荷载标准值/(kN/m²)
办公室	4.89	2.5
教室	4.89	2.5
走廊	4.89	3.0
卫生间	5.62	2.5
楼梯	5.00	3.5
不上人屋面	5.29	0.5
上人屋面	4.67	2.0

4.4.2.2 雪载

依据《建筑结构荷载规范》(GB 50009—2012),屋面的水平投影面上雪荷载的标准值,应按下式计算:

$$s_k = \mu_r s_0$$

式中,s_k 为雪荷载标准值;μ_r 为屋面积雪分布系数,查规范表 7.2.1 得,本工程设计屋面积雪分布系数 $\mu_r = 1.0$;s_0 为基本雪压;查规范附录 E 中表 E.5,本工程设计基本雪压为 0.30kN/m²。

因此,雪荷载标准值为:0.30kN/m²。

4.4.2.3 荷载统计

现对荷载进行折减后加以统计,统计结果见表 4-18~表 4-31。

表 4-18 外围护横墙自重荷载计算表

层号	类别	高/m	长/m	数量/扇	折减系数	线荷载/(kN/m)	荷载值/kN
机房层	剪力墙						
6~9层	♯6 窗	3.4	6.6	8	0.6	6.61	215.68
	♯9 窗	3.7	3	2	0.294	3.56	
2~5层	♯6 窗	3.4	6.6	8	0.6	6.61	215.68
	♯9 窗	3.7	3	2	0.294	3.56	
1层	♯6 窗	3.7	6.6	8	0.779	9.33	393.44
	♯9 窗♯7门	4	3	2	0.351	4.60	

表 4-19 外围护纵墙自重荷载计算表

层号	类别	高/m	长/m	数量/扇	折减系数	线荷载/(kN/m)	荷载值/kN
机房层	♯3门	3.3	3.4	2	0.711	7.60	36.74
6~9层	♯6 窗	3.4	6.6	6	0.6	6.60	408.85
	♯5 窗	3.4	6.6	2	0.679	7.47	
	♯5 窗	3.7	3	4	0.647	7.75	
	♯10 窗	3.7	3	2	0.859	10.29	
	全墙	3.7	3	2	1	11.98	

层号	类别	高/m	长/m	数量/扇	折减系数	线荷载/(kN/m)	荷载值/kN
2~5层	♯6 窗	3.4	6.6	6	0.6	6.60	408.85
	♯5 窗	3.4	6.6	2	0.679	7.47	
	♯5 窗	3.7	3	4	0.647	7.75	
	♯10 窗	3.7	3	2	0.859	10.29	
	全墙	3.7	3	2	1	11.98	
1层	♯6 窗	3.7	6.6	6	0.631	7.56	462.06
	♯11 门	3.7	6.6	2	0.612	7.33	
	♯5 窗	4	3	4	0.7	9.06	
	♯10 窗	4	3	2	0.88	11.39	
	全墙	4	3	2	1	12.95	

表 4-20　内围护横墙自重荷载计算表

层号	类别	高/m	长/m	数量/扇	折减系数	线荷载/(kN/m)	荷载值/kN
机房层	剪力墙						
6~9层	♯4 门	3.4	6.6	4	0.711	4.35	246.68
	全墙	3.4	6.6	4	1	6.12	
	♯4 门	3.7	3	1	0.416	2.77	
2~5层	♯4 门	3.4	6.5	4	0.707	4.33	242.97
	全墙	3.4	6.55	4	1	6.12	
	♯4 门	3.7	2.9	1	0.396	2.64	
1层	♯4 门	3.7	6.5	4	0.731	4.87	307.97
	全墙	3.7	6.55	4	1	6.66	
	♯4 门	4	2.9	4	0.441	3.18	
	全墙	4	7.2	3	1	7.20	

表 4-21　内围护纵墙自重荷载计算表

层号	类别	高/m	长/m	数量/扇	折减系数	线荷载/(kN/m)	荷载值/kN
机房层	剪力墙						
6~9层	♯3 门	3.4	6.6	4	0.856	5.24	482.07
	♯3 门(2)	3.4	6.6	1	0.711	4.35	
	全墙	3.4	6.6	7	1	6.12	
	♯3 门	3.7	3	5	0.708	4.72	
	♯4 门	3.7	3	3	0.416	2.77	
2~5层	♯3 门	3.4	6.5	4	0.853	5.22	473.06
	♯3 门(2)	3.4	6.55	1	0.708	4.34	
	全墙	3.4	6.55	7	1	6.12	
	♯3 门	3.7	2.9	5	0.698	4.65	
	♯4 门	3.7	2.95	2	0.406	2.70	
	♯4 门	3.7	2.9	1	0.396	2.64	
1层	♯3 门	3.7	6.5	2	0.865	5.76	446.51
	全墙	3.7	6.55	6	1	6.66	
	♯4 门	4	2.95	2	0.451	3.24	
	♯4 门	4	2.9	1	0.441	3.17	
	♯3 门	4	2.9	5	0.721	5.19	
	♯3 门	4	3.3	1	0.755	5.43	
	♯3 门	4	3.25	3	0.751	5.40	

表 4-22 卫生间纵墙自重荷载计算表

层号	类别	高/m	长/m	数量/扇	折减系数	线荷载/(kN/m)	荷载值/kN
6～9 层	♯10 窗	3.4	6.6	2	0.871	10.39	165.44
	♯3 门	3.4	6.6	2	0.711	4.90	
2～5 层	♯10 窗	3.4	6.6	2	0.871	10.39	165.44
	♯3 门	3.4	6.6	2	0.711	4.90	
1 层	♯10 窗	3.7	6.6	2	0.882	11.45	185.48
	♯3 门	3.7	6.5	2	0.731	5.49	

表 4-23 卫生间横墙自重荷载计算表

层号	类别	高/m	长/m	数量/个	折减系数	线荷载/(kN/m)	荷载值/kN
6～9 层	外墙	3.4	6.6	4	1	6.90	292.75
	隔墙	3.7	7.2	2	1	7.68	
2～5 层	外墙	3.4	6.55	4	1	6.90	291.37
	隔墙	3.7	7.2	2	1	7.68	
1 层	外墙	3.7	6.55	4	1	7.51	317.15
	隔墙	4	7.2	2	1	8.36	

表 4-24 不上人屋面女儿墙自重荷载计算表

层号	类别	高/m	长/m	数量	折减系数	线荷/(kN/m)	荷载值/kN
机房层	女儿墙	0.6	28.8	1	1	2.51	72.29

表 4-25 上人屋面女儿墙自重荷载计算表

层号	类别	高/m	长/m	数量	折减系数	线荷/(kN/m)	荷载值/kN
第 9 层	女儿墙	1.2	208.8	1	1	4.42	922.89

表 4-26 各层横梁自重荷载

类别	层号	$b×h$/(m×m)	G/(kN/m)	L/m	N/个	G/kN	每层横梁自重/kN
CD 跨	机房层	0.3×0.68	5.865	7.300	2	85.62	85.62
AB 跨	6～9 层	0.3×0.68	5.865	6.600	9	489.96	1524.59
		0.3×0.38	3.278	7.200	6		
BC 跨	6～9 层	0.3×0.38	3.278	3.000	11	108.15	
CD 跨	6～9 层	0.3×0.68	5.865	6.600	7	413.20	
		0.3×0.38	3.278	7.200	4		
		0.3×0.38	3.278	7.300	2		
DE 跨	6～9 层	0.3×0.68	5.865	6.600	6	277.48	
		0.3×0.38	3.278	6.900	2		
EF 跨	6～9 层	0.3×0.68	5.865	6.600	4	235.77	
		0.3×0.68	5.865	6.900	2		
AB 跨	1～5 层	0.3×0.68	5.865	6.550	9	488.31	1482.82
		0.3×0.38	3.278	7.250	6		
BC 跨	1～5 层	0.3×0.38	3.278	3.000	2	105.20	
		0.3×0.38	3.278	2.900	9		
CD 跨	1～5 层	0.3×0.68	5.865	6.600	2	412.46	
		0.3×0.68	5.865	6.550	3		
		0.3×0.68	5.865	6.500	2		
		0.3×0.38	3.278	7.300	2		
		0.3×0.38	3.278	7.250	2		
		0.3×0.68	3.278	7.350	2		

续表

类别	层号	$b\times h$/(m×m)	G/(kN/m)	L/m	N/个	G/kN	每层横梁自重/kN
DE 跨	1～5 层	0.3×0.68	5.865	6.600	4	278.27	
		0.3×0.68	5.865	6.500	2		
		0.3×0.38	3.278	7.200	2		1482.82
EF 跨	1～5 层	0.3×0.68	5.865	6.600	2	198.56	
		0.3×0.68	5.865	6.500	2		
		0.3×0.38	3.278	6.850	2		

表 4-27　各层纵梁自重荷载

类别	层号	$b\times h$/(m×m)	G/(kN/m)	L/m	N/个	G/kN	每层横梁自重/kN
④～⑤/⑦～⑧	机房层	0.3×0.68	5.865	6.600	2	154.83	154.83
①～②/⑩～⑪	6～9 层	0.3×0.68	5.865	6.600	6	464.50	
②～③/⑨～⑩	6～9 层	0.3×0.38	3.278	3.000	4	78.66	
③～④/⑧～⑨	6～9 层	0.3×0.38	3.278	3.000	4	78.66	1086.33
④～⑤/⑦～⑧	6～9 层	0.3×0.68	5.865	6.600	2	154.83	
⑤～⑥/⑥～⑦	6～9 层	0.3×0.68	5.865	6.600	4	309.67	
①～②/⑩～⑪	1～5 层	0.3×0.68	5.865	6.600	2	462.16	
		0.3×0.68	5.865	6.550	4		
②～③/⑨～⑩	1～5 层	0.3×0.38	3.278	2.950	2	76.69	
		0.3×0.38	3.278	2.900	2		
③～④/⑧～⑨	1～5 层	0.3×0.38	3.278	2.950	2	76.69	1075.36
		0.3×0.38	3.278	2.900	2		
④～⑤/⑦～⑧	1～5 层	0.3×0.68	5.865	6.500	2	152.49	
⑤～⑥/⑥～⑦	1～5 层	0.3×0.68	5.865	6.600	2	307.32	
		0.3×0.68	5.865	6.500	2		

表 4-28　剪力墙自重荷载

层号	类别	高/m	长/m	数量/个	剪力墙荷载值/(kN/m)	荷载值/kN	荷载总值/kN
机房层	外纵墙	3.08	6.6	2	5.75	233.77	701.31
	外横墙	3.08	6.6	4	5.75	467.54	
6～9 层	外纵墙	4.08	6.6	2	5.75	309.67	
	外纵墙	4.08	3	4	5.75	281.52	1829.88
	外横墙	4.08	6.6	4	5.75	619.34	
	内横墙	4.08	6.6	4	5.75	619.34	
2～5 层	外纵墙	4.08	6.6	2	5.75	309.67	
	外纵墙	4.08	3	4	5.75	281.52	1870.38
	外横墙	4.08	6.6	4	5.75	619.34	
	内横墙	4.38	6.55	4	5.75	659.84	
1 层	外纵墙	4.38	6.6	2	5.75	332.44	
	外纵墙	4.38	3	4	5.75	302.22	1959.39
	外横墙	4.38	6.6	4	5.75	664.88	
	内横墙	4.38	6.55	4	5.75	659.84	

表 4-29　各层柱自重荷载

轴线号	层号	柱宽高 $b\times h$/(m×m)	单根柱自重 G_1/(kN/m)	计算长度 L/m	个数 N/个	各轴线上柱总重 G_2/kN	各层柱自重/kN
④、⑤、⑦、⑧	机房层	0.6×0.6	10.35	3.08	4	127.51	127.51
①、⑪	6～9 层	0.6×0.6	10.35	4.08	12	506.73	
②、⑩	6～9 层	0.6×0.6	10.35	4.08	12	506.73	2533.68
③、⑨	6～9 层	0.6×0.6	10.35	4.08	12	506.73	

续表

轴线号	层号	柱宽高 $b \times h$ /(m×m)	单根柱自重 G_1 /(kN/m)	计算长度 L /m	个数 N /个	各轴线上柱总重 G_2 /kN	各层柱自重 /kN
④、⑧	6~9层	0.6×0.6	10.35	4.08	8	337.82	
⑤、⑦	6~9层	0.6×0.6	10.35	4.08	8	337.82	2533.68
⑥	6~9层	0.6×0.6	10.35	4.08	8	337.82	
①、⑪	2~5层	0.6×0.6	10.35	4.08	12	506.73	
②、⑩	2~5层	0.6×0.6	10.35	4.08	4	628.74	
		0.7×0.7	14.088	4.08	8		
③、⑨	2~5层	0.6×0.6	10.35	4.08	8	567.74	
		0.7×0.7	14.088	4.08	4		
④、⑧	2~5层	0.6×0.6	10.35	4.08	4	398.82	2899.70
		0.7×0.7	14.088	4.08	4		
⑤、⑦	2~5层	0.6×0.6	10.35	4.08	4	398.82	
		0.7×0.7	14.088	4.08	4		
⑥	2~5层	0.6×0.6	10.35	4.08	4	398.82	
		0.7×0.7	14.088	4.08	4		
①、⑪	1层	0.6×0.6	10.35	4.38	12	543.99	
②、⑩	1层	0.6×0.6	10.35	4.38	4	674.97	
		0.7×0.7	14.088	4.38	8		
③、⑨	1层	0.6×0.6	10.35	4.38	8	609.48	
		0.7×0.7	14.088	4.38	4		
④、⑧	1层	0.6×0.6	10.35	4.38	4	428.15	3112.91
		0.7×0.7	14.088	4.38	4		
⑤、⑦	1层	0.6×0.6	10.35	4.38	4	428.15	
		0.7×0.7	14.088	4.38	4		
⑥	1层	0.6×0.6	10.35	4.38	4	428.15376	
		0.7×0.7	14.088	4.38	4		

注：1. b、h 分别为柱的宽和高。

2. G_1 为单根柱的自重。

3. L 为柱的计算长度。

4. N 为柱个数。

5. G_2 为各轴线上柱的总重。

表 4-30 楼梯恒载自重计算

层号	面荷载/(kN/m²)	面积/m²	数量/个	楼梯恒载/kN	按上下半层计算/kN
机房层	0	0	0	0	0
9层	9.409	21.735	2	409.00	204.50
8层	9.409	21.735	2	409.00	409.00
7层	9.409	21.735	2	409.00	409.00
6层	9.409	21.735	2	409.00	409.00
5层	9.409	21.735	2	409.00	409.00
4层	9.409	21.735	2	409.00	409.00
3层	9.409	21.735	2	409.00	409.00
2层	9.409	21.735	2	409.00	409.00
1层	9.409	21.735	2	409.00	409.00

表 4-31 楼梯活载自重计算

层号	面荷载/(kN/m²)	面积/m²	数量/个	楼梯恒载/kN	按上下半层计算/kN
机房层	0	0	0	0	0
9层	3.5	21.735	2	152.14	76.072

层号	面荷载/(kN/m²)	面积/m²	数量/个	楼梯恒载/kN	按上下半层计算/kN
8 层	3.5	21.735	2	152.14	152.14
7 层	3.5	21.735	2	152.14	152.14
6 层	3.5	21.735	2	152.14	152.14
5 层	3.5	21.735	2	152.14	152.14
4 层	3.5	21.735	2	152.14	152.14
3 层	3.5	21.735	2	152.14	152.14
2 层	3.5	21.735	2	152.14	152.14
1 层	3.5	21.735	2	152.14	152.14

4.4.3　竖向荷载计算

4.4.3.1　竖向荷载计算简图

① 板的荷载传递　本工程中板均为双向板，以⑥轴线的框架作为手算部分，具体荷载传递如图 4-7 所示。

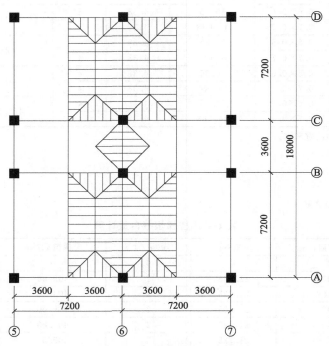

图 4-7　楼屋面板荷载传递简图

② 荷载简化　为了方便计算，对框架梁上荷载进行简化。双向板传递给梁的荷载形式为三角形或梯形，如图 4-8 所示，需要转化为均布荷载进行计算。转化原则为固端弯矩等效原则。

单三角形荷载作用下：$q = \dfrac{5}{8}P$

梯形荷载作用下：$q = (1 - 2\alpha^2 + \alpha^3)P$

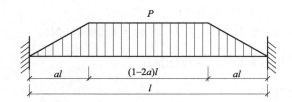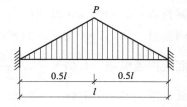

图 4-8 楼屋面板荷载类型图

4.4.3.2 恒载作用下框架横梁承受荷载

(1) 边跨 AB:

9 层:

屋面板传递给横梁 (梯形): $4.67 \times \left(1 - 2 \times \left(\frac{1.8}{7.2}\right)^2 + \left(\frac{1.8}{7.2}\right)^3\right) \times \frac{3.6}{2} \times 2 = 14.97 \text{(kN/m)}$

框架横梁自重: 6kN/m;

梁面抹灰: $0.02 \times 20 \times [(0.8 - 0.12) \times 2 + 0.3] = 0.664 \text{(kN/m)}$;

共计: 21.634kN/m。

1~8 层:

楼面板传递给横梁 (梯形): $4.89 \times \left(1 - 2 \times \left(\frac{1.8}{7.2}\right)^2 + \left(\frac{1.8}{7.2}\right)^3\right) \times \frac{3.6}{2} \times 2 = 15.679 \text{(kN/m)}$;

框架横梁自重: 6kN/m;

梁面抹灰: $0.02 \times 20 \times [(0.8 - 0.12) \times 2 + 0.3] = 0.664 \text{(kN/m)}$;

共计: 22.343kN/m。

(2) 中跨 BC

9 层:

屋面板传递给横梁 (三角形): $4.67 \times \frac{5}{8} \times \frac{3.6}{2} \times 2 = 10.508 \text{(kN/m)}$;

框架横梁自重: 3.75kN/m;

梁面抹灰: 0.424kN/m;

共计: 14.682kN/m。

1~8 层:

楼面板传递给横梁 (三角形): $4.89 \times \frac{5}{8} \times \frac{3.6}{2} \times 2 = 11.003 \text{(kN/m)}$;

框架横梁自重: 3.75kN/m;

梁面抹灰: 0.424kN/m;

共计: 15.177kN/m。

(3) 边跨 CD

恒荷载情况同 AB。

4.4.3.3 恒载作用下框架柱承受的荷载

(1) 柱 A

9 层:

女儿墙自重：$4.42 \times 7.2 = 31.824(kN)$；

纵梁自重：$0.3 \times 0.8 \times 25 \times (7.2-0.6) = 39.6(kN)$；

梁侧面重：$[0.57 \times 0.8 + 0.35 \times (0.8-0.12)] \times (7.2-0.6) = 4.5804(kN)$；

屋面板传给纵梁：$4.67 \times \dfrac{5}{8} \times \dfrac{3.6}{2} \times 2 \times 3.6 = 37.827(kN)$；

次梁自重：$25 \times 0.5 \times 0.3 \times 7.2 = 27(kN)$；

梁面抹灰：$0.02 \times 20 \times (0.3+0.5-0.12) \times 7.2 = 1.958(kN)$；

屋面板传次梁：$14.97 \times 7.2 = 107.78(kN)$；

次梁集中荷载：$(27+1.958+107.78) \times 0.5 \times 0.5 \times 2 = 68.369(kN)$；

共计：柱顶集中力182.2kN，附加弯矩27.333kN·m。

1~8层：

外墙自重：$7.475 \times 6.6 = 49.335(kN)$；

纵梁自重：$0.3 \times 0.8 \times 25 \times (7.2-0.6) = 39.6(kN)$；

梁侧面重：$[0.57 \times 0.8 + 0.35 \times (0.8-0.12)] \times (7.2-0.6) = 4.5804(kN)$；

楼面板传给纵梁：$4.89 \times \dfrac{5}{8} \times \dfrac{3.6}{2} \times 2 \times 3.6 = 39.609(kN)$；

次梁自重：$25 \times 0.5 \times 0.3 \times 7.2 = 27(kN)$；

梁面抹灰：$0.02 \times 20 \times (0.3+0.5-0.12) \times 7.2 = 1.958(kN)$；

楼面板传次梁：$15.679 \times 7.2 = 112.889(kN)$；

次梁集中荷载：70.92kN；

共计：柱顶集中力204.05kN，附加弯矩30.61kN·m。

（2）柱 B、柱 C

9层：

纵梁自重：$0.3 \times 0.8 \times 25 \times (7.2-0.6) = 39.6(kN)$；

梁侧面重：$[0.35 \times (0.8-0.12)] \times 2 \times (7.2-0.6) = 3.142(kN)$；

屋面板传给纵梁：

$$4.67 \times \frac{5}{8} \times \frac{3.6}{2} \times 2 \times 3.6 + 4.67 \times \left(1-2 \times \left(\frac{1.8}{7.2}\right)^2 + \left(\frac{1.8}{7.2}\right)^3\right) \times 1.8 \times 7.2 = 91.731$$

(kN)；

次梁自重：$25 \times 0.5 \times 0.3 \times 7.2 = 27(kN)$；

梁面抹灰：$0.02 \times 20 \times (0.3+0.5-0.12) \times 7.2 = 1.958(kN)$；

屋面板传次梁 $14.97 \times 7.2 = 107.78(kN)$；

次梁集中荷载：$(27+1.958+107.78) \times 0.5 \times 0.5 \times 2 = 68.369(kN)$；

共计：柱顶集中力202.842kN，附加弯矩30.426kN·m。

6~8层

纵梁自重：$0.3 \times 0.8 \times 25 \times (7.2-0.6) = 39.6(kN)$；

梁侧面重：$[0.35 \times (0.8-0.12)] \times 2 \times (7.2-0.6) = 3.142(kN)$；

楼面板传给纵梁：94.896kN；

次梁自重：$25 \times 0.5 \times 0.3 \times 7.2 = 27$(kN)；

梁面抹灰：$0.02 \times 20 \times (0.3 + 0.5 - 0.12) \times 7.2 = 1.958$(kN)；

楼面板传次梁：112.889kN；

次梁集中荷载：70.923kN；

内墙自重：34.584kN；

共计：柱顶集中力 244.3011kN，附加弯矩 36.645kN·m。

1~5 层：

纵梁自重：$0.3 \times 0.8 \times 25 \times (7.2 - 0.7) = 39.0$(kN)；

梁侧面重：$(0.35 \times (0.8 - 0.12)) \times 2 \times (7.2 - 0.7) = 3.094$(kN)；

楼面板传给纵梁：96.052(kN)；

次梁自重：$25 \times 0.5 \times 0.3 \times 7.2 = 27$(kN)；

梁面抹灰：$0.02 \times 20 \times (0.3 + 0.5 - 0.12) \times 7.2 = 1.958$(kN)；

楼面板传次梁：112.889kN；

次梁集中荷载：70.923kN；

内墙自重：34.06kN；

共计：柱顶集中力 244.939kN，附加弯矩 48.788kN·m。

(3) 柱 D

9 层：

女儿墙自重：$4.42 \times 7.2 = 31.84$(kN)；

纵梁自重：$0.3 \times 0.8 \times 25 \times (7.2 - 0.6) = 39.6$(kN)；

梁侧面重：$(0.57 \times 0.8 + 0.35 \times (0.8 - 0.12)) \times (7.2 - 0.6) = 4.5804$(kN)；

屋面板传给纵梁：$4.67 \times \dfrac{5}{8} \times \dfrac{3.6}{2} \times 2 \times 3.6 = 37.827$(kN)；

次梁自重：$25 \times 0.5 \times 0.3 \times 7.2 = 27$(kN)；

梁面抹灰：$0.02 \times 20 \times (0.3 + 0.5 - 0.12) \times 7.2 = 1.958$(kN)；

屋面板传次梁：$14.97 \times 7.2 = 107.78$(kN)；

次梁集中荷载：$(27 + 1.958 + 107.78) \times 0.5 \times 0.5 \times 2 = 68.369$(kN)；

共计：柱顶集中力 182.216kN，附加弯矩 27.333kN·m。

1~8 层：

外墙自重：$6.605 \times 6.6 = 43.593$(kN)；

纵梁自重：$0.3 \times 0.8 \times 25 \times (7.2 - 0.6) = 39.6$(kN)；

梁侧面重：$[0.57 \times 0.8 + 0.35 \times (0.8 - 0.12)] \times (7.2 - 0.6) = 4.5804$(kN)；

楼面板传给纵梁：$4.89 \times \dfrac{5}{8} \times \dfrac{3.6}{2} \times 2 \times 3.6 = 39.609$(kN)；

次梁自重：$25 \times 0.5 \times 0.3 \times 7.2 = 27$(kN)；

梁面抹灰：$0.02 \times 20 \times (0.3 + 0.5 - 0.12) \times 7.2 = 1.958$(kN)；

楼面板传次梁：$15.697 \times 7.2 = 113.018$(kN)；

次梁集中荷载：70.988kN；

共计：柱顶集中力 198.370kN，附加弯矩 29.756kN·m。

根据以上的分析，绘出框架恒载作用下的荷载图，如图4-9所示：

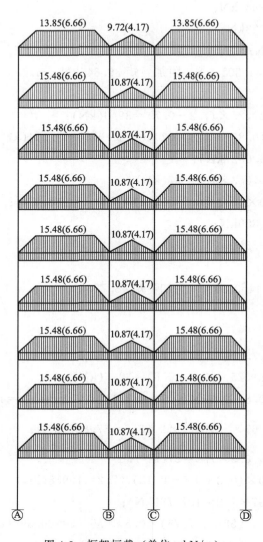

图 4-9 框架恒载（单位：kN/m）

4.4.3.4 活载作用下框架横梁承受的荷载

（1）边跨 AB

9层：

屋面板传给横梁：$2\times\left(1-2\times\left(\dfrac{1.8}{7.2}\right)^2+\left(\dfrac{1.8}{7.2}\right)^3\right)\times\dfrac{3.6}{2}\times2=6.4125(\text{kN/m})$；

1~8层：

屋面板传给横梁 $2.5\times\left(1-2\times\left(\dfrac{1.8}{7.2}\right)^2+\left(\dfrac{1.8}{7.2}\right)^3\right)\times\dfrac{3.6}{2}\times2=8.016(\text{kN/m})$；

(2) 中跨 BC

9层：

屋面板传给横梁：$2 \times \dfrac{5}{8} \times \dfrac{3.6}{2} \times 2 = 4.5 (kN/m)$；

1~8层：

楼面板传给横梁：$3 \times \dfrac{5}{8} \times \dfrac{3.6}{2} \times 2 = 6.75 (kN/m)$；

(3) 边跨 CD

同边跨 AB。

4.4.3.5 活载作用下框架柱承受的荷载

(1) 柱 A、柱 D

9层：

屋面板传给纵梁：$2 \times \dfrac{5}{8} \times \dfrac{3.6}{2} \times 2 \times 3.6 = 16.2 (kN)$；

屋面板传次梁：23.085kN；

共计：柱顶集中力 39.285kN，附加弯矩 5.893kN·m。

1~8层：

屋面板传给纵梁：$2.5 \times \dfrac{5}{8} \times \dfrac{3.6}{2} \times 2 \times 3.6 = 20.25 (kN)$；

屋面板传次梁：28.856kN；

共计：柱顶集中力 49.106kN，附加弯矩 7.366kN·m。

(2) 柱 B、柱 C

9层：

屋面板传给纵梁：39.285kN；

屋面板传次梁：23.085kN；

共计：柱顶集中力 62.370kN，附加弯矩 9.356kN·m。

6~8层：

楼面板传给纵梁：$3 \times \dfrac{5}{8} \times \dfrac{3.6}{2} \times 2 \times 3.6 = 24.3 (kN)$；

楼面板传次梁：28.856kN；

共计：柱顶集中力 53.156kN，附加弯矩 7.973kN·m。

1~5层：

共计：柱顶集中力 53.156kN，附加弯矩 10.631kN·m。

综上，绘出⑥号框架在屋面以及楼面活荷载下的荷载图，如图 4-10 所示。

4.4.3.6 雪载作用下框架横梁承受的荷载

(1) 边跨 AB、边跨 CD

屋面板传给横梁：$0.30 \times \left(1 - 2 \times \left(\dfrac{1.8}{7.2}\right)^2 + \left(\dfrac{1.8}{7.2}\right)^3\right) \times \dfrac{3.6}{2} \times 2 = 0.962 (kN/m)$。

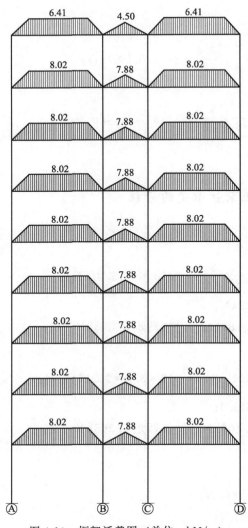

图 4-10 框架活载图（单位：kN/m）

（2）中跨 BC

屋面板传给横梁：$0.30 \times \dfrac{5}{8} \times \dfrac{3.6}{2} \times 2 = 0.675(\text{kN/m})$。

4.4.3.7 雪载作用下框架柱承受的荷载

（1）柱 A、柱 D

屋面板传给纵梁：2.43kN；

屋面板传给次梁：3.463kN；

共计：柱顶集中荷载 5.893kN，附加弯矩 0.884kN·m。

（2）柱 B、柱 C

屋面板传给纵梁：5.893kN；

屋面板传给次梁：3.463kN；

共计：柱顶集中荷载 9.356kN，附加弯矩 1.403kN·m。

综上，绘出雪荷载作用下的框架荷载图，如图 4-11 所示。

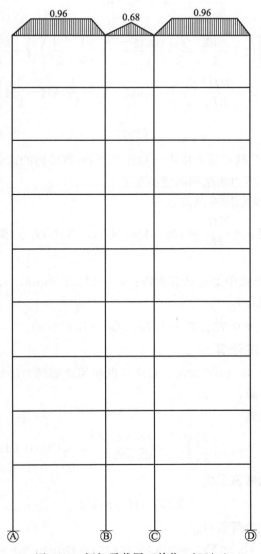

图 4-11 框架雪载图（单位：kN/m）

4.4.4 横向水平地震作用的计算

4.4.4.1 结构基本自振周期

基本周期计算公式为：

$$T_1 = 1.7\varphi_t \sqrt{\mu_t}$$

因屋面带有突出间质点重力荷载 G_{10}，故按下式将 G_{10} 折算到主体结构的顶层处。

$$折算重力荷载 \; G_e = G_{n+1}\left(1 + \frac{3h_1}{2H}\right)$$

即：$G_e = 1743.796kN$。

结构顶点假想位移 u_t 按下式计算：

$$u_t = u_q + u_{G_e}$$

其中：

$$u_q = \frac{qH^2}{C_f}\left[\left(1 + \frac{\lambda sh\lambda}{2} - \frac{sh\lambda}{\lambda}\right)\frac{ch\lambda\xi - 1}{\lambda^2 ch\lambda} + \left(\frac{1}{2} - \frac{1}{\lambda^2}\right)\left(\xi - \frac{sh\lambda\xi}{\lambda}\right) - \frac{\xi^3}{6}\right]$$

$$u_{G_e} = \frac{PH^3}{EI_w}\left[\frac{sh\lambda}{\lambda^3 ch\lambda}(ch\lambda\xi - 1) - \frac{1}{\lambda^3}sh\lambda\xi + \frac{1}{\lambda^2}\xi\right]$$

$$\xi = \frac{x}{H}$$

式中　u_q、u_{G_e}——均布荷载和顶点集中荷载作用下框-剪结构的顶点位移；

　　　　λ——框架-剪力墙结构刚度特征值；

　　　　x——任意荷载所在高度。

本设计中：均布荷载 $q = \frac{\sum G_i}{H} = 4001.496kN/m$，其中 G_i 为集中在各楼层处的重力荷载代表值。

将 λ、EI_w、ξ 代入上式中进行计算求得：$u_q = 218.796mm$、$u_{G_e} = 6.2413mm$；得出 $u_t = 225.037mm$。

根据抗震规范，取 $\varphi_t = 0.75$，$T_1 = 1.7\varphi_t\sqrt{\mu_t} = 0.605(s)$。

4.4.4.2　水平地震作用计算

本工程的结构高度为 38.1m<40m，因此可以使用底部剪力法计算水平地震作用。本工程采用底部剪力法进行计算。

(1) 水平地震影响系数

$$\alpha = \alpha_{max}\left(\frac{T_g}{T_1}\right)^{0.9} = \left(\frac{0.35}{0.605}\right)^{0.9} \times 0.08 = 0.049$$

(2) 总的重力荷载代表值 $\sum G_i$

$$\sum G_i = 154154kN$$

(3) 结构等效的总重力荷载 G_{eq}

$$G_{eq} = 0.85\sum G_i = 0.85 \times 154154 = 131030.90(kN)$$

(4) 结构总地震作用 F_{Ek}

$$F_{Ek} = \alpha G_{eq} = 0.049 \times 131030.90 = 6420.51(kN)$$

(5) 顶部附加水平地震作用

$$\delta_n = 0.08T_1 + 0.07 = 0.08 \times 0.605 + 0.07 = 0.118(T_1 = 0.605 > 1.4T_g = 0.49)$$

$$\Delta F_n = \delta_n F_{Ek} = 0.118 \times 6420.51 = 757.62(kN)$$

式中　δ_n——结构顶部附加地震作用系数。

(6) 各层楼面水平地震作用 F_i

$$F_i = \frac{G_i H_i}{\sum G_i H_i}F_{Ek}(1 - \delta_n) = 6420.51 \times (1 - 0.118)\frac{G_i H_i}{\sum G_i H_i} = 5662.89\frac{G_i H_i}{\sum G_i H_i}(kN)$$

F_i 的计算结果见表 4-32。

表 4-32　横向水平地震作用计算表

层号	高度 H_i/m	G_i/kN	G_iH_i/kN·m	$\dfrac{G_iH_i}{\sum G_iH_i}$	F_i/kN	V_i/kN	F_iH_i/kN·m
机房层	0	1697	70086.1	0.021	121.70	0	5026.09
9	38.1	14758	562279.8	0.172	976.34	121.70	37198.55
8	33.9	17002	576367.8	0.177	1000.80	1098.04	33927.19
7	29.7	17002	504959.4	0.155	876.81	2098.84	26041.23
6	25.5	17002	433551.0	0.133	752.82	2975.65	19196.80
5	21.3	17129	364847.7	0.112	633.52	3728.46	13493.97
4	17.1	17308	295966.8	0.091	513.92	4361.98	8787.95
3	12.9	17308	223273.2	0.068	387.69	4875.90	5001.21
2	8.7	17308	150579.6	0.046	261.47	5263.59	2274.75
1	4.5	17640	79380	0.024	137.84	5525.05	620.26
			3261291.4			5662.89	151568.00

为使计算方便,可以把各层质点水平地震的作用力 F_i 按底部总弯矩、总剪力相等原则等效折算为倒三角形分布荷载 q_0 和顶点集中荷载 F,其计算公式为:

$$M_0 = \frac{q_0H^2}{3} + FH = 182035.32\text{kN·m}$$

$$V_0 = \frac{q_0H}{2} + F = 6471.58\text{kN}$$

其中 M_0、V_0 为折算前主体结构的水平地震作用产生的底部总弯矩和底部总剪力,则可求得:$q_0 = 266.73\text{kN/m}$, $F = 1390.36\text{kN}$。

框架剪力墙的水平地震作用可简化为倒三角形分布荷载和顶点集中荷载。

由倒三角荷载引起的底部剪力和弯矩为:$V_0^1 = \frac{q_0H}{2}, M_0^1 = \frac{1}{3}q_0H^2$。

由顶点集中力引起的为:$V_0^2 = F, M_0^2 = FH$。

4.4.4.3　横向水平地震作用下的结构内力

总剪力墙在不同形式荷载作用下的计算公式:

倒三角形分布荷载作用下:

$$M_w(\xi) = \frac{qH^2}{\lambda^2}\left[\left(1 + \frac{\lambda sh\lambda}{2} - \frac{sh\lambda}{\lambda}\right)\frac{ch\lambda\xi}{ch\lambda} - \left(\frac{\lambda}{2} - \frac{1}{\lambda}\right)sh\lambda - \xi\right]$$

$$V_w(\xi) = -\frac{qH}{\lambda^2}\left[\left(1 + \frac{\lambda sh\lambda}{2} - \frac{sh\lambda}{\lambda}\right)\frac{\lambda sh\lambda\xi}{ch\lambda} - \left(\frac{\lambda}{2} - \frac{1}{\lambda}\right)\lambda ch\lambda\xi - 1\right]$$

顶点集中力作用下:

总剪力墙总弯矩 $M_w(\xi)$:

$$M_w(\xi) = PH\left(\frac{sh\lambda}{\lambda ch\lambda}ch\lambda\xi - \frac{1}{\lambda}sh\lambda\xi\right)$$

总剪力墙的总剪力 $V_w(\xi)$:

$$V_w(\xi) = V'_w(\xi) + m(\xi)$$

$$V'_w(\xi) = P\left(ch\lambda\xi - \frac{sh\lambda}{ch\lambda}sh\lambda\xi\right)$$

式中，$m(\xi)$ 为总连梁的分布约束弯矩的代数和。

而根据力平衡原理，结构的总剪力 $V_P(\xi)$ 为总框架的总剪力 $V_f(\xi)$ 与总剪力墙的总剪力 $V_w(\xi)$ 之和，因此可得出总框架的总剪力：

$$V_P(\xi)=V_w(\xi)+V_f(\xi)=V'_w(\xi)+m(\xi)+V_f(\xi)=V'_w(\xi)+V'_f(\xi)$$
$$V'_f(\xi)=V_P(\xi)-V'_w(\xi)$$

其中 $V'_f(\xi)=m(\xi)+V_f(\xi)$ 为总框架的广义剪力，由此可以得出总框架的总剪力、总连梁的分布约束弯矩以及总剪力墙的总剪力：

$$V_f(\xi)=\frac{C_f}{C_f+C_b}V'_f(\xi)=\frac{C_f}{C_f+C_b}[V_P(\xi)-V'_w(\xi)]$$

$$m(\xi)=\frac{C_b}{C_f+C_b}V'_f(\xi)=\frac{C_f}{C_f+C_b}[V_P(\xi)-V'_w(\xi)]$$

由此所得的总体结构的地震作用情形如表 4-33～表 4-35 所示：

表 4-33　横向水平地震作用下总剪力墙弯矩

层号	H/m	ξ	$M_{w1}(\xi)$（顶点集中力）/kN·m	$M_{w2}(\xi)$（倒三角）/kN·m	$M_w(\xi)=M_{w1}(\xi)+M_{w2}(\xi)$/kN·m
9	38.10	1.00	0.00	0.00	0.00
8	33.90	0.89	1634.73	−4751.38	−3116.65
7	29.70	0.78	3345.30	−5521.44	−2176.14
6	25.50	0.67	5211.03	−2866.45	2344.58
5	21.30	0.56	7318.49	2816.16	10134.65
4	17.10	0.45	9765.42	11269.43	21034.85
3	12.90	0.34	12665.33	22364.89	35030.22
2	8.70	0.23	16152.75	36096.66	52249.41
1	4.50	0.12	20389.43	52581.15	72970.58
0	0.00	0.00	25983.99	73577.84	99561.83

表 4-34　横向水平地震作用下总剪力墙名义总剪力

层号	H/m	ξ	$V'_{w1}(\xi)$（顶点集中力）/kN	$V'_{w2}(\xi)$（倒三角）/kN	$V'_w(\xi)=V'_{w1}(\xi)+V'_{w2}(\xi)$/kN
9	38.10	1.00	386.24	−1660.03	−1273.79
8	33.90	0.89	395.19	−631.81	−236.62
7	29.70	0.78	422.49	243.15	665.64
6	25.50	0.67	469.37	1005.44	1474.81
5	21.30	0.56	538.04	1690.43	2228.47
4	17.10	0.45	631.66	2329.88	2961.54
3	12.90	0.34	754.57	2953.45	3708.02
2	8.70	0.23	912.49	3590.09	4502.58
1	4.50	0.12	1112.74	4269.31	5382.05
0	0.00	0.00	1384.86	5080.16	6465.02

表 4-35　横向水平地震作用下各结构部分内力

层号	标高/m	$\xi=\dfrac{Z}{H}$	$V_P(\xi)$/kN	$V'_w(\xi)$/kN	$\overline{V_f}=V_P(\xi)-V'_w(\xi)$/kN	$m(\xi)$/kN	$V_f(\xi)$（调整后）/kN	$V_w(\xi)=V'_w(\xi)+m(\xi)$/kN
9	38.10	1.00	1390.36	−1273.79	2664.15	1118.94	1545.21	−154.85
8	33.90	0.89	2457.41	−236.62	2694.03	1131.49	1562.54	894.87
7	29.70	0.78	3372.03	665.64	2706.39	1136.68	1569.71	1802.32
6	25.50	0.67	4185.03	1474.81	2710.22	1138.29	1571.93	2613.10
5	21.30	0.56	4896.39	2228.47	2667.92	1120.53	1547.39	3349.00

续表

层号	标高 /m	$\xi=\dfrac{Z}{H}$	$V_P(\xi)$ /kN	$V'_w(\xi)$ /kN	$\overline{V}_f=V_P(\xi)-V'_w(\xi)$ /kN	$m(\xi)$ /kN	$V_f(\xi)$（调整后） /kN	$V_w(\xi)=V'_w(\xi)+$ $m(\xi)$ /kN
4	17.10	0.45	5455.33	2961.54	2493.79	1047.39	1446.40	4008.93
3	12.90	0.34	5861.82	3708.02	2153.80	904.60	1249.20 1294.32	4612.62
2	8.70	0.23	6217.51	4502.58	1714.93	720.27	994.66 1294.32	5222.85
1	4.50	0.12	6420.76	5382.05	1038.71	436.26	602.45 1294.32	5818.31
0	0.00	0.00	6465.02	6465.02	0.00	0.00	0.00 1294.32	6465.02

水平地震作用时，需要对框架剪力墙结构所求出的总框架总剪力 $V_f(\xi)$ 进行调整：

若计算得出的 $V_f(\xi) \geqslant 0.2V_0$，则 $V_f(\xi)$ 可采用；

若计算得出的 $V_f(\xi) < 0.2V_0$，则应采用 $1.5V_{fmax}$ 与 $0.2V_0$ 中的小值进行后续计算，V_0 为结构底部总剪力；

风荷载作用下 $V_f(\xi)$ 无需调整。

同时从表格中得出底部倾覆力矩中剪力墙比例为 55%，满足框架剪力墙要求，同时倒三角形荷载作用下所占比例为 72%，计算反弯点时应按倒三角形荷载作用计算。

4.4.4.4 剪重比验算及层间位移验算

剪重比验算公式如下式所示：

$$V_{Eki} > \lambda \sum G_i$$

根据抗震规范剪重比限值 λ 取为 0.016；而对于钢筋混凝土框架剪力墙结构，层间位移限值为 $\dfrac{1}{800}$。验算过程如表 4-36 所示。

表 4-36　横向地震作用剪重比与层间位移验算

层号	G_i/kN	F_i/kN	V_i/kN	y_1/mm	y_2/mm	Δy_i/mm	刚重比	剪重比
9	14758	1049.850	1182.680	0.001	0.036	0.000	242.734	0.080
8	17002	1057.120	2239.800	0.003	0.035	0.001	112.792	0.071
7	17002	895.440	3135.240	0.004	0.032	0.001	73.464	0.064
6	17002	730.170	3865.410	0.005	0.028	0.001	54.472	0.059
5	17129	578.160	4443.570	0.004	0.024	0.001	51.874	0.054
4	17308	411.450	4855.020	0.005	0.019	0.001	42.914	0.048
3	17308	265.330	5120.350	0.005	0.015	0.001	36.593	0.044
2	17308	141.220	5261.570	0.005	0.010	0.001	31.895	0.039
1	17640	50.180	5311.750	0.005	0.005	0.001	34.666	0.035

由表 4-36 可知均满足层间位移要求与剪重比要求。

4.4.5　风荷载计算

根据荷载规范，垂直作用在建筑表面单位面积上的风荷载标准值 ω_k 按下式确定：

$$\omega_k = \beta_z \mu_s \mu_z \omega_0$$

由荷载规范可知，本建筑物所在地区的 50 年重现期的风压值 $\omega_0 = 0.5\text{kN/m}^2$；同时根据规范查得 $\mu_s = 1.4$；本工程所在地的地面粗糙度为 B 类，风压高度变化系数 μ_z 根据荷载规范表 8.2.1 取；建筑高度＞30m 且高宽比＞1.5，需要考虑风压脉动对顺风向风振的影响，按下式计算：

$$\beta_z = 1 + 2gI_{10}B_z\sqrt{1+R^2}$$

其中，峰值因子 $g=2.5$，名义湍流强度 $I_{10}=0.14$，脉动风荷载的共振分量因子 R 按下式计算：

$$R = \sqrt{\pi x_1^2 \ / \ 6\xi_1(1+x_1^2)^{4/3}}$$

$$x_1 = \frac{30f_1}{\sqrt{k_w\omega_0}}(x_1>5)$$

对于钢筋混凝土结构来说，结构阻尼比 $\xi_1=0.05$；$f_1=1.35$；对于 B 类场地，地面粗糙修正系数 $k_w=1.0$，可得出 $R=0.839$。

脉动风荷载的背景分量因子按下式计算：

$$B_z = kH^{a_1}\rho_x\rho_y\phi_1(z)/\mu_z$$

$$\rho_x = \frac{10\sqrt{B+50e^{-B/50}}}{B}, \quad \rho_y = \frac{10\sqrt{H+50e^{-H/60}}}{H}$$

由于结构外形、质量沿高度分布较为均匀，取 $\phi_1(z)=\dfrac{z_i}{H}$；同时，根据荷载规范，$k=0.670$，$a_1=0.187$。

各值计算结果以及各层风荷载作用值见表 4-37、表 4-38。

表 4-37　横向风荷载作用标准值计算

层号	高度/m	ω_0/(kN/m²)	μ_s	μ_z	$\phi_1(z)$	β_z	ω_k/(kN/m)
9	38.1	0.5	1.4	1.495	1	1.452	1.519
8	33.9	0.5	1.4	1.441	0.848	1.397	1.409
7	29.7	0.5	1.4	1.385	0.726	1.354	1.313
6	25.5	0.5	1.4	1.318	0.602	1.308	1.207
5	21.3	0.5	1.4	1.251	0.421	1.227	1.074
4	17.1	0.5	1.4	1.172	0.324	1.186	0.973
3	12.9	0.5	1.4	1.075	0.209	1.131	0.851
2	8.7	0.5	1.4	1	0.105	1.070	0.749
1	4.5	0.5	1.4	0.9	0.031	1.023	0.644

表 4-38　各层风荷载作用值

层号	层高/m	高度/m	ω_k/(kN/m)	宽度/m	F_i/kN	V_i/kN	F_iH_i/kN·m
机房层	3.2	41.3	1.447	14.4	33.339	0	1376.913
9	4.2	38.1	1.519	57.6	323.878	33.339	12339.769
8	4.2	33.9	1.409	57.6	341.100	357.217	11563.317
7	4.2	29.7	1.313	57.6	317.651	698.318	9434.246
6	4.2	25.5	1.207	57.6	292.110	1015.969	7448.811
5	4.2	21.3	1.074	57.6	260.043	1308.080	5538.936
4	4.2	17.1	0.973	57.6	235.561	1568.124	4028.102
3	4.2	12.9	0.851	57.6	205.970	1803.685	2657.018
2	4.2	8.7	0.749	57.6	181.364	2009.656	1577.867
1	4.5	4.5	0.644	57.6	161.528	2191.020	726.877
0						2352.548	55314.947

　　将横向水平风荷载折算为三种不同形式的荷载以方便计算，分别为顶点集中力、均布荷载以及倒三角形荷载。在本工程中，将机房层所受集中力传至主体结构顶部作为顶点集中力 F，同时取一层底部风荷载标准值作为均布荷载 q，再根据底部总弯矩不变原则求出倒三角形荷载最大集度 q_0。代入数据可得，$F = 33.34\text{kN}$，$q = 37.13\text{kN/m}$，$q_0 = 58.62\text{kN/m}$。

　　均布荷载作用下时，剪力墙内力计算方式如下式：

$$M_w(\xi) = \frac{qH^2}{\lambda^2}\left[\left(\frac{1+\lambda sh\lambda}{ch\lambda}\right)ch\lambda\xi - \lambda sh\lambda\xi - 1\right]$$

$$V_w(\xi) = \frac{qH}{\lambda}\left[\lambda ch\lambda\xi - \left(\frac{1+\lambda sh\lambda}{ch\lambda}\right)sh\lambda\xi\right]$$

求得计算结果见表 4-39～表 4-41。

表 4-39　横向风荷载作用下总剪力墙总弯矩计算

层号	高度/m	ξ	顶点集中力 $M_{w1}(\xi)$ /kN·m	均布荷载 $M_{w2}(\xi)$ /kN·m	倒三角形荷载 $M_{w3}(\xi)$ /kN·m	$M_w(\xi)$ /kN·m
9	38.1	1.000	0.000	0.000	0.000	0.000
8	33.9	0.890	40.880	−936.036	−1026.350	−1921.505
7	29.7	0.780	83.579	−1256.273	−1174.923	−2347.616
6	25.5	0.669	129.998	−974.961	−566.739	−1411.702
5	21.3	0.559	182.200	−79.581	710.853	813.472
4	17.1	0.449	242.510	1469.706	2600.293	4312.508
3	12.9	0.339	313.610	3741.837	5071.243	9126.690
2	8.7	0.228	398.665	6837.914	8119.241	15355.819
1	4.5	0.118	501.458	10895.697	11765.502	23162.657
0	0	0.000	636.495	16516.648	16391.016	33544.159

表 4-40　横向风荷载作用下总剪力墙名义总剪力计算

层号	高度/m	ξ	顶点集中力 $V_{w1}(\xi)$/kN	均布荷载 $V_{w2}(\xi)$/kN	倒三角形荷载 $V_{w3}(\xi)$/kN	$V'_w(\xi)$/kN
9	38.1	1.000	9.662	−298.920	−360.718	−649.977
8	33.9	0.890	9.877	−148.457	−134.344	−272.924
7	29.7	0.780	10.531	−4.600	58.813	64.745
6	25.5	0.669	11.654	139.053	227.347	378.054
5	21.3	0.559	13.296	288.892	378.756	680.945
4	17.1	0.449	15.529	451.587	519.756	986.894
3	12.9	0.339	18.453	634.375	656.688	1309.516
2	8.7	0.228	22.199	845.390	795.578	1663.166
1	4.5	0.118	26.932	1094.021	942.627	2063.580
0	0	0.000	33.339	1414.765	1116.680	2564.784

表 4-41　横向风荷载作用下各结构部分内力计算

层号	高度	ξ	$V_P(\xi)$	$V'_w(\xi)$	$V'_f(\xi)$	$m(\xi)$	$V_f(\xi)$	$V_w(\xi)$
9	38.1	1.000	33.339	−649.977	683.316	335.679	347.637	−314.298
8	33.9	0.890	357.218	−272.924	630.142	309.557	320.585	36.633
7	29.7	0.780	698.319	64.745	633.574	311.243	322.331	375.988
6	25.5	0.669	1015.970	378.054	637.916	313.376	324.540	691.430
5	21.3	0.559	1308.080	680.945	627.136	308.080	319.055	989.025
4	17.1	0.449	1568.124	986.894	581.230	285.529	295.701	1272.423
3	12.9	0.339	1803.686	1309.516	494.170	242.761	251.409	1552.277
2	8.7	0.228	2009.656	1663.166	346.490	170.213	176.277	1833.379
1	4.5	0.118	2191.020	2063.580	127.441	62.605	64.835	2126.185

4.5 内力计算

在本工程设计中选取了⑥号轴线的一榀框架作为结构单元，进行内力的求解。

4.5.1 竖向荷载作用下内力的计算

恒荷载的大小和其作用在结构上的位置保持不变，而活荷载具有不确定性，其可以单独地作用在结构的某一层（几层）或某一跨（几跨）上，对结构的内力计算有比较明显的影响，故需要考虑活荷载的最不利布置，得到某一控制截面不同种类（M、N、V）的最不利内力组合的情况。

活载最不利布置的一般方法有：①分跨计算组合法、②最不利荷载位置法、③分层组合法、④满布荷载法。本工程设计选用满布荷载法来确定最不利的内力组合。当活载作用下产生的内力远小于恒载、水平荷载所产生的内力时，可以不考虑活荷载的最不利布置，把活荷载满布在所有的梁上，求得的在支座处的内力与根据最不利荷载位置法所得的内力近似，可用于内力组合。若所得的梁跨中弯矩与最不利荷载位置法的结果要相比较小，应对梁跨中弯矩适当放大，考虑乘以 1.1～1.2 的放大系数。

分层组合法得到的框架节点处的弯矩通常情况下不平衡，常对节点特别是边缘节点的不平衡弯矩进行弯矩二次分配。在竖向荷载作用下结构的内力计算一般采用弯矩二次分配法。

4.5.1.1 梁端弯矩的计算

（1）梁固端弯矩

单跨超静定梁的杆端内力按如下公式进行计算：

$$M_{AB} = -\frac{1}{12}ql^2$$

$$M_{BA} = \frac{1}{12}ql^2$$

（2）梁端弯矩

选用弯矩二次分配法进行计算。

首先计算得出各个节点的分配系数：根据梁的线刚度 i，固接节点的转动刚度 S_A 计算如下式：

$$S_A = 4i$$

分配系数计算如下：

$$\mu_{Aj} = \frac{S_{Aj}}{\sum S_{Aj}}$$

4.5.1.2 梁柱的剪力计算

（1）梁的剪力计算

根据力矩平衡条件求出杆件剪力，计算简图如图 4-12 所示。

$$\sum M_A = 0 \Rightarrow M_A + M_B + 0.5ql^2 + V_B l = 0 \Rightarrow V_B = -\frac{M_A + M_B}{l} - 0.5ql$$

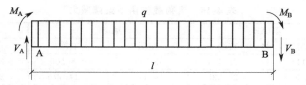

图 4-12 杆件剪力计算简图

$$\sum M_B = 0 \Rightarrow M_A + M_B - 0.5ql^2 + V_A l = 0 \Rightarrow V_A = -\frac{M_A + M_B}{l} + 0.5ql$$

综上，求得各种荷载作用下各层梁端弯矩和剪力如表 4-42～表 4-47 所示。

表 4-42 恒荷载作用下梁端弯矩   单位：kN·m

层号	梁 AB		梁 BC		梁 CD	
	左端	右端	左端	右端	左端	右端
9	−65.216	82.701	−25.261	25.261	−82.701	65.290
8	−83.613	93.806	−20.674	20.703	−93.922	83.313
7	−81.924	93.003	−21.066	21.095	−93.119	81.676
6	−81.924	92.894	−21.119	21.148	−93.010	81.676
5	−79.765	101.300	−18.799	18.820	−101.434	79.517
4	−79.765	101.223	−18.836	18.857	−101.357	79.517
3	−79.765	101.223	−18.836	18.857	−101.357	79.517
2	−79.845	101.251	−18.823	18.843	−101.385	79.598
1	−75.339	99.976	−19.535	19.556	−100.112	75.032

表 4-43 恒荷载作用下梁端剪力   单位：kN

层号	梁 AB		梁 BC		梁 CD	
	左端	右端	左端	右端	左端	右端
9	80.311	−75.454	26.428	−26.428	75.464	−80.301
8	81.850	−79.019	27.327	−27.310	78.961	−81.908
7	81.974	−78.896	27.327	−27.310	78.845	−82.024
6	81.958	−78.911	27.327	−27.310	78.861	−82.009
5	83.426	−77.444	27.324	−27.313	77.391	−83.479
4	83.415	−77.454	27.324	−27.313	77.401	−83.468
3	83.415	−77.454	27.324	−27.313	77.401	−83.468
2	83.408	−77.462	27.324	−27.313	77.409	−83.461
1	83.857	−77.013	27.325	−27.313	76.952	−83.918

表 4-44 活荷载作用下梁端弯矩   单位：kN·m

层号	梁 AB		梁 BC		梁 CD	
	左端	右端	左端	右端	左端	右端
9	−18.665	25.477	−7.546	7.546	−25.477	18.665
8	−28.954	32.719	−9.331	9.331	−32.719	28.954
7	−28.730	32.780	−9.301	9.301	−32.780	28.730
6	−28.730	32.882	−9.251	9.251	−32.882	28.730
5	−27.964	35.840	−8.440	8.440	−35.840	27.964
4	−27.964	35.912	−8.405	8.405	−35.912	27.964
3	−27.964	35.912	−8.405	8.405	−35.912	27.964
2	−27.997	35.927	−8.398	8.398	−35.927	27.997
1	−26.135	35.232	−8.769	8.769	−35.232	26.135

表 4-45　活荷载作用下梁端剪力　　　　　　　　　　　单位：kN

层号	梁 AB		梁 BC		梁 CD	
	左端	右端	左端	右端	左端	右端
9	24.033	−22.141	8.100	−8.100	22.141	−24.033
8	29.380	−28.335	14.175	−14.175	28.335	−29.380
7	29.420	−28.295	14.175	−14.175	28.295	−29.420
6	29.434	−28.281	14.175	−14.175	28.281	−29.434
5	29.952	−27.764	14.175	−14.175	27.764	−29.952
4	29.961	−27.754	14.175	−14.175	27.754	−29.961
3	29.961	−27.754	14.175	−14.175	27.754	−29.961
2	29.959	−27.756	14.175	−14.175	27.756	−29.959
1	30.121	−27.594	14.175	−14.175	27.594	−30.121

表 4-46　雪荷载作用下梁端弯矩　　　　　　　　　　　单位：kN·m

层号	梁 AB		梁 BC		梁 CD	
	左端	右端	左端	右端	左端	右端
9	−2.450	3.660	−1.212	1.212	−3.660	2.450
8	−0.280	0.113	0.055	−0.055	−0.113	0.280
7	0	0	0	0	0	0
6	0	0	0	0	0	0
5	0	0	0	0	0	0
4	0	0	0	0	0	0
3	0	0	0	0	0	0
2	0	0	0	0	0	0
1	0	0	0	0	0	0

表 4-47　雪荷载作用下梁端剪力　　　　　　　　　　　单位：kN

层号	梁 AB		梁 BC		梁 CD	
	左端	右端	左端	右端	左端	右端
9	3.631	−3.295	1.215	−1.215	3.295	−3.631
8	−0.023	−0.023	0	0	0.023	0.023
7	0	0	0	0	0	0
6	0	0	0	0	0	0
5	0	0	0	0	0	0
4	0	0	0	0	0	0
3	0	0	0	0	0	0
2	0	0	0	0	0	0
1	0	0	0	0	0	0

(2) 柱的剪力

柱计算简图如图 4-13 所示。

按如下公式计算：

$$\sum M_C = 0 \Rightarrow M_C + M_D + V_D h = 0 \Rightarrow V_D = -\frac{M_C + M_D}{h}$$

$$\sum M_D = 0 \Rightarrow M_C + M_D + V_C h = 0 \Rightarrow V_C = -\frac{M_C + M_D}{h}$$

计算结果如表 4-48～表 4-53 所示。

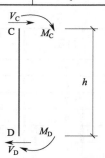

图 4-13　柱剪力
计算简图

表 4-48　恒荷载作用下柱端弯矩　　　　单位：kN・m

层号	柱 A		柱 B		柱 C		柱 D	
	上端	下端	上端	下端	上端	下端	上端	下端
9		37.883		−27.014		27.014		−37.957
8	28.570	24.437	−19.422	−17.065	19.465	17.109	−28.787	−24.781
7	25.658	25.658	−17.646	−17.646	17.690	17.690	−25.965	−25.965
6	25.658	25.658	−17.725	−17.406	17.768	17.449	−25.965	−25.965
5	24.579	24.579	−17.016	−16.697	17.073	16.753	−24.886	−24.886
4	24.579	24.579	−16.799	−16.799	16.856	16.856	−24.886	−24.886
3	24.579	24.579	−16.799	−16.799	16.856	16.856	−24.886	−24.886
2	24.521	24.718	−16.762	−16.879	16.818	16.936	−24.827	−25.026
1	27.843	16.888	−18.836	−12.817	18.895	12.872	−28.192	−17.095

表 4-49　恒荷载作用下柱端剪力　　　　单位：kN

层号	柱 A		柱 B		柱 C		柱 D	
	上端	下端	上端	下端	上端	下端	上端	下端
9	−9.020	−9.020	6.432	6.432	−6.432	−6.432	9.037	9.037
8	−12.621	−12.621	8.687	8.687	−8.708	−8.708	12.754	12.754
7	−12.218	−12.218	8.403	8.403	−8.424	−8.424	12.364	12.364
6	−12.218	−12.218	8.364	8.364	−8.385	−8.385	12.364	12.364
5	−11.704	−11.704	8.027	8.027	−8.054	−8.054	11.850	11.850
4	−11.704	−11.704	8.000	8.000	−8.027	−8.027	11.850	11.850
3	−11.704	−11.704	8.000	8.000	−8.027	−8.027	11.850	11.850
2	−11.723	−11.723	8.010	8.010	−8.037	−8.037	11.870	11.870
1	−9.940	−9.940	7.034	7.034	−7.059	−7.059	10.064	10.064

表 4-50　活荷载作用下柱端弯矩　　　　单位：kN・m

层号	柱 A		柱 B		柱 C		柱 D	
	上端	下端	上端	下端	上端	下端	上端	下端
9		12.772		−8.574		8.574		−12.772
8	11.068	10.520	−7.617	−7.798	7.617	7.798	−11.068	−10.520
7	10.682	10.682	−7.753	−7.753	7.753	7.753	−10.682	−10.682
6	10.682	10.682	−7.679	−7.979	7.679	7.979	−10.682	−10.682
5	10.299	10.299	−8.234	−8.534	8.234	8.534	−10.299	−10.299
4	10.299	10.299	−8.438	−8.438	8.438	8.438	−10.299	−10.299
3	10.299	10.299	−8.438	−8.438	8.438	8.438	−10.299	−10.299
2	10.275	10.356	−8.418	−8.480	8.418	8.480	−10.275	−10.356
1	11.655	7.114	−9.501	−6.331	9.501	6.331	−11.655	−7.114

表 4-51　活荷载作用下柱端剪力　　　　单位：kN

层号	柱 A		柱 B		柱 C		柱 D	
	上端	下端	上端	下端	上端	下端	上端	下端
9	−3.041	−3.041	2.041	2.041	−2.041	−2.041	3.041	3.041
8	−5.140	−5.140	3.670	3.670	−3.670	−3.670	5.140	5.140
7	−5.087	−5.087	3.692	3.692	−3.692	−3.692	5.087	5.087
6	−5.087	−5.087	3.728	3.728	−3.728	−3.728	5.087	5.087
5	−4.904	−4.904	3.993	3.993	−3.993	−3.993	4.904	4.904
4	−4.904	−4.904	4.018	4.018	−4.018	−4.018	4.904	4.904
3	−4.904	−4.904	4.018	4.018	−4.018	−4.018	4.904	4.904
2	−4.912	−4.912	4.023	4.023	−4.023	−4.023	4.912	4.912
1	−4.171	−4.171	3.518	3.518	−3.518	−3.518	4.171	4.171

表 4-52 雪荷载作用下梁端弯矩 单位：kN·m

层号	柱 A		柱 B		柱 C		柱 D	
	上端	下端	上端	下端	上端	下端	上端	下端
9	0.000	2.450	0.000	−2.448	0.000	2.448	0.000	−2.450
8	0.484	−0.203	−0.249	0.082	0.249	−0.082	−0.484	0.203
7	0	0	0	0	0	0	0	0
6	0	0	0	0	0	0	0	0
5	0	0	0	0	0	0	0	0
4	0	0	0	0	0	0	0	0
3	0	0	0	0	0	0	0	0
2	0	0	0	0	0	0	0	0
1	0	0	0	0	0	0	0	0

表 4-53 雪荷载作用下梁端剪力 单位：kN

层号	柱 A		柱 B		柱 C		柱 D	
	上端	下端	上端	下端	上端	下端	上端	下端
9	−0.583	−0.583	0.583	0.583	−0.583	−0.583	0.583	0.583
8	−0.067	−0.067	0.040	0.040	−0.040	−0.040	0.067	0.067
7	0	0	0	0	0	0	0	0
6	0	0	0	0	0	0	0	0
5	0	0	0	0	0	0	0	0
4	0	0	0	0	0	0	0	0
3	0	0	0	0	0	0	0	0
2	0	0	0	0	0	0	0	0
1	0	0	0	0	0	0	0	0

4.5.1.3 柱轴力的计算

根据竖直方向作用力平衡的原理，求出柱的轴力，可按如下公式计算。

$$\sum F_y = 0 \Rightarrow N_t = N_b' + P - V_l + V_r$$

恒荷载作用下：

$$N_b = N_t + G$$

活荷载作用下：

$$N_b = N_t$$

计算结果如表 4-54～表 4-56 所示。

表 4-54 恒荷载作用下柱端轴力 单位：kN

层号	柱 A		柱 B		柱 C		柱 D	
	N_t	N_b	N_t	N_b	N_t	N_b	N_t	N_b
9	262.527	300.327	304.723	342.523	304.734	342.534	262.517	300.317
8	586.224	624.024	693.170	730.970	693.106	730.906	580.527	618.327
7	910.045	947.845	1081.494	1119.294	1081.363	1119.163	898.653	936.453
6	1233.850	1271.650	1469.833	1507.633	1469.635	1507.435	1216.764	1254.564
5	1559.123	1596.923	1856.340	1894.140	1856.078	1893.878	1536.345	1574.145
4	1884.385	1922.185	2242.858	2280.658	2242.531	2280.331	1855.915	1893.715
3	2209.647	2247.447	2629.376	2667.176	2628.985	2666.785	2175.485	2213.285
2	2534.902	2572.702	3015.901	3053.701	3015.445	3053.245	2495.048	2532.848
1	2860.606	2898.406	3401.977	3439.777	3401.449	3439.249	2815.068	2852.868

表 4-55　活荷载作用下柱端轴力　　　　　单位：kN

层号	柱 A		柱 B		柱 C		柱 D	
	N_t	N_b	N_t	N_b	N_t	N_b	N_t	N_b
9	63.318	63.318	92.611	92.611	92.611	92.611	63.318	63.318
8	141.804	141.804	188.277	188.277	188.277	188.277	141.804	141.804
7	220.330	220.330	283.903	283.903	283.903	283.903	220.330	220.330
6	298.871	298.871	379.515	379.515	379.515	379.515	298.871	298.871
5	377.928	377.928	474.609	474.609	474.609	474.609	377.928	377.928
4	456.996	456.996	569.694	569.694	569.694	569.694	456.996	456.996
3	536.063	536.063	664.779	664.779	664.779	664.779	536.063	536.063
2	615.128	615.128	759.866	759.866	759.866	759.866	615.128	615.128
1	694.355	694.355	854.791	854.791	854.791	854.791	694.355	694.355

表 4-56　雪荷载作用下柱端轴力　　　　　单位：kN

层号	柱 A		柱 B		柱 C		柱 D	
	N_t	N_b	N_t	N_b	N_t	N_b	N_t	N_b
9	9.524	9.524	13.866	13.866	13.866	13.866	9.524	9.524
8	9.501	9.501	13.889	13.889	13.889	13.889	9.501	9.501
7	9.501	9.501	13.889	13.889	13.889	13.889	9.501	9.501
6	9.501	9.501	13.889	13.889	13.889	13.889	9.501	9.501
5	9.501	9.501	13.889	13.889	13.889	13.889	9.501	9.501
4	9.501	9.501	13.889	13.889	13.889	13.889	9.501	9.501
3	9.501	9.501	13.889	13.889	13.889	13.889	9.501	9.501
2	9.501	9.501	13.889	13.889	13.889	13.889	9.501	9.501
1	9.501	9.501	13.889	13.889	13.889	13.889	9.501	9.501

4.5.2　水平荷载作用内力的计算

4.5.2.1　横向水平地震作用下各根柱、各连梁、各剪力墙的内力

（1）框架柱剪力

总框架的总剪力按各框架柱的 D 值分配，其剪力计算方式如下（V_f 经过调整后的）：

$$V_{cij} = \frac{D_i}{\sum D_i}(V_{f(j-1)} - V_{fj})/2$$

计算结果如表 4-57 所示。

表 4-57　横向水平地震作用下框架柱剪力

层号	D_i				V_{fj}/kN	V_{cij}/kN			
	A柱	B柱	C柱	D柱		A柱	B柱	C柱	D柱
9	23260	28833	28833	23260	1545.21	42.14	52.23	52.23	42.14
8	23260	28833	28833	23260	1562.54	42.61	52.82	52.82	42.61
7	23260	28833	28833	23260	1569.71	42.81	53.06	53.06	42.81
6	23260	28833	28833	23260	1571.93	42.87	53.14	53.14	42.87
5	23260	37643	37643	23260	1547.39	35.15	56.89	56.89	35.15
4	23260	37643	37643	23260	1446.40	32.86	53.18	53.18	32.86
3	23260	37643	37643	23260	1294.32	29.41	47.59	47.59	29.41
2	23260	37643	37643	23260	1294.32	29.41	47.59	47.59	29.41
1	23260	45226	45226	23260	1294.32	25.63	49.84	49.84	25.63

（2）各连梁弯矩

在刚接体系中，各连梁的各刚接端分布约束弯矩按下式计算：

$$m_i(\xi) = \frac{C_{bi}}{\sum C_{bk}} m(\xi)$$

式中　C_{bi}——总连梁的理想线约束刚度。

连梁第 i 刚接端的弯矩按下式计算：

$$M_{21} = m_i(\xi)\left(\frac{h_j + h_{j+1}}{2}\right)$$

以①轴线 BC 连梁为例，其计算结果如表 4-58 所示。

表 4-58　横向水平地震作用下连梁内力

层号	高度 /m	C_{bi}	$\sum C_{bk}$	$m(\xi)$	$m_i(\xi)$	M_{21} /kN·m	h_j /m
9	38.1	5.76	43.52	1118.94	148.095	310.999	4.2
8	33.9	5.76	43.52	1131.49	149.756	628.975	4.2
7	29.7	5.76	43.52	1136.68	150.443	631.861	4.2
6	25.5	5.76	43.52	1138.29	150.656	632.755	4.2
5	21.3	5.76	37	1121.53	174.439	732.644	4.2
4	17.1	5.76	37	1047.39	163.053	684.823	4.2
3	12.9	5.76	37	904.60	140.824	591.461	4.2
2	8.7	5.76	37	720.27	112.129	470.942	4.2
1	4.5	5.37	34.52	436.26	67.865	295.213	4.5

（3）各剪力墙内力

剪力墙内力应按等效抗弯刚度分配，计算公式如下。

第 i 层第 j 片剪力墙的弯矩 M_{wij} 按下式计算：

$$M_{wij} = \frac{EI_{eqi}}{\sum EI_{eqi}} M_{wi}$$

第 i 层第 j 片剪力墙的剪力 V_{wij} 按下式计算：

$$V_{wij} = \frac{EI_{eqi}}{\sum EI_{eqi}} V_{wi}$$

若与连梁直接相连，则需要考虑连梁的影响，则楼盖上、下方的剪力墙截面弯矩按下式计算：

$$M_{wij}^u = M_{wij} + M_{21,i}/2$$
$$M_{wij}^l = M_{wij} - M_{21,i}/2$$

以①轴线 AB 片墙为例，其计算结果如表 4-59 所示。

表 4-59　横向水平地震作用下剪力墙内力

层号	M_w /kN·m	V_w /kN	M_{wij} /kN·m	M_{21} /kN·m	M_{wij}^u /kN·m	M_{wij}^l /kN·m	V_{wij} /kN
9	0.00	−154.85	0.000	310.999	155.500	−155.500	−17.498
8	−3116.65	894.87	−352.181	628.975	−37.694	−666.669	101.120
7	−2176.14	1802.32	−245.904	631.861	70.027	−561.835	203.662
6	2344.58	2613.10	264.938	632.755	581.316	−51.440	295.269
5	10134.65	3349.00	1145.215	732.644	1511.537	778.893	378.437

层号	M_w /kN·m	V_w /kN	M_{wij} /kN·m	M_{21} /kN·m	M_{wij}^u /kN·m	M_{wij}^l /kN·m	V_{wij} /kN
4	21034.85	4008.93	2376.938	684.823	2719.350	2034.527	453.009
3	35030.22	4612.62	3923.385	591.461	4219.116	3627.655	521.226
2	52249.41	5222.85	5904.183	470.942	6139.654	5668.712	590.182
1	72970.58	5818.31	8245.676	295.213	8393.283	8098.070	657.469

4.5.2.2　风荷载作用下框架柱、连梁、剪力墙内力

(1) 框架柱剪力

计算方法同横向水平地震下的内力计算，结果如表4-60所示。

表4-60　风荷载作用下框架柱内力

层号	ΣD_i	D_i				V_{fj} /kN	V_{cj}/kN			
		A柱	B柱	C柱	D柱		A柱	B柱	C柱	D柱
9	852940	23260	28833	28833	23260	347.64	9.48	11.75	11.75	9.48
8	852940	23260	28833	28833	23260	320.58	8.74	10.84	10.84	8.74
7	852940	23260	28833	28833	23260	322.33	8.79	10.90	10.90	8.79
6	852940	23260	28833	28833	23260	324.54	8.85	10.97	10.97	8.85
5	1023830	23260	37643	37643	23260	319.06	7.25	11.73	11.73	7.25
4	1023830	23260	37643	37643	23260	295.70	6.72	10.87	10.87	6.72
3	1023830	23260	37643	37643	23260	251.41	5.71	9.24	9.24	5.71
2	1023830	23260	37643	37643	23260	176.28	4.00	6.48	6.48	4.00
1	1174504	26300	45226	45226	26300	64.84	1.45	2.50	2.50	1.45

(2) 各连梁弯矩

计算方法同横向水平地震下的内力计算，结果如表4-61所示。

表4-61　风荷载作用下连梁内力

层号	高度 /m	C_{bi}	ΣC_{bk}	$m(\xi)$	$m_i(\xi)$	M_{21} /kN·m	h_j /m
9	38.1	5.76	43.52	335.68	44.428	93.298	4.2
8	33.9	5.76	43.52	309.56	40.970	172.077	4.2
7	29.7	5.76	43.52	311.24	41.193	173.014	4.2
6	25.5	5.76	43.52	313.38	41.476	174.200	4.2
5	21.3	5.76	37	308.08	47.960	201.434	4.2
4	17.1	5.76	37	285.53	44.449	186.689	4.2
3	12.9	5.76	37	242.76	37.791	158.726	4.2
2	8.7	5.76	37	170.21	26.4986	111.2918	4.2
1	4.5	5.37	34.52	62.61	9.738	42.3646	4.5

(3) 各剪力墙内力

计算方法同横向水平地震下的内力计算，结果如表4-62所示。

表4-62　风荷载作用下剪力墙内力

层号	M_w /kN·m	V_w /kN	M_{wij} /kN·m	M_{21} /kN·m	M_{wij}^u /kN·m	M_{wij}^l /kN·m	V_{wij} /kN
9	0.00	−314.30	0.00	93.30	46.65	46.65	−35.60
8	−1921.51	36.63	−217.62	172.08	−131.58	−303.66	4.15
7	−2347.62	375.99	−265.88	173.01	−179.37	−352.38	42.58

层号	M_w /kN·m	V_w /kN	M_{wij} /kN·m	M_{21} /kN·m	M_{wij}^u /kN·m	M_{wij}^l /kN·m	V_{wij} /kN
6	−1411.70	691.43	−159.88	174.20	−72.78	−246.98	78.31
5	813.47	989.02	92.13	201.43	192.85	−8.59	112.01
4	4312.51	1272.42	488.41	186.69	581.75	395.06	144.11
3	9126.69	1552.28	1033.63	158.73	1113.00	954.27	175.80
2	15355.82	1833.38	1739.11	111.29	1794.75	1683.46	207.64
1	23162.66	2126.18	2623.26	42.36	2644.45	2602.08	240.80

4.5.2.3 水平荷载下框架梁柱的内力

(1) 柱的反弯点高度比计算

各层框架柱的反弯点高度比按下式计算：

$$y = y_0 + y_1 + y_2 + y_3$$

式中 y_0——标准反弯点高度比；

y_1——上下层横梁线刚度比对 y_0 的修正值；

y_2 和 y_3——上下层高度变化对 y_0 的修正值。

根据梁柱线刚度比值、层数、计算层以及上下柱端梁线刚度比值、上下层高变化得出反弯点高度比。由之前的分析可得，在风荷载与地震荷载中，倒三角形荷载占主要部分，因此以此为依据进行查询，经过修正后，柱底到反弯点的高度 h_f 的结果如表 4-63~表 4-66 所示。

表 4-63　横向水平地震作用下⑥号轴线 A、D 柱反弯点计算

层号	H/m	K	y_0	y_1	y_2	y_3	y	h_f
9	4.200	1.383	0.419	0	0	0	0.419	1.760
8	4.200	1.383	0.450	0	0	0	0.450	1.890
7	4.200	1.383	0.469	0	0	0	0.469	1.970
6	4.200	1.383	0.500	0	0	0	0.500	2.100
5	4.200	1.383	0.500	0	0	0	0.500	2.100
4	4.200	1.383	0.500	0	0	0	0.500	2.100
3	4.200	1.383	0.500	0	0	0	0.500	2.100
2	4.200	1.383	0.500	0	0	0	0.500	2.100
1	4.500	1.482	0.626	0	0	0	0.626	2.817

表 4-64　横向水平地震作用下⑥号轴线 B、C 柱反弯点计算

层号	H/m	K	y_0	y_1	y_2	y_3	y	h_f
9	4.200	2.067	0.450	0	0	0	0.450	1.890
8	4.200	2.067	0.453	0	0	0	0.453	1.903
7	4.200	2.067	0.500	0	0	0	0.500	2.100
6	4.200	2.067	0.500	0	0	0	0.500	2.100
5	4.200	1.110	0.500	0	0	0	0.500	2.100
4	4.200	1.110	0.500	0	0	0	0.500	2.100
3	4.200	1.110	0.500	0	0	0	0.500	2.100
2	4.200	1.110	0.500	0	0	0	0.500	2.100
1	4.500	1.194	0.640	0	0	0	0.640	2.880

表 4-65　风荷载作用下⑥号轴线 A、D 柱反弯点计算

层号	H/m	K	y_0	y_1	y_2	y_3	y	h_f
9	4.200	1.383	0.419	0	0	0	0.419	1.760
8	4.200	1.383	0.450	0	0	0	0.450	1.890
7	4.200	1.383	0.469	0	0	0	0.469	1.970
6	4.200	1.383	0.500	0	0	0	0.500	2.100
5	4.200	1.383	0.500	0	0	0	0.500	2.100
4	4.200	1.383	0.500	0	0	0	0.500	2.100
3	4.200	1.383	0.500	0	0	0	0.500	2.100
2	4.200	1.383	0.500	0	0	0	0.500	2.100
1	4.500	1.482	0.626	0	0	0	0.626	2.817

表 4-66　风荷载作用下⑥号轴线 B、C 柱反弯点计算

层号	H/m	K	y_0	y_1	y_2	y_3	y	h_f
9	4.200	2.067	0.450	0	0	0	0.450	1.890
8	4.200	2.067	0.453	0	0	0	0.453	1.903
7	4.200	2.067	0.500	0	0	0	0.500	2.100
6	4.200	2.067	0.500	0	0	0	0.500	2.100
5	4.200	1.110	0.500	0	0	0	0.500	2.100
4	4.200	1.110	0.500	0	0	0	0.500	2.100
3	4.200	1.110	0.500	0	0	0	0.500	2.100
2	4.200	1.110	0.500	0	0	0	0.500	2.100
1	4.500	1.194	0.640	0	0	0	0.640	2.880

（2）梁柱端弯矩的计算

由各层剪力乘以反弯点高度 yH_i 或者 $(1-y)H_i$ 可得柱端弯矩，梁端弯矩可根据交汇于节点的杆端弯矩进行弯矩分配得到。计算结果如表 4-67～表 4-68 所示。

表 4-67　地震荷载作用下梁柱端弯矩

柱号	层号	V_{ci} /kN	H /m	y	M_{cu} /kN·m	M_{cd} /kN·m	M_{bl} /kN·m	M_{br} /kN·m
A	9	42.37	4.20	0.42	103.21	74.74		103.21
	8	42.71	4.20	0.45	98.66	80.72		173.40
	7	42.84	4.20	0.47	95.36	84.57		176.08
	6	42.53	4.20	0.50	89.31	89.31		173.88
	5	34.01	4.20	0.50	71.42	71.42		160.73
	4	31.13	4.20	0.50	65.37	65.37		136.79
	3	29.41	4.20	0.50	61.76	61.76		127.13
	2	29.41	4.20	0.50	61.76	61.76		123.52
	1	25.63	4.50	0.63	42.67	72.66		104.43
B	9	52.53	4.20	0.45	121.34	99.28	81.54	39.80
	8	52.94	4.20	0.45	122.29	100.06	148.90	72.67
	7	53.10	4.20	0.50	111.51	111.51	142.18	69.39
	6	52.72	4.20	0.50	110.51	110.51	149.33	72.89
	5	55.04	4.20	0.50	115.58	115.58	152.07	74.22
	4	50.38	4.20	0.50	105.80	105.80	148.77	72.61
	3	47.59	4.20	0.50	99.94	99.94	138.26	67.48
	2	47.59	4.20	0.50	99.94	99.94	134.32	65.56
	1	49.84	4.50	0.64	80.74	143.54	121.42	59.26

续表

柱号	层号	V_{ci} /kN	H /m	y	M_{cu} /kN·m	M_{cd} /kN·m	M_{bl} /kN·m	M_{br} /kN·m
C	9	52.53	4.20	0.45	121.34	99.28	39.80	81.54
	8	52.94	4.20	0.45	122.29	100.06	72.67	148.90
	7	53.10	4.20	0.50	111.51	111.51	69.39	142.18
	6	52.72	4.20	0.50	110.51	110.51	72.89	149.33
	5	55.04	4.20	0.50	115.58	115.58	74.22	152.07
	4	50.38	4.20	0.50	105.80	105.80	72.61	148.77
	3	47.59	4.20	0.50	99.94	99.94	67.48	138.26
	2	47.59	4.20	0.50	99.94	99.94	65.56	134.32
	1	49.84	4.50	0.64	80.74	143.54	59.26	121.42
D	9	42.37	4.20	0.42	103.21	74.74	103.21	
	8	42.71	4.20	0.45	98.66	80.72	173.40	
	7	42.84	4.20	0.47	95.36	84.57	176.08	
	6	42.53	4.20	0.50	89.31	89.31	173.88	
	5	34.01	4.20	0.50	71.42	71.42	160.73	
	4	31.13	4.20	0.50	65.37	65.37	136.79	
	3	29.41	4.20	0.50	61.76	61.76	127.13	
	2	29.41	4.20	0.50	61.76	61.76	123.52	
	1	25.63	4.50	0.63	42.67	72.66	104.43	

注：V_{ci} 为各楼层的剪力；M_{cu} 和 M_{cd} 分别为各层柱上下端弯矩；M_{bl} 和 M_{br} 分别为各层梁左右端弯矩。

表 4-68 风荷载作用下梁柱端弯矩

柱号	层号	V_{ci} /kN	H /m	y	M_{cu} /kN·m	M_{cd} /kN·m	M_{bl} /kN·m	M_{br} /kN·m
A	9	9.48	4.20	0.42	23.13	16.68		23.13
	8	8.74	4.20	0.45	20.20	16.52		36.88
	7	8.79	4.20	0.47	19.60	17.31		36.13
	6	8.85	4.20	0.50	18.59	18.59		35.90
	5	7.25	4.20	0.50	15.22	15.22		33.81
	4	6.72	4.20	0.50	14.11	14.11		29.33
	3	5.71	4.20	0.50	11.99	11.99		26.10
	2	4.00	4.20	0.50	8.41	8.41		20.40
	1	1.45	4.50	0.63	2.44	4.09		10.85
B	9	11.75	4.20	0.45	27.15	22.21	18.23	8.91
	8	10.84	4.20	0.45	24.90	20.62	31.68	15.42
	7	10.90	4.20	0.50	22.88	22.88	29.26	14.24
	6	10.97	4.20	0.50	23.04	23.04	30.89	15.04
	5	11.73	4.20	0.50	24.63	24.63	32.09	15.59
	4	10.87	4.20	0.50	22.83	22.83	31.91	15.56
	3	9.24	4.20	0.50	19.41	19.41	28.40	13.84
	2	6.48	4.20	0.50	13.61	13.61	22.20	10.82
	1	2.50	4.50	0.64	4.04	7.19	11.85	5.80
C	9	11.75	4.20	0.45	27.15	22.21	8.91	18.23
	8	10.84	4.20	0.45	24.90	20.62	15.42	31.68
	7	10.90	4.20	0.50	22.88	22.88	14.24	29.26
	6	10.97	4.20	0.50	23.04	23.04	15.04	30.89
	5	11.73	4.20	0.50	24.63	24.63	15.59	32.09
	4	10.87	4.20	0.50	22.83	22.83	15.56	31.91
	3	9.24	4.20	0.50	19.41	19.41	13.84	28.40
	2	6.48	4.20	0.50	13.61	13.61	10.82	22.20
	1	2.50	4.50	0.64	4.04	7.19	5.80	11.85

续表

柱号	层号	V_{ci}/kN	H/m	y	M_{cu}/kN·m	M_{cd}/kN·m	M_{bl}/kN·m	M_{br}/kN·m
D	9	9.48	4.20	0.42	23.13	16.68	23.13	
	8	8.74	4.20	0.45	20.20	16.52	36.88	
	7	8.79	4.20	0.47	19.60	17.31	36.13	
	6	8.85	4.20	0.50	18.59	18.59	35.90	
	5	7.25	4.20	0.50	15.22	15.22	33.81	
	4	6.72	4.20	0.50	14.11	14.11	29.33	
	3	5.71	4.20	0.50	11.99	11.99	26.10	
	2	4.00	4.20	0.50	8.41	8.41	20.40	
	1	1.45	4.50	0.63	2.44	4.09	10.85	

(3) 梁柱端剪力的计算及柱的轴力的计算

梁左端和右端的剪力 V_b^l 和 V_b^r 可根据梁端弯矩平衡条件按以下公式计算得出：

$$V_b^l = V_b^r = -\frac{M_{12}+M_{21}}{L}$$

柱轴力则由该层以上各层梁端剪力之和可得。计算结果如表 4-69~表 4-72 所示。

表 4-69　地震作用下梁端剪力

梁号	层号	计算长度 L/m	弯矩 M_{12}/kN·m	弯矩 M_{21}/kN·m	剪力 V_b/kN
AB	9	7.20	103.21	81.54	−25.66
	8	7.20	173.40	148.90	−44.76
	7	7.20	176.08	142.18	−44.20
	6	7.20	173.88	149.33	−44.89
	5	7.20	160.73	152.07	−43.44
	4	7.20	136.79	148.77	−39.66
	3	7.20	127.13	138.26	−36.86
	2	7.20	123.52	134.32	−35.81
	1	7.20	104.43	121.42	−31.37
BC	9	3.60	39.80	39.80	−22.11
	8	3.60	72.67	72.67	−40.37
	7	3.60	69.39	69.39	−38.55
	6	3.60	72.89	72.89	−40.49
	5	3.60	74.22	74.22	−40.34
	4	3.60	72.61	72.61	−37.49
	3	3.60	67.48	67.48	−37.49
	2	3.60	65.56	65.56	−36.42
	1	3.60	59.26	59.26	−32.92
CD	9	7.20	81.54	103.21	−25.66
	8	7.20	148.90	173.40	−44.76
	7	7.20	142.18	176.08	−44.20
	6	7.20	149.33	173.88	−44.89
	5	7.20	152.07	160.73	−43.44
	4	7.20	148.77	136.79	−39.66
	3	7.20	138.26	127.13	−36.86
	2	7.20	134.32	123.52	−35.81
	1	7.20	121.42	104.43	−31.37

表 4-70　地震作用下柱剪力及轴力计算

柱号	层号	M_{12} /kN·m	M_{21} /kN·m	H /m	V_c /kN	N /kN
A	9	103.21	74.74	4.20	−42.37	−25.66
	8	98.66	80.72	4.20	−42.71	−70.42
	7	95.36	84.57	4.20	−42.84	−114.62
	6	89.31	89.31	4.20	−42.53	−159.51
	5	71.42	71.42	4.20	−34.01	−202.95
	4	65.37	65.37	4.20	−31.13	−242.61
	3	61.76	61.76	4.20	−29.41	−279.47
	2	61.76	61.76	4.20	−29.41	−315.28
	1	42.67	72.66	4.50	−25.63	−346.65
B	9	121.34	99.28	4.20	−52.53	3.55
	8	122.29	100.06	4.20	−52.94	7.94
	7	111.51	111.51	4.20	−53.10	13.59
	6	110.51	110.51	4.20	−52.62	17.99
	5	115.58	115.58	4.20	−55.14	20.20
	4	105.80	105.80	4.20	−50.38	19.52
	3	99.94	99.94	4.20	−47.59	18.89
	2	99.94	99.94	4.20	−47.59	18.28
	1	80.74	143.54	4.50	−19.84	16.73
C	9	121.34	99.28	4.20	−52.53	−3.55
	8	122.29	100.06	4.20	−52.94	−7.94
	7	111.51	111.51	4.20	−53.10	−13.59
	6	110.51	110.51	4.20	−52.62	−17.99
	5	115.58	115.58	4.20	−55.14	−20.20
	4	105.80	105.80	4.20	−50.38	−19.52
	3	99.94	99.94	4.20	−47.59	−18.89
	2	99.94	99.94	4.20	−47.59	−18.28
	1	80.74	143.54	4.50	−19.84	−16.73
D	9	103.21	74.74	4.20	−42.37	25.66
	8	98.66	80.72	4.20	−42.71	70.42
	7	95.36	84.57	4.20	−42.84	114.62
	6	89.31	89.31	4.20	−42.53	159.51
	5	71.42	71.42	4.20	−34.01	202.95
	4	65.37	65.37	4.20	−31.13	242.61
	3	61.76	61.76	4.20	−29.41	279.47
	2	61.76	61.76	4.20	−29.41	315.28
	1	42.67	72.66	4.50	−25.63	346.65

表 4-71　风荷载作用下梁端剪力

梁号	层号	L /m	M_{12} /kN·m	M_{21} /kN·m	V_b /kN
AB	9	7.20	23.13	18.23	−5.75
	8	7.20	36.88	31.68	−9.52
	7	7.20	36.13	29.26	−9.08
	6	7.20	35.90	30.89	−9.28
	5	7.20	33.81	32.09	−9.15
	4	7.20	29.33	31.91	−8.51
	3	7.20	26.10	28.40	−7.57
	2	7.20	20.40	22.20	−5.92
	1	7.20	10.85	11.85	−3.15

梁号	层号	L /m	M_{12} /kN·m	M_{21} /kN·m	V_b /kN
BC	9	3.60	8.91	8.91	−4.95
	8	3.60	15.42	15.42	−8.57
	7	3.60	14.24	14.24	−7.91
	6	3.60	15.04	15.04	−8.35
	5	3.60	15.59	15.59	−8.66
	4	3.60	15.56	15.56	−8.64
	3	3.60	13.84	13.84	−7.69
	2	3.60	10.82	10.82	−6.01
	1	3.60	5.80	5.80	−3.22
CD	9	7.20	18.23	23.13	−5.75
	8	7.20	31.68	36.88	−9.52
	7	7.20	29.26	36.13	−9.08
	6	7.20	30.89	35.90	−9.28
	5	7.20	32.09	33.81	−9.15
	4	7.20	31.91	29.33	−8.51
	3	7.20	28.40	26.10	−7.57
	2	7.20	22.20	20.40	−5.92
	1	7.20	11.85	10.85	−3.15

表 4-72　风荷载作用下柱剪力及轴力计算

柱号	层号	M_{12} /kN·m	M_{21} /kN·m	H /m	V_c /kN	N /kN
A	9	23.13	16.68	4.20	−9.48	−5.75
	8	20.20	16.52	4.20	−8.74	−15.27
	7	19.60	17.31	4.20	−8.79	−24.35
	6	18.59	18.59	4.20	−8.85	−33.62
	5	15.22	15.22	4.20	−7.25	−42.78
	4	14.11	14.11	4.20	−6.72	−51.28
	3	11.99	11.99	4.20	−5.71	−58.85
	2	8.41	8.41	4.20	−4.00	−64.77
	1	2.44	4.09	4.50	−1.45	−67.92
B	9	27.15	22.21	4.20	−11.75	0.79
	8	24.90	20.62	4.20	−10.84	1.75
	7	22.88	22.88	4.20	−10.90	2.92
	6	23.04	23.04	4.20	−10.97	3.84
	5	24.63	24.63	4.20	−11.73	4.33
	4	22.83	22.83	4.20	−10.87	4.19
	3	19.41	19.41	4.20	−9.24	4.07
	2	13.61	13.61	4.20	−6.48	3.98
	1	4.04	7.19	4.50	−2.50	3.91
C	9	27.15	22.21	4.20	−11.75	−0.79
	8	24.90	20.62	4.20	−10.84	−1.75
	7	22.88	22.88	4.20	−10.90	−2.92
	6	23.04	23.04	4.20	−10.97	−3.84
	5	24.63	24.63	4.20	−11.73	−4.33
	4	22.83	22.83	4.20	−10.87	−4.19
	3	19.41	19.41	4.20	−9.24	−4.07
	2	13.61	13.61	4.20	−6.48	−3.98
	1	4.04	7.19	4.50	−2.50	−3.91

柱号	层号	M_{12} /kN·m	M_{21} /kN·m	H /m	V_c /kN	N /kN
D	9	23.13	16.68	4.20	−9.48	5.75
	8	20.20	16.52	4.20	−8.74	15.27
	7	19.60	17.31	4.20	−8.79	24.35
	6	18.59	18.59	4.20	−8.85	33.62
	5	15.22	15.22	4.20	−7.25	42.78
	4	14.11	14.11	4.20	−6.72	51.28
	3	11.99	11.99	4.20	−5.71	58.85
	2	8.41	8.41	4.20	−4.00	64.77
	1	2.44	4.09	4.50	−1.45	67.92

4.5.3　内力调整

4.5.3.1　梁端弯矩调幅

在框架结构破坏过程中，允许在梁端出现塑性铰；同时也会在节点处梁端少放负弯矩钢筋来方便进行混凝土浇捣，而在装配式或整体装配式框架中，节点并非绝对刚性，实际弯矩小于弹性计算所得值。因此，在框架结构设计过程中，会对梁端弯矩进行调幅，人为减小梁端负弯矩，以减少节点附近梁上端面的配筋。

调幅梁端弯矩按下式取：

$$M_A = \beta M_{A0}$$
$$M_B = \beta M_{B0}$$

对于现浇框架结构，β 可取 $0.8 \sim 0.9$，本工程中取 0.85，M_{A0}、M_{B0} 分别为调幅前梁的 A、B 端的弯矩设计值。

计算结果如表 4-73～表 4-75 所示。

表 4-73　恒荷载作用下梁端弯矩调幅　　　　单位：kN·m

层号	梁 AB		梁 BC		梁 CD	
	左端	右端	左端	右端	左端	右端
9	−55.433	70.296	−21.472	21.472	−70.296	55.496
8	−71.071	79.735	−17.573	17.598	−79.834	70.816
7	−69.635	79.053	−17.906	17.931	−79.151	69.424
6	−69.635	78.960	−17.951	17.976	−79.059	69.424
5	−67.800	86.105	−15.979	15.997	−86.219	67.589
4	−67.800	86.040	−16.011	16.029	−86.154	67.589
3	−67.800	86.040	−16.011	16.029	−86.154	67.589
2	−67.869	86.064	−15.999	16.017	−86.178	67.659
1	−64.038	84.980	−16.605	16.623	−85.095	63.778

表 4-74　活荷载作用下梁端弯矩调幅　　　　单位：kN·m

层号	梁 AB		梁 BC		梁 CD	
	左端	右端	左端	右端	左端	右端
9	−15.865	21.655	−6.414	6.414	−21.655	15.865
8	−24.611	27.811	−7.931	7.931	−27.811	24.611
7	−24.421	27.863	−7.906	7.906	−27.863	24.421
6	−24.421	27.950	−7.863	7.863	−27.950	24.421

层号	梁 AB		梁 BC		梁 CD	
	左端	右端	左端	右端	左端	右端
5	−23.769	30.464	−7.174	7.174	−30.464	23.769
4	−23.769	30.525	−7.144	7.144	−30.525	23.769
3	−23.769	30.525	−7.144	7.144	−30.525	23.769
2	−23.798	30.538	−7.138	7.138	−30.538	23.798
1	−22.215	29.947	−7.454	7.454	−29.947	22.215

表 4-75　雪荷载作用下梁端弯矩调幅　　　　单位：kN・m

层号	梁 AB		梁 BC		梁 CD	
	左端	右端	左端	右端	左端	右端
9	−2.083	3.111	−1.030	1.030	−3.111	2.083
8	−0.238	0.096	0.047	−0.047	−0.096	0.238
7	0	0	0	0	0	0
6	0	0	0	0	0	0
5	0	0	0	0	0	0
4	0	0	0	0	0	0
3	0	0	0	0	0	0
2	0	0	0	0	0	0
1	0	0	0	0	0	0

4.5.3.2　梁跨中弯矩

梁端弯矩调幅后，相应的荷载作用下，梁跨中弯矩必增大，需要校核梁的静力平衡，调幅后的梁端弯矩 M_A、M_B 的平均与跨中最大正弯矩的和应大于按简支梁算得的跨中弯矩 M_{C0}。同时，框架梁跨中正弯矩设计值不应小于竖向荷载作用以简支梁计算求得的跨中弯矩设计值的 50％。为此，跨中弯矩应乘以 1.1～1.2 的放大系数。见表 4-76～表 4-84。

表 4-76　恒荷载作用下梁 AB 跨中弯矩计算　　　　单位：kN・m

层号	左端弯矩	右端弯矩	M_{C0}	M_m	$1.02M_0-M$	$1.2M_m$	$0.5M_{C0}$	M_z
9	−55.433	70.296	140.188	77.324	80.127	92.788	70.094	92.788
8	−71.071	79.735	144.783	69.379	72.275	83.255	72.391	83.255
7	−69.635	79.053	144.783	70.439	73.334	84.526	72.391	84.526
6	−69.635	78.960	144.783	70.485	73.381	84.582	72.391	84.582
5	−67.800	86.105	144.783	67.830	70.726	81.396	72.391	81.396
4	−67.800	86.040	144.783	67.863	70.758	81.435	72.391	81.435
3	−67.800	86.040	144.783	67.863	70.758	81.435	72.391	81.435
2	−67.869	86.064	144.783	67.816	70.712	81.380	72.391	81.380
1	−64.038	84.980	144.783	70.274	73.169	84.328	72.391	84.328

表 4-77　恒荷载作用下梁 BC 跨中弯矩计算　　　　单位：kN・m

层号	左端弯矩	右端弯矩	M_{C0}	M_m	$1.02M_0-M$	$1.2M_m$	$0.5M_{C0}$	M_z
9	−21.472	21.472	23.785	2.313	2.788	2.775	11.892	11.892
8	−17.573	17.598	24.587	7.002	7.493	8.402	12.293	12.293
7	−17.906	17.931	24.587	6.669	7.160	8.002	12.293	12.293
6	−17.951	17.976	24.587	6.623	7.115	7.948	12.293	12.293
5	−15.979	15.997	24.587	8.599	9.090	10.318	12.293	12.293
4	−16.011	16.029	24.587	8.567	9.059	10.280	12.293	12.293
3	−16.011	16.029	24.587	8.567	9.059	10.280	12.293	12.293
2	−15.999	16.017	24.587	8.579	9.070	10.294	12.293	12.293
1	−16.605	16.623	24.587	7.973	8.465	9.568	12.293	12.293

表 4-78　　恒荷载作用下梁 CD 跨中弯矩计算　　　　　　　单位：kN・m

层号	左端弯矩	右端弯矩	M_{C0}	M_m	$1.02M_0-M$	$1.2M_m$	$0.5M_{C0}$	M_z
9	−70.296	55.496	140.188	77.292	80.096	92.751	70.094	92.751
8	−79.834	70.816	144.783	69.458	72.353	83.349	72.391	83.349
7	−79.151	69.424	144.783	70.495	73.391	84.594	72.391	84.594
6	−79.059	69.424	144.783	70.541	73.437	84.649	72.391	84.649
5	−86.219	67.589	144.783	67.879	70.774	81.454	72.391	81.454
4	−86.154	67.589	144.783	67.911	70.807	81.493	72.391	81.493
3	−86.154	67.589	144.783	67.911	70.807	81.493	72.391	81.493
2	−86.178	67.659	144.783	67.865	70.760	81.438	72.391	81.438
1	−85.095	63.778	144.783	70.346	73.242	84.416	72.391	84.416

表 4-79　　活荷载作用下梁 AB 跨中弯矩计算　　　　　　　单位：kN・m

层号	左端弯矩	右端弯矩	M_{C0}	M_m	$1.02M_0-M$	$1.2M_m$	$0.5M_{C0}$	M_z
9	−15.865	21.655	41.553	22.793	23.624	27.351	20.777	27.351
8	−24.611	27.811	51.944	25.733	26.772	30.879	25.972	30.879
7	−24.421	27.863	51.944	25.802	26.841	30.962	25.972	30.962
6	−24.421	27.950	51.944	25.758	26.797	30.910	25.972	30.910
5	−23.769	30.464	51.944	24.827	25.866	29.793	25.972	29.793
4	−23.769	30.525	51.944	24.797	25.835	29.756	25.972	29.756
3	−23.769	30.525	51.944	24.797	25.835	29.756	25.972	29.756
2	−23.798	30.538	51.944	24.776	25.815	29.731	25.972	29.731
1	−22.215	29.947	51.944	25.863	26.902	31.035	25.972	31.035

表 4-80　　活荷载作用下梁 BC 跨中弯矩计算　　　　　　　单位：kN・m

层号	左端弯矩	右端弯矩	M_{C0}	M_m	$1.02M_0-M$	$1.2M_m$	$0.5M_{C0}$	M_z
9	−6.414	6.414	7.290	0.876	1.021	1.051	3.645	3.645
8	−7.931	7.931	10.935	3.004	3.223	3.605	5.468	5.468
7	−7.906	7.906	10.935	3.029	3.248	3.635	5.468	5.468
6	−7.863	7.863	10.935	3.072	3.291	3.686	5.468	5.468
5	−7.174	7.174	10.935	3.761	3.979	4.513	5.468	5.468
4	−7.144	7.144	10.935	3.791	4.009	4.549	5.468	5.468
3	−7.144	7.144	10.935	3.791	4.009	4.549	5.468	5.468
2	−7.138	7.138	10.935	3.797	4.016	4.556	5.468	5.468
1	−7.454	7.454	10.935	3.481	3.700	4.177	5.468	5.468

表 4-81　　活荷载作用下梁 CD 跨中弯矩计算　　　　　　　单位：kN・m

层号	左端弯矩	右端弯矩	M_{C0}	M_m	$1.02M_0-M$	$1.2M_m$	$0.5M_{C0}$	M_z
9	−21.655	15.865	41.553	22.793	23.624	27.351	20.777	27.351
8	−27.811	24.611	51.944	25.733	26.772	30.879	25.972	30.879
7	−27.863	24.421	51.944	25.802	26.841	30.962	25.972	30.962
6	−27.950	24.421	51.944	25.758	26.797	30.910	25.972	30.910
5	−30.464	23.769	51.944	24.827	25.866	29.793	25.972	29.793
4	−30.525	23.769	51.944	24.797	25.835	29.756	25.972	29.756
3	−30.525	23.769	51.944	24.797	25.835	29.756	25.972	29.756
2	−30.538	23.798	51.944	24.776	25.815	29.731	25.972	29.731
1	−29.947	22.215	51.944	25.863	26.902	31.035	25.972	31.035

表 4-82　雪荷载作用下梁 AB 跨中弯矩计算　　　　　　单位：kN • m

层号	左端弯矩	右端弯矩	M_{C0}	M_m	$1.02M_0-M$	$1.2M_m$	$0.5M_{C0}$	M_z
9	−2.083	3.111	6.234	3.637	3.762	4.364	3.117	4.364
8	−0.238	0.096	0.000	−0.167	−0.167	−0.201	0.000	−0.201
7	0	0	0	0	0	0	0	0
6	0	0	0	0	0	0	0	0
5	0	0	0	0	0	0	0	0
4	0	0	0	0	0	0	0	0
3	0	0	0	0	0	0	0	0
2	0	0	0	0	0	0	0	0
1	0	0	0	0	0	0	0	0

表 4-83　雪荷载作用下梁 BC 跨中弯矩计算　　　　　　单位：kN • m

层号	左端弯矩	右端弯矩	M_{C0}	M_m	$1.02M_0-M$	$1.2M_m$	$0.5M_{C0}$	M_z
9	−1.030	1.030	1.094	0.063	0.085	0.076	0.547	0.076
8	0.047	−0.047	0.000	0.047	0.047	0.056	0.000	0.056
7	0	0	0	0	0	0	0	0
6	0	0	0	0	0	0	0	0
5	0	0	0	0	0	0	0	0
4	0	0	0	0	0	0	0	0
3	0	0	0	0	0	0	0	0
2	0	0	0	0	0	0	0	0
1	0	0	0	0	0	0	0	0

表 4-84　雪荷载作用下梁 CD 跨中弯矩计算　　　　　　单位：kN • m

层号	左端弯矩	右端弯矩	M_{C0}	M_m	$1.02M_0-M$	$1.2M_m$	$0.5M_{C0}$	M_z
9	−3.111	2.083	6.234	3.637	3.762	4.364	3.117	4.364
8	−0.096	0.238	0.000	−0.167	−0.167	−0.201	0.000	−0.201
7	0	0	0	0	0	0	0	0
6	0	0	0	0	0	0	0	0
5	0	0	0	0	0	0	0	0
4	0	0	0	0	0	0	0	0
3	0	0	0	0	0	0	0	0
2	0	0	0	0	0	0	0	0
1	0	0	0	0	0	0	0	0

4.5.4　内力转化

需要将梁和柱端部内力转为控制截面处的内力，可按如下公式转化：

$$M'_A = M_A - V_A \frac{b}{2}$$

$$V'_A = V_A - q \frac{b}{2}$$

计算结果如表 4-85～表 4-90 所示。

表 4-85　恒荷载作用下梁端弯矩转化　　　　　　　　单位：kN·m

层号	梁 AB		梁 BC		梁 CD	
	左端	右端	左端	右端	左端	右端
9	−33.287	49.607	−15.491	15.491	−49.604	33.353
8	−48.527	58.040	−11.386	11.415	−58.156	48.255
7	−47.054	57.395	−11.719	11.748	−57.508	46.828
6	−47.059	57.298	−11.764	11.793	−57.411	46.832
5	−44.783	64.882	−9.153	9.174	−65.012	44.557
4	−44.787	64.814	−9.185	9.206	−64.944	44.560
3	−44.787	64.814	−9.185	9.206	−64.944	44.560
2	−44.857	64.836	−9.173	9.194	−64.966	44.631
1	−40.892	63.887	−9.778	9.800	−64.021	40.613

表 4-86　恒荷载作用下梁端剪力转化　　　　　　　　单位：kN

层号	梁 AB		梁 BC		梁 CD	
	左端	右端	左端	右端	左端	右端
9	73.821	−68.964	19.937	−19.937	68.974	−73.811
8	75.148	−72.316	20.624	−20.608	72.258	−75.205
7	75.271	−72.193	20.624	−20.608	72.143	−75.321
6	75.256	−72.208	20.624	−20.608	72.158	−75.306
5	76.723	−70.741	19.504	−19.493	70.688	−76.776
4	76.712	−70.752	19.504	−19.493	70.699	−76.765
3	76.712	−70.752	19.504	−19.493	70.699	−76.765
2	76.705	−70.759	19.504	−19.493	70.706	−76.758
1	77.154	−70.310	19.505	−19.493	70.249	−77.215

表 4-87　活荷载作用下梁端弯矩转化　　　　　　　　单位：kN·m

层号	梁 AB		梁 BC		梁 CD	
	左端	右端	左端	右端	左端	右端
9	−9.233	15.590	−4.389	4.389	−15.590	9.233
8	−16.518	20.032	−4.286	4.286	−20.032	16.518
7	−16.316	20.096	−4.261	4.261	−20.096	16.316
6	−16.312	20.187	−4.218	4.218	−20.187	16.312
5	−15.505	22.856	−3.040	3.040	−22.856	15.505
4	−15.502	22.920	−3.010	3.010	−22.920	15.502
3	−15.502	22.920	−3.010	3.010	−22.920	15.502
2	−15.531	22.932	−3.004	3.004	−22.932	15.531
1	−13.900	22.390	−3.319	3.319	−22.390	13.900

表 4-88　活荷载作用下梁端剪力转化　　　　　　　　单位：kN

层号	梁 AB		梁 BC		梁 CD	
	左端	右端	左端	右端	左端	右端
9	22.109	−20.217	6.750	−6.750	20.217	−22.109
8	26.976	−25.930	12.150	−12.150	25.930	−26.976
7	27.015	−25.890	12.150	−12.150	25.890	−27.015
6	27.029	−25.876	12.150	−12.150	25.876	−27.029
5	27.547	−25.359	11.813	−11.813	25.359	−27.547
4	27.557	−25.349	11.813	−11.813	25.349	−27.557
3	27.557	−25.349	11.813	−11.813	25.349	−27.557
2	27.554	−25.351	11.813	−11.813	25.351	−27.554
1	27.716	−25.189	11.813	−11.813	25.189	−27.716

表 4-89　雪荷载作用下梁端弯矩转化　　　　　　　　单位：kN・m

层号	梁 AB		梁 BC		梁 CD	
	左端	右端	左端	右端	左端	右端
9	1.08	2.21	0.73	0.73	2.21	1.08
8	0.25	0.09	0.05	0.05	0.09	0.25
7	0	0	0	0	0	0
6	0	0	0	0	0	0
5	0	0	0	0	0	0
4	0	0	0	0	0	0
3	0	0	0	0	0	0
2	0	0	0	0	0	0
1	0	0	0	0	0	0

表 4-90　雪荷载作用下梁端剪力转化　　　　　　　　单位：kN

层号	梁 AB		梁 BC		梁 CD	
	左端	右端	左端	右端	左端	右端
9	3.343	−3.007	1.013	−1.013	3.007	−3.343
8	−0.023	−0.023	0.000	0.000	0.023	0.023
7	0	0	0	0	0	0
6	0	0	0	0	0	0
5	0	0	0	0	0	0
4	0	0	0	0	0	0
3	0	0	0	0	0	0
2	0	0	0	0	0	0
1	0	0	0	0	0	0

4.6　荷载效应组合

4.6.1　最不利内力组合

确定截面最不利内力以进行梁柱配筋。

梁端截面：$+M_{max}$、$-M_{max}$、V_{max}；

梁跨中截面：$+M_{max}$、$-M_{max}$；

柱端截面：M_{max} 以及相应的 N、V；

　　　　　N_{max} 以及相应的 M、V；

　　　　　N_{min} 以及相应的 M、V；

　　　　　M 较大而 N 较小或者较大。

同时，在进行梁柱截面设计时，框架梁跨中截面的正弯矩设计值不应当小于竖向荷载作用下按简支梁计算的跨中弯矩设计值的 50%。

4.6.2　荷载效应组合公式

4.6.2.1　荷载基本组合效应设计值

根据《建筑结构荷载规范》，荷载基本组合的效应设计值 S_d，应从下列荷载组合值中取用最不利的效应设计值：

① 由可变荷载控制的 S_d，按下式计算：

$$S_d = \sum_{j=1}^{m} \gamma_{G_j} S_{G_j k} + \gamma_{Q_1} \gamma_{L_1} S_{Q_1 k} + \sum_{i=2}^{n} \gamma_{Q_i} \gamma_{L_i} \Psi_{c_i} S_{Q_i k}$$

式中 γ_{G_j}——第 j 个永久荷载的分项系数；

γ_{Q_i}——第 i 个可变荷载的分项系数，其中 γ_{Q_1} 为主导可变荷载 Q_1 考虑设计工作年限的调整系数；

$S_{G_j k}$——第 j 个永久荷载标准值 G_{jk} 计算的荷载效应值；

$S_{Q_i k}$——第 i 个可变荷载标准值 Q_{ik} 计算的荷载效应值，其中 $S_{Q_1 k}$ 为诸可变荷载效应中起控制作用者；

Ψ_{c_i}——第 i 个可变荷载 Q_i 的组合值系数；

γ_{L_i}——第 i 个可变荷载考虑设计使用年限的调整系数，其中 γ_{L_1} 为主导可变荷载 Q_1 考虑设计使用年限的调整系数；

m——参与组合的永久荷载数；

n——参与组合的可变荷载数。

② 由永久荷载控制的 S_d，按下式计算：

$$S_d = \sum_{j=1}^{m} \gamma_{G_j} S_{G_j k} + \sum_{i=1}^{n} \gamma_{Q_i} \gamma_{L_i} \Psi_{c_i} S_{Q_i k}$$

4.6.2.2 荷载偶然组合的效应设计值

对于荷载偶然组合的效应设计值 S_d：

① 承载能力极限状态下的 S_d：

$$S_d = \sum_{j=1}^{m} S_{G_j k} + S_{Ad} + \Psi_{f_1} S_{Q_1 k} + \sum_{i=2}^{n} \Psi_{q_i} S_{Q_i k}$$

式中，S_{Ad} 为按偶然荷载标准值 A_d 计算的荷载效应值；Ψ_{f_1} 为第 1 个可变荷载的频遇值系数；Ψ_{q_i} 为第 i 个可变荷载的准永久值系数。

② 偶然事件发生后受损状态下的 S_d：

$$S_d = \sum_{j=1}^{m} S_{G_j k} + \Psi_{f_1} S_{Q_1 k} + \sum_{i=2}^{n} \Psi_{q_i} S_{Q_i k}$$

4.6.3 荷载效应组合

荷载效应组合包括梁、柱的效应组合。

对于梁的内力组合分为：

① 无地震作用组合：即依据《建筑结构荷载规范》的相关要求进行组合；

② 有地震作用组合：根据《建筑抗震设计规范》（2016），取相应构件的地震效应和其他的荷载效应的基本组合。

对柱进行内力组合时，需要选取柱相应的控制截面，本设计中，偏安全地取上下层梁轴线处。具体内力组合结果见表 4-91～表 4-94。

表 4-91　框架梁内力统计

层号	截面位置	内力	恒荷载	楼面活荷载+屋面活荷载	雪荷载	楼面活荷载+雪荷载	风载 左风	风载 右风	地震作用 左震	地震作用 右震
9	AB左端	M	-33.29	-9.23	-1.08	-10.31	23.13	-23.13	103.21	-103.21
	AB左端	V	73.82	22.11	3.34	25.45	-5.75	5.75	25.66	-25.66
	AB跨中	M	92.79	27.35	4.36	31.71	2.45	-2.45	10.835	-10.835
	AB右端	M	49.61	15.59	2.21	17.80	18.23	-18.23	81.54	-81.54
	AB右端	V	-68.96	-20.22	-3.01	-23.23	-5.75	5.75	25.66	-25.66
	BC左端	M	-15.49	-4.39	-0.73	-5.12	8.91	-8.91	39.8	-39.8
	BC左端	V	19.94	6.75	1.01	7.76	-4.95	4.95	22.11	-22.11
	BC跨中	M	11.89	3.65	0.08	3.73	0	0	0	0
	BC右端	M	15.49	4.39	0.73	5.12	8.91	-8.91	39.8	-39.8
	BC右端	V	-19.94	-6.75	-1.01	-7.76	-4.95	4.95	22.11	-22.11
	CD左端	M	-49.60	-15.59	-2.21	-17.80	18.23	-18.23	81.54	-81.54
	CD左端	V	68.97	20.22	3.01	23.23	-5.75	5.75	25.66	-25.66
	CD跨中	M	92.75	27.35	4.36	31.71	2.45	-2.45	10.835	-10.835
	CD右端	M	33.35	9.23	1.08	10.31	23.13	-23.13	103.21	-103.21
	CD右端	V	-73.81	-22.11	-3.34	-25.45	-5.75	5.75	25.66	-25.66
8	AB左端	M	-48.53	-16.52	-0.25	-16.77	36.88	-36.88	173.4	-173.4
	AB左端	V	75.15	26.98	-0.02	26.96	9.52	-9.52	44.76	-44.76
	AB跨中	M	83.26	30.88	-0.2	30.68	2.6	-2.6	12.25	-12.25
	AB右端	M	58.04	20.03	0.09	20.12	31.68	-31.68	148.9	-148.9
	AB右端	V	-72.32	-25.93	-0.02	-25.95	9.52	-9.52	44.76	-44.76
	BC左端	M	-11.39	11.42	0.05	11.47	15.42	-15.42	72.67	-72.67
	BC左端	V	20.62	12.15	0	12.15	8.57	-8.57	40.37	-40.37
	BC跨中	M	12.29	5.47	0.06	5.53	0	0	0	0
	BC右端	M	11.42	4.29	-0.05	4.24	15.42	-15.42	72.67	-72.67
	BC右端	V	-20.61	-12.15	0	-12.15	8.57	-8.57	40.37	-40.37
	CD左端	M	72.14	25.89	-0.09	25.80	31.68	-31.68	148.9	-148.9
	CD左端	V	72.26	25.93	0.02	25.95	9.52	-9.52	44.76	-44.76
	CD跨中	M	83.35	30.88	-0.2	30.68	2.6	-2.6	12.25	-12.25
	CD右端	M	48.25	16.52	0.25	16.77	36.88	-36.88	173.4	-173.4
	CD右端	V	-75.21	-26.98	0.02	-26.96	9.52	-9.52	44.76	-44.76

续表

层号	截面位置	内力	恒荷载	楼面活荷载+屋面活荷载	雪荷载	楼面活荷载+雪荷载	风载		地震作用	
							左风	右风	左震	右震
7	AB左端	M	-47.05	-16.32	0	-16.32	36.13	-36.13	176.08	-176.08
		V	75.27	27.02	0	27.02	9.08	-9.08	44.20	-44.2
	AB跨中	M	84.53	30.96	0	30.96	3.435	-3.435	16.95	-16.95
	AB右端	M	57.39	20.10	0	20.10	29.26	-29.26	142.18	-142.18
		V	-72.19	-25.89	0	-25.89	9.08	-9.08	44.20	-44.2
	BC左端	M	-11.72	11.75	0	11.75	14.24	-14.24	69.39	-69.39
		V	20.62	-20.61	0	-20.61	7.91	-7.91	38.55	-38.55
	BC跨中	M	12.29	5.47	0	5.47	0	0	0	0
	BC右端	M	11.75	4.26	0	4.26	14.24	-14.24	69.39	-69.39
		V	-20.61	-12.15	0	-12.15	7.91	-7.91	38.55	-38.55
	CD左端	M	72.16	25.88	0	25.88	29.26	-29.26	142.18	-142.18
		V	72.14	25.89	0	25.89	9.08	-9.08	44.2	-44.2
	CD跨中	M	84.59	30.96	0	30.96	3.435	-3.435	16.95	-16.95
	CD右端	M	46.83	16.32	0	16.32	36.13	-36.13	176.08	-176.08
		V	-75.32	-27.02	0	-27.02	9.08	-9.08	44.2	-44.2
6	AB左端	M	-47.06	-16.31	0	-16.31	35.9	-35.9	173.88	-173.88
		V	75.26	27.03	0	27.03	9.28	-9.28	44.89	-44.89
	AB跨中	M	84.58	30.91	0	30.91	2.505	-2.505	12.275	-12.275
	AB右端	M	57.30	20.19	0	20.19	30.89	-30.89	149.33	-149.33
		V	-72.21	-25.88	0	-25.88	9.28	-9.28	44.89	-44.89
	BC左端	M	-11.76	-4.22	0	-4.22	15.04	-15.04	72.89	-72.89
		V	20.62	12.15	0	12.15	8.35	-8.35	40.49	-40.49
	BC跨中	M	12.29	5.47	0	5.47	0	0	0	0
	BC右端	M	11.79	4.22	0	4.22	15.04	-15.04	72.89	-72.89
		V	-20.61	-12.15	0	-12.15	8.35	-8.35	40.49	-40.49
	CD左端	M	70.69	25.36	0	25.36	30.89	-30.89	149.33	-149.33
		V	72.16	25.88	0	25.88	9.28	-9.28	44.89	-44.89
	CD跨中	M	84.65	30.91	0	30.91	2.505	-2.505	12.275	-12.275
	CD右端	M	-76.78	-27.55	0	-27.55	35.9	-35.9	173.88	-173.88
		V	-75.31	-27.03	0	-27.03	9.28	-9.28	44.89	-44.89

续表

层号	截面位置	内力	恒荷载	楼面活荷载+屋面活荷载	雪荷载	楼面活荷载+雪荷载	风载 左风	风载 右风	地震作用 左震	地震作用 右震
5	AB左端	M	-44.78	-15.51	0	-15.51	33.81	-33.81	160.73	-160.73
		V	76.72	27.55	0	27.55	9.15	-9.15	43.44	-43.44
	AB跨中	M	81.40	29.79	0	29.79	0.86	-0.86	4.33	-4.33
	AB右端	M	64.88	22.86	0	22.86	32.09	-32.09	152.07	-152.07
		V	-70.74	-25.36	0	-25.36	9.15	-9.15	43.44	-43.44
	BC左端	M	-9.15	9.17	0	9.17	15.59	-15.59	74.22	-74.22
		V	19.50	11.81	0	11.81	8.66	-8.66	40.34	-40.34
	BC跨中	M	12.29	5.47	0	5.47	0	0	0	0
	BC右端	M	9.17	3.04	0	3.04	15.59	-15.59	74.22	-74.22
		V	-19.49	-11.81	0	-11.81	8.66	-8.66	40.34	-40.34
	CD左端	M	70.70	25.35	0	25.35	32.09	-32.09	152.07	-152.07
		V	70.69	25.36	0	25.36	9.15	-9.15	43.44	-43.44
	CD跨中	M	81.45	29.79	0	29.79	0.86	-0.86	4.33	-4.33
	CD右端	M	-76.77	-27.56	0	-27.56	33.81	-33.81	160.73	-160.73
		V	-76.78	-27.55	0	-27.55	9.15	-9.15	43.44	-43.44
4	AB左端	M	-44.79	-15.50	0	-15.50	29.33	-29.33	136.79	-136.79
		V	76.71	27.56	0	27.56	8.51	-8.51	39.66	-39.66
	AB跨中	M	81.44	29.76	0	29.76	0.93	-0.93	5.99	-5.99
	AB右端	M	64.81	22.92	0	22.92	31.19	-31.19	148.77	-148.77
		V	-70.75	19.50	0	19.50	8.51	-8.51	39.66	-39.66
	BC左端	M	-9.18	-3.01	0	-3.01	15.56	-15.56	72.61	-72.61
		V	19.50	11.81	0	11.81	8.64	-8.64	37.49	-37.49
	BC跨中	M	12.29	5.47	0	5.47	0	0	0	0
	BC右端	M	9.21	3.01	0	3.01	15.56	-15.56	72.61	-72.61
		V	-19.49	-11.81	0	-11.81	8.64	-8.64	37.49	-37.49
	CD左端	M	70.70	25.35	0	25.35	31.19	-31.19	148.77	-148.77
		V	70.70	25.35	0	25.35	8.51	-8.51	39.66	-39.66
	CD跨中	M	81.49	29.76	0	29.76	0.93	-0.93	5.99	-5.99
	CD右端	M	-76.77	-27.56	0	-27.56	29.33	-29.33	136.79	-136.79
		V	-76.77	-27.56	0	-27.56	8.51	-8.51	39.66	-39.66

续表

层号	截面位置	内力	恒荷载	楼面活荷载+屋面活荷载	雪荷载	楼面活荷载+雪荷载	风载		地震作用	
							左风	右风	左震	右震
3	AB左端	M	-44.79	-15.50	0	-15.50	26.1	-26.1	127.13	-127.13
		V	76.71	27.56	0	27.56	7.57	-7.57	36.86	-36.86
	AB跨中	M	81.44	29.76	0	29.76	1.15	-1.15	5.565	-5.565
	AB右端	M	64.81	-9.18	0	-9.18	28.4	-28.4	138.26	-138.26
		V	-70.75	-25.35	0	-25.35	7.57	-7.57	36.86	-36.86
	BC左端	M	-9.18	-3.01	0	-3.01	13.84	-13.84	67.48	-67.48
		V	19.50	11.81	0	11.81	7.69	-7.69	37.49	-37.49
	BC跨中	M	12.29	5.47	0	5.47	0	0	0	0
	BC右端	M	9.21	3.01	0	3.01	13.84	-13.84	67.48	-67.48
		V	-19.49	-11.81	0	-11.81	7.69	-7.69	37.49	-37.49
	CD左端	M	70.71	25.35	0	25.35	28.4	-28.4	138.26	-138.26
		V	70.70	25.35	0	25.35	7.57	-7.57	36.86	-36.86
	CD跨中	M	81.49	29.76	0	29.76	1.15	-1.15	5.565	-5.565
	CD右端	M	-76.76	-27.55	0	-27.55	26.1	-26.1	127.13	-127.13
		V	-76.77	-27.56	0	-27.56	7.57	-7.57	36.86	-36.86
2	AB左端	M	-44.86	64.84	0	64.84	20.4	-20.4	123.52	-123.52
		V	76.70	-70.76	0	-70.76	5.92	-5.92	36.86	-36.86
	AB跨中	M	81.38	0.00	0	0.00	0.9	-0.9	5.4	-5.4
	AB右端	M	64.84	-9.17	0	-9.17	22.2	-22.2	134.32	-134.32
		V	-70.76	19.50	0	19.50	5.92	-5.92	31.23	-31.23
	BC左端	M	-9.17	3.00	0	3.00	10.82	-10.82	65.56	-65.56
		V	19.50	-11.81	0	-11.81	6.01	-6.01	36.42	-36.42
	BC跨中	M	12.29	5.47	0	5.47	0	0	0	0
	BC右端	M	9.19	3.00	0	3.00	10.82	-10.82	65.56	-65.56
		V	-19.49	-11.81	0	-11.81	6.01	-6.01	36.42	-36.42
	CD左端	M	70.25	25.19	0	25.19	22.2	-22.2	134.32	-134.32
		V	70.71	25.35	0	25.35	5.92	-5.92	36.86	-36.86
	CD跨中	M	81.44	29.73	0	29.73	0.9	-0.9	5.4	-5.4
	CD右端	M	-77.22	-27.72	0	-27.72	20.4	-20.4	123.52	-123.52
		V	-76.76	-27.55	0	-27.55	5.92	-5.92	36.86	-36.86

续表

层号	截面位置	内力	恒荷载	楼面活荷载+屋面荷载	雪荷载	楼面活荷载+雪荷载	风载 左风	风载 右风	地震作用 左震	地震作用 右震
1	AB左端	M	-40.89	-13.90	0	-13.90	10.85	-10.85	104.43	-104.43
		V	77.15	27.72	0	27.72	3.15	-3.15	31.37	-31.37
	AB跨中	M	84.33	31.04	0	31.04	0.5	-0.5	8.495	-8.495
	AB右端	M	63.89	22.39	0	22.39	11.85	-11.85	121.42	-121.42
		V	-70.31	-25.19	0	-25.19	3.15	-3.15	31.37	-31.37
	BC左端	M	-9.78	-3.32	0	-3.32	5.8	-5.8	59.26	-59.26
		V	19.50	11.81	0	11.81	3.22	-3.22	32.92	-32.92
	BC跨中	M	12.29	5.47	0.19	5.66	0	0	0	0
	BC右端	M	9.80	13.90	0	13.90	5.8	-5.8	59.26	-59.26
		V	-19.49	-27.72	0	-27.72	3.22	-3.22	32.92	-32.92
	CD左端	M	-64.02	-22.39	0	-22.39	11.85	-11.85	121.42	-121.42
		V	70.25	25.19	0	25.19	3.15	-3.15	31.37	-31.37
	CD跨中	M	84.42	31.04	0	31.04	0.5	-0.5	8.495	-8.495
	CD右端	M	40.61	13.90	0	13.90	10.85	-10.85	104.43	-104.43
		V	-76.34	-28.02	0.00	-28.02	-3.15	3.15	-31.37	31.37

注：M 单位为 kN·m；V 单位为 kN。

表 4-92　框架梁内力组合

层号	梁跨	截面位置	内力	S_{GK} 恒载	S_{QK} 活载	S_{WK} 风载(±)	S_{EHK} 地震(±)	非地震组合 $1.3S_{GK}+1.5S_{WK}+0.7×1.5S_{QK}$		非地震组合 $1.3S_{GK}+1.5S_{QK}+0.6×1.5S_{WK}$		地震组合 $\gamma_{RE}(1.3S_{GE}±1.4S_{EHK})$	
9	AB跨	左	M	-33.29	-9.23	23.13	103.21	-18.27	-87.66	-36.31	-77.94	80.93	-164.70
			V	73.82	22.11	5.75	25.66	127.81	110.56	134.31	123.96	124.32	63.25
		中	M	92.79	27.35	2.45	10.835	153.02	145.67	163.86	159.45	130.54	104.75
		右	M	49.61	15.59	18.23	81.54	108.20	53.51	104.28	71.47	160.47	-33.60
			V	-68.96	-20.22	5.75	25.66	-102.26	-119.51	-114.80	-125.15	-56.84	-117.91
	BC跨	左	M	-15.49	-4.39	8.91	39.8	-11.38	-38.11	-18.70	-34.74	27.82	-66.90
			V	19.94	6.75	4.95	22.11	40.43	25.58	40.50	31.59	52.07	-0.55
		中	M	11.89	3.65	0	0	19.29	19.29	20.93	20.93	15.16	15.16

续表

层号	梁跨	截面位置	内力	S_GK 恒载	S_QK 活载	S_WK 风载(±)	S_EHK 地震(±)	非地震组合 1.3S_GK±1.5S_WK+0.7×1.5S_QK	非地震组合 1.3S_GK±1.5S_WK+0.7×1.5S_QK	非地震组合 1.3S_GK+1.5S_QK±0.7×1.5S_WK	非地震组合 1.3S_GK+1.5S_QK±0.6×1.5S_WK	地震组合 γ_{RE}(1.3S_GE±1.4S_EHK)	地震组合 γ_{RE}(1.3S_GE±1.4S_EHK)
8	AB跨	左	M	-48.53	-16.52	36.88	173.4	-25.11	-135.75	-54.67	-121.05	143.59	-269.10
		左	V	75.15	26.98	9.52	44.76	140.30	111.74	146.72	129.59	151.21	44.68
		中	M	83.26	30.88	2.6	12.25	144.56	136.76	156.89	152.21	123.64	94.49
		右	M	58.04	20.03	31.68	148.9	144.01	48.97	134.01	76.99	252.39	-101.99
	BC跨	左	M	-72.32	-25.93	9.52	44.76	-106.96	-135.52	-124.34	-141.47	-40.98	-147.50
		左	V	-11.39	11.42	15.42	72.67	20.31	-25.95	16.20	-11.56	80.20	-92.75
		中	M	20.62	12.15	8.57	40.37	52.42	26.71	52.75	37.32	77.54	-18.54
		右	M	12.29	5.47	0	0	21.72	21.72	24.18	24.18	16.60	16.60
7	AB跨	左	M	-47.05	-16.32	36.13	176.08	-24.11	-132.50	-53.13	-118.16	148.53	-270.54
		左	V	75.27	27.02	9.08	44.2	139.84	112.60	146.55	130.20	150.70	45.50
		中	M	84.53	30.96	3.435	16.95	147.55	137.24	159.42	153.24	130.68	90.34
		右	M	57.39	20.10	29.26	142.18	139.60	51.82	131.09	78.42	243.72	-94.67
	BC跨	左	M	-72.19	-25.89	9.08	44.2	-107.42	-134.66	-124.51	-140.86	-41.48	-146.67
		左	V	-11.72	11.75	14.24	69.39	18.46	-24.26	15.20	-10.43	76.12	-89.03
		中	M	20.62	-20.61	7.91	38.55	17.04	-6.69	3.02	-11.22	57.27	-34.48
		右	M	12.29	5.47	0	0	21.72	21.72	24.18	24.18	16.60	16.60
6	AB跨	左	M	-47.06	-16.31	35.9	173.88	-24.45	-132.15	-53.33	-117.95	145.90	-267.93
		左	V	75.26	27.03	9.28	44.89	140.13	112.29	146.73	130.02	151.52	44.68
		中	M	84.58	30.91	2.505	12.275	146.17	138.65	158.58	154.07	125.15	95.93
		右	M	57.30	20.19	30.89	149.33	142.02	49.35	132.57	76.97	252.17	-103.23
	BC跨	左	M	-71.76	-25.88	9.28	44.89	-107.12	-134.96	-124.33	-141.04	-40.67	-147.51
		左	V	-11.76	-4.22	15.04	72.89	2.84	-42.28	-8.08	-35.16	71.41	-102.07
		中	M	20.62	12.15	8.35	40.49	52.09	27.04	52.55	37.52	77.68	-18.69
		右	M	12.29	5.47	0	0	21.72	21.72	24.18	24.18	16.60	16.60
5	AB跨	左	M	-44.78	-15.51	33.81	160.73	-23.78	-125.21	-51.05	-111.91	133.22	-249.32
		左	V	76.72	27.55	9.15	43.44	142.39	114.94	149.29	132.82	151.69	48.30
		中	M	81.40	29.79	0.86	4.33	138.39	135.81	151.28	149.73	111.56	101.25
		右	M	64.88	22.86	32.09	152.07	156.48	60.21	147.51	89.75	265.29	-96.64
	BC跨	左	M	-70.74	-25.36	9.15	43.44	-104.87	-132.32	-121.77	-138.24	-40.49	-143.87
		左	V	-9.15	9.17	15.59	74.22	21.12	-25.65	15.89	-12.17	83.28	-93.37
		中	M	19.50	11.81	8.66	40.34	50.75	24.77	50.87	35.28	76.08	-19.93
		右	M	12.29				21.72		24.18		16.60	

续表

层号	梁跨	截面位置	内力	S_{GK} 恒载	S_{QK} 活载	S_{WK} 风载 (±)	S_{EHK} 地震 (±)	非地震组合 $1.3S_{GK}\pm1.5S_{WK}+0.7\times1.5S_{QK}$		非地震组合 $1.3S_{GK}+1.5S_{QK}\pm0.6\times1.5S_{WK}$	地震组合 $\gamma_{RE}(1.3S_{GE}\pm1.4S_{EHK})$	
4	AB 跨	左	M	-44.79	-15.50	29.33	136.79	-30.50	-118.49	-107.87	104.72	-220.84
			V	76.71	27.56	8.51	39.66	141.43	115.90	133.40	147.19	52.80
		中	M	81.44	29.76	0.93	5.99	138.50	135.71	149.66	113.56	99.31
		右	M	64.81	22.92	31.19	148.77	155.11	61.54	90.57	261.31	-92.76
			V	-70.75	19.50	8.51	39.66	-58.73	-84.26	-70.38	-20.21	-114.60
	BC 跨	左	M	-9.18	-3.01	15.56	72.61	8.24	-38.44	-30.46	74.60	-98.21
			V	19.50	11.81	8.64	37.49	50.72	24.80	35.30	72.69	-16.54
		中	M	12.29	5.47	0	0	21.72	21.72	24.18	16.60	16.60
3	AB 跨	左	M	-44.79	-15.50	26.1	127.13	-35.35	-113.65	-104.97	93.23	-209.34
			V	76.71	27.56	7.57	36.86	140.02	117.31	134.25	143.85	56.13
		中	M	81.44	29.76	1.15	5.565	138.83	135.38	149.46	113.06	99.81
		右	M	64.81	-9.18	28.4	138.26	117.21	32.01	44.92	231.07	-97.99
			V	-70.75	-25.35	7.57	36.86	-107.24	-129.95	-136.81	-48.32	-136.05
	BC 跨	左	M	-9.18	-3.01	13.84	67.48	5.66	-35.86	-4.00	68.49	-92.11
			V	19.50	11.81	7.69	37.49	49.29	26.22	50.00	72.69	-16.54
		中	M	12.29	5.47	0	0	21.72	21.72	24.18	16.60	16.60
2	AB 跨	左	M	-44.86	64.84	20.4	123.52	40.36	-20.84	20.58	133.24	-160.74
			V	76.70	-70.76	5.92	36.86	34.30	16.54	-11.75	89.52	1.80
		中	M	81.38	0.00	0.9	5.4	107.14	104.44	104.98	96.35	83.50
		右	M	64.84	-9.17	22.2	134.32	107.96	41.36	50.55	226.42	-93.26
			V	-70.76	19.50	5.92	31.23	-62.63	-80.39	-57.40	-30.25	-104.58
	BC 跨	左	M	-9.17	9.19	10.82	65.56	13.96	-18.50	11.60	72.96	-83.07
			V	19.50	-19.49	6.01	36.42	13.90	-4.13	1.53	54.12	-32.56
		中	M	12.29	5.47	0	0	21.72	21.72	24.18	16.60	16.60
1	AB 跨	左	M	-40.89	-13.90	10.85	104.43	-51.48	-84.03	-64.24	71.41	-177.13
			V	77.15	27.72	3.15	31.37	134.13	124.68	139.04	137.90	63.24
		中	M	84.33	31.04	0.5	8.495	142.96	141.46	155.73	120.44	100.23
		右	M	63.89	22.39	11.85	121.42	124.34	88.79	105.97	227.46	-61.52
			V	-70.31	-25.19	3.15	31.37	-113.13	-122.58	-132.02	-54.28	-128.94
	BC 跨	左	M	-9.78	-3.32	5.8	59.26	-7.50	-24.90	-22.91	57.88	-83.16
			V	19.50	11.81	3.22	32.92	42.59	32.93	40.18	67.25	-11.10
		中	M	12.29	5.47	0	0	21.72	21.72	24.18	16.60	16.60

注：M 单位为 kN·m；V 单位为 kN。

表4-93 框架柱内力统计

层号	截面位置	内力	恒荷载	楼面活载+屋面活载	雪荷载	楼面活载+雪荷载	风载		地震作用	
							左风	右风	左震	右震
9	A柱顶	M	37.88	12.77	2.45	15.22	23.13	-23.13	103.21	-103.21
		N	262.53	63.32	9.52	72.84	-5.75	5.75	-25.66	25.66
		V	-9.02	-3.04	-0.58	-3.62	-9.48	9.48	-42.37	42.37
	A柱底	M	-3.04	-1.03	-0.20	-1.22	16.68	-16.68	74.74	-74.74
		N	300.33	63.32	9.52	72.84	-5.75	5.75	-25.66	25.66
		V	-9.02	-3.04	-0.58	-3.62	-9.48	9.48	-42.37	42.37
	B柱顶	M	-27.01	-8.57	-2.45	-11.02	27.15	-27.15	121.34	-121.34
		N	304.72	92.61	13.87	106.48	0.79	-0.79	3.55	-3.55
		V	6.43	2.04	0.58	2.62	-11.75	11.75	-52.53	52.53
	B柱底	M	2.17	0.69	0.20	0.89	22.21	-22.21	99.28	-99.28
		N	342.52	92.61	13.87	106.48	0.79	-0.79	3.55	-3.55
		V	6.43	2.04	0.58	2.62	-11.75	11.75	-52.53	52.53
	C柱顶	M	27.01	8.57	2.45	11.02	27.15	-27.15	121.34	-121.34
		N	304.73	92.61	13.87	106.48	-0.79	0.79	-3.55	3.55
		V	-6.43	-2.04	-0.58	-2.62	-11.75	11.75	-52.53	52.53
	C柱底	M	-2.17	-0.69	-0.20	-0.89	22.21	-22.21	99.28	-99.28
		N	342.53	92.61	13.87	106.48	-0.79	0.79	-3.55	3.55
		V	-6.43	-2.04	-0.58	-2.62	-11.75	11.75	-52.53	52.53
	D柱顶	M	-37.96	-12.77	-2.45	-15.22	23.13	-23.13	103.21	-103.21
		N	262.52	63.32	9.52	72.84	5.75	-5.75	25.66	-25.66
		V	9.04	3.04	0.58	3.62	-9.48	9.48	-42.37	42.37
	D柱底	M	3.05	1.03	0.20	1.22	16.68	-16.68	74.74	-74.74
		N	300.32	63.32	9.52	72.84	5.75	-5.75	25.66	-25.66
		V	9.04	3.04	0.58	3.62	-9.48	9.48	-42.37	42.37
8	A柱顶	M	28.57	11.07	0.48	11.55	20.2	-20.2	98.66	-98.66
		N	586.22	141.80	9.5	151.30	1.75	-1.75	-70.42	70.42
		V	-12.62	-5.14	-0.07	-5.21	-8.74	8.74	-42.71	42.71
	A柱底	M	24.44	10.52	-0.2	10.32	16.52	-16.52	80.72	-80.72
		N	624.02	141.80	9.5	151.30	1.75	-1.75	-70.42	70.42
		V	-12.62	-5.14	-0.07	-5.21	-8.74	8.74	-42.71	42.71

续表

层号	截面位置	内力	恒荷载	楼面活载+屋面荷载	雪荷载	楼面活载+雪荷载	风载 左风	风载 右风	地震作用 左震	地震作用 右震
8	B柱顶	M	-19.42	-7.62	-0.25	-7.87	24.9	-24.9	122.29	-122.29
		N	693.17	188.28	13.89	202.17	1.75	-1.75	7.94	-7.94
		V	8.69	3.67	0.04	3.71	-10.84	10.84	-52.94	52.94
	B柱底	M	-17.07	-7.80	0.08	-7.72	20.62	-20.62	100.06	-100.06
		N	730.97	188.28	13.89	202.17	1.75	-1.75	7.94	-7.94
		V	8.69	3.67	0.04	3.71	-10.84	10.84	-52.94	52.94
	C柱顶	M	19.47	7.62	0.25	7.87	24.9	-24.9	122.29	-122.29
		N	693.11	188.28	13.89	202.17	-1.75	1.75	-7.94	7.94
		V	-8.71	-3.67	-0.04	-3.71	-10.84	10.84	-52.94	52.94
	C柱底	M	17.11	7.80	-0.08	7.72	20.62	-20.62	100.06	-100.06
		N	730.91	188.28	13.89	202.17	-1.75	1.75	-7.94	7.94
		V	-8.71	-3.67	-0.04	-3.71	-10.84	10.84	-52.94	52.94
	D柱顶	M	-28.79	-11.07	-0.48	-11.55	20.2	-20.2	98.66	-98.66
		N	580.53	141.80	9.5	151.30	15.27	-15.27	70.42	-70.42
		V	12.75	5.14	0.07	5.21	-8.74	8.74	-42.71	42.71
	D柱底	M	-24.78	-10.52	0.2	-10.32	16.52	-16.52	80.72	-80.72
		N	618.33	141.80	9.5	151.30	15.27	-15.27	70.42	-70.42
		V	12.75	5.14	0.07	5.21	-8.74	8.74	-42.71	42.71
7	A柱顶	M	25.66	10.68	-0.38	10.30	19.6	-19.6	95.36	-95.36
		N	910.04	220.33	9.5	229.83	-24.35	24.35	-114.62	114.62
		V	-12.22	-5.09	0.05	-5.04	-8.79	8.79	-42.84	42.84
	A柱底	M	25.66	10.68	0.16	10.84	17.31	-17.31	84.57	-84.57
		N	947.84	220.33	9.5	229.83	-24.35	24.35	-114.62	114.62
		V	-12.22	-5.09	0.05	-5.04	-8.79	8.79	-42.84	42.84
	B柱顶	M	-17.65	-7.75	0.46	-7.29	22.88	-22.88	111.51	-111.51
		N	1081.49	283.90	13.89	297.79	2.92	-2.92	13.59	-13.59
		V	8.40	3.69	-0.07	3.62	-10.9	10.9	-53.1	53.1
	B柱底	M	-17.65	-7.75	-0.15	-7.90	22.88	-22.88	111.51	-111.51
		N	1119.29	283.90	13.89	297.79	2.92	-2.92	13.59	-13.59
		V	8.40	3.69	-0.07	3.62	-10.9	10.9	-53.1	53.1

续表

层号	截面位置	内力	恒荷载	楼面活载+屋面活载	雪荷载	楼面活载+雪荷载	风载 左风	风载 右风	地震作用 左震	地震作用 右震
7	C柱顶	M	17.69	7.75	-0.46	7.29	22.88	-22.88	111.51	-111.51
		N	1081.36	283.90	13.89	297.79	-2.92	2.92	-13.59	13.59
		V	-8.42	-3.69	0.07	-3.62	-10.9	10.9	-53.1	53.1
	C柱底	M	17.69	7.75	0.15	7.90	22.88	-22.88	111.51	-111.51
		N	1119.16	283.90	13.89	297.79	-2.92	2.92	-13.59	13.59
		V	-8.42	-3.69	0.07	-3.62	-10.9	10.9	-53.1	53.1
	D柱顶	M	-25.97	-10.68	0.38	-10.30	19.6	-19.6	95.36	-95.36
		N	898.65	220.33	9.5	229.83	24.35	-24.35	114.62	-114.62
		V	12.36	5.09	-0.05	5.04	-8.79	8.79	-42.84	42.84
	D柱底	M	-25.97	-10.68	-0.16	-10.84	17.31	-17.31	84.57	-84.57
		N	936.45	220.33	9.5	229.83	24.35	-24.35	114.62	-114.62
		V	12.36	5.09	-0.05	5.04	-8.79	8.79	-42.84	42.84
6	A柱顶	M	25.66	10.68	0	10.68	18.59	-18.59	89.31	-89.31
		N	1233.85	298.87	9.5	308.37	-33.62	33.62	-159.51	159.51
		V	-12.22	-5.09	0	-5.09	-8.85	8.85	-42.53	42.53
	A柱底	M	25.66	10.68	0	10.68	18.59	-18.59	89.31	-89.31
		N	1271.65	298.87	9.5	308.37	-33.62	33.62	-159.51	159.51
		V	-12.22	-5.09	0	-5.09	-8.85	8.85	-42.53	42.53
	B柱顶	M	-17.72	-7.68	0	-7.68	23.04	-23.04	110.71	-110.71
		N	1469.83	379.51	13.89	393.40	3.84	-3.84	-17.99	17.99
		V	8.36	3.73	0	3.73	-10.97	10.97	-52.62	52.62
	B柱底	M	-17.41	-7.98	0	-7.98	23.04	-23.04	110.71	-110.71
		N	1507.63	379.51	13.89	393.40	3.84	-3.84	-17.99	17.99
		V	8.36	3.73	0	3.73	-10.97	10.97	-52.62	52.62
	C柱顶	M	17.77	7.68	0	7.68	23.04	-23.04	110.71	-110.71
		N	1469.64	379.51	13.89	393.40	-3.84	3.84	-17.99	17.99
		V	-8.39	-3.73	0	-3.73	-10.97	10.97	-55.62	55.62
	C柱底	M	17.45	7.98	0	7.98	23.04	-23.04	110.71	-110.71
		N	1507.44	379.51	13.89	393.40	-3.84	3.84	-17.99	17.99
		V	-8.39	-3.73	0	-3.73	-10.97	10.97	-55.62	55.62

续表

层号	截面位置	内力	恒荷载	楼面活载+屋面活载	雪荷载	楼面活载+雪荷载	风载 左风	风载 右风	地震作用 左震	地震作用 右震
6	D柱顶	M	-25.97	-10.68	0	-10.68	18.59	-18.59	89.31	-89.31
		N	1216.76	298.87	9.5	308.37	33.62	-33.62	159.51	-159.51
		V	12.36	5.09	0	5.09	-8.85	8.85	-42.53	42.53
	D柱底	M	-25.97	-10.68	0	-10.68	18.59	-18.59	89.31	-89.31
		N	1254.56	298.87	9.5	308.37	33.62	-33.62	159.51	-159.51
		V	12.36	5.09	0	5.09	-8.85	8.85	-42.53	42.53
	A柱顶	M	24.58	10.30	0	10.30	15.22	-15.22	71.42	-71.42
		N	1559.12	377.93	9.5	387.43	-42.78	42.78	-202.95	202.95
		V	-11.70	-4.90	0	-4.90	-7.25	7.25	-34.01	34.01
	A柱底	M	24.58	10.30	0	10.30	15.22	-15.22	71.42	-71.42
		N	1596.92	377.93	9.5	387.43	-42.78	42.78	-202.95	202.95
		V	-11.70	-4.90	0	-4.90	-7.25	7.25	-34.01	34.01
	B柱顶	M	-17.02	-8.23	0	-8.23	24.63	-24.63	115.58	-115.58
		N	1856.34	474.61	13.89	488.50	4.33	-4.33	20.2	-20.2
		V	8.03	3.99	0	3.99	-11.73	11.73	-55.14	55.14
	B柱底	M	-16.70	-8.53	0	-8.53	24.63	-24.63	115.58	-115.58
		N	1894.14	474.61	13.89	488.50	4.33	-4.33	20.2	-20.2
		V	8.03	3.99	0	3.99	-11.73	11.73	-55.14	55.14
5	C柱顶	M	17.07	8.23	0	8.23	24.63	-24.63	115.58	-115.58
		N	1856.08	474.61	13.89	488.50	-4.33	4.33	-20.2	20.2
		V	-8.05	-3.99	0	-3.99	-11.73	11.73	-55.14	55.14
	C柱底	M	16.75	8.53	0	8.53	24.63	-24.63	115.58	-115.58
		N	1893.88	474.61	13.89	488.50	-4.33	4.33	-20.2	20.2
		V	-8.05	-3.99	0	-3.99	-11.73	11.73	-55.14	55.14
	D柱顶	M	-24.89	-10.30	0	-10.30	15.22	-15.22	71.42	-71.42
		N	1536.35	377.93	9.5	387.43	42.78	-42.78	202.95	-202.95
		V	11.85	4.90	0	4.90	-7.25	7.25	-34.01	34.01
	D柱底	M	-24.89	-10.30	0	-10.30	15.22	-15.22	71.42	-71.42
		N	1574.15	377.93	9.5	387.43	42.78	-42.78	202.95	-202.95
		V	11.85	4.90	0	4.90	-7.25	7.25	-34.01	34.01

续表

层号	截面位置	内力	恒荷载	楼面活载+屋面活载	雪荷载	楼面活载+雪荷载	风载		地震作用	
							左风	右风	左震	右震
4	A柱顶	M	24.58	10.30	0	10.30	14.11	-14.11	65.37	-65.37
		N	1884.39	457.00	9.5	466.50	-51.28	51.28	-242.61	242.61
		V	-11.70	-4.90	0	-4.90	-6.72	6.72	-31.13	31.13
	A柱底	M	24.58	10.30	0	10.30	14.11	-14.11	65.37	-65.37
		N	1922.19	457.00	9.5	466.50	-51.28	51.28	-242.61	242.61
		V	-11.70	-4.90	0	-4.90	-6.72	6.72	-31.13	31.13
	B柱顶	M	-16.80	-8.44	0	-8.44	22.83	-22.83	105.8	-105.8
		N	2242.86	569.69	13.89	583.58	4.19	-4.19	19.52	-19.52
		V	8.00	4.02	0	4.02	-10.87	10.87	-50.38	50.38
	B柱底	M	-16.80	-8.44	0	-8.44	22.83	-22.83	105.8	-105.8
		N	2280.66	569.69	13.89	583.58	4.19	-4.19	19.52	-19.52
		V	8.00	4.02	0	4.02	-10.87	10.87	-50.38	50.38
	C柱顶	M	16.86	8.44	0	8.44	22.83	-22.83	105.8	-105.8
		N	2242.53	569.69	13.89	583.58	-4.19	4.19	-19.52	19.52
		V	-8.03	-4.02	0	-4.02	-9.48	9.48	-50.38	50.38
	C柱底	M	16.86	8.44	0	8.44	22.83	-22.83	105.8	-105.8
		N	2280.33	569.69	13.89	583.58	-4.19	4.19	-19.52	19.52
		V	-8.03	-4.02	0	-4.02	-10.87	10.87	-50.38	50.38
	D柱顶	M	-24.89	-10.30	0	-10.30	14.11	-14.11	65.37	-65.37
		N	1855.92	457.00	9.5	466.50	51.28	-51.28	242.61	-242.61
		V	11.85	4.90	0	4.90	-6.72	6.72	-31.13	31.13
	D柱底	M	-24.89	-10.30	0	-10.30	14.11	-14.11	65.37	-65.37
		N	1893.72	457.00	9.5	466.50	51.28	-51.28	242.61	-242.61
		V	11.85	4.90	0	4.90	-6.72	6.72	-31.13	31.13
3	A柱顶	M	24.58	10.30	0	10.30	11.99	-11.99	61.76	-61.76
		N	2209.65	536.06	9.5	545.56	-58.85	58.85	-279.47	279.47
		V	-11.70	-4.90	0	-4.90	-5.71	5.71	-29.41	29.41
	A柱底	M	24.58	10.30	0	10.30	11.99	-11.99	61.76	-61.76
		N	2247.45	536.06	9.5	545.56	-58.85	58.85	-279.47	279.47
		V	-11.70	-4.90	0	-4.90	-5.71	5.71	-29.41	29.41

续表

层号	截面位置	内力	恒荷载	楼面活载+屋面活载	雪荷载	楼面活载+雪荷载	左风	右风	左震	右震
3	B柱顶	M	-16.80	-8.44	0	-8.44	19.41	-19.41	99.94	-99.94
		N	2629.38	664.78	13.89	678.67	4.07	-4.07	18.89	-18.89
		V	8.00	4.02	0	4.02	-9.24	9.24	-47.59	47.59
	B柱底	M	-16.80	-8.44	0	-8.44	19.41	-19.41	99.94	-99.94
		N	2667.18	664.78	13.89	678.67	4.07	-4.07	18.89	-18.89
		V	8.00	4.02	0	4.02	-9.24	9.24	-47.59	47.59
	C柱顶	M	16.86	8.44	0	8.44	19.41	-19.41	99.94	-99.94
		N	2242.53	664.78	13.89	678.67	-4.07	4.07	-18.89	18.89
		V	-8.03	-4.02	0	-4.02	-9.24	9.24	-47.59	47.59
	C柱底	M	16.86	8.44	0	8.44	19.41	-19.41	99.94	-99.94
		N	2666.78	664.78	13.89	678.67	-4.07	4.07	-18.89	18.89
		V	-8.03	-4.02	0	-4.02	-9.24	9.24	-47.59	47.59
	D柱顶	M	-24.89	-10.30	0	-10.30	11.99	-11.99	61.76	-61.76
		N	2175.49	536.06	9.5	545.56	58.85	-58.85	279.47	-279.47
		V	11.85	4.90	0	4.90	-5.71	5.71	-29.41	29.41
	D柱底	M	-24.89	-10.30	0	-10.30	11.99	-11.99	61.76	-61.76
		N	2213.29	536.06	9.5	545.56	58.85	-58.85	279.47	-279.47
		V	11.85	4.90	0	4.90	-5.71	5.71	-29.41	29.41
2	A柱顶	M	24.52	10.27	0	10.27	8.41	-8.41	61.76	-61.76
		N	2534.90	615.13	9.5	624.63	-64.77	64.77	-315.28	315.28
		V	-11.72	-4.91	0	-4.91	-4	4	-29.41	29.41
	A柱底	M	24.72	10.36	0	10.36	8.41	-8.41	61.76	-61.76
		N	2572.70	615.13	9.5	624.63	-64.77	64.77	-315.28	315.28
		V	-11.72	-4.91	0	-4.91	-4	4	-29.41	29.41
	B柱顶	M	-16.76	-8.42	0	-8.42	13.61	-13.61	99.94	-99.94
		N	3015.90	759.87	13.89	773.76	3.98	-3.98	18.28	-18.28
		V	8.01	4.02	0	4.02	-6.48	6.48	-47.59	47.59
	B柱底	M	-16.88	-8.48	0	-8.48	13.61	-13.61	99.94	-99.94
		N	3053.70	759.87	13.89	773.76	3.98	-3.98	18.28	-18.28
		V	8.01	4.02	0	4.02	-6.48	6.48	-47.59	47.59

续表

层号	截面位置	内力	恒荷载	楼面活载+屋面活载	雪荷载	楼面活载+雪荷载	左风	右风	左震	右震
2	C柱顶	M	16.82	8.42	0	8.42	13.61	-13.61	99.94	-99.94
		N	3015.45	759.87	13.89	773.76	-3.98	3.98	-18.28	18.28
		V	-8.04	-4.02	0	-4.02	-6.48	6.48	-47.59	47.59
	C柱底	M	16.94	8.48	0	8.48	13.61	-13.61	99.94	-99.94
		N	3053.25	759.87	13.89	773.76	-3.98	3.98	-18.28	18.28
		V	-8.04	-4.02	0	-4.02	-6.48	6.48	-47.59	47.59
	D柱顶	M	-24.83	-10.27	0	-10.27	8.41	-8.41	61.76	-61.76
		N	2495.05	615.13	9.5	624.63	64.77	-64.77	315.28	-315.28
		V	11.87	4.91	0	4.91	-4	4	-29.41	29.41
	D柱底	M	-25.03	-10.36	0	-10.36	8.41	-8.41	61.76	-61.76
		N	2532.85	615.13	9.5	624.63	64.77	-64.77	315.28	-315.28
		V	11.87	4.91	0	4.91	-4	4	-29.41	29.41
1	A柱顶	M	27.84	11.65	0	11.65	2.44	-2.44	42.67	-42.67
		N	2860.61	694.36	9.5	703.86	-67.92	67.92	-346.65	346.65
		V	-9.94	-4.17	0	-4.17	-1.45	1.45	-25.63	25.63
	A柱底	M	16.89	7.11	0	7.11	4.09	-4.09	72.66	-72.66
		N	-9.02	-3.04	9.5	6.46	-67.92	67.92	-346.65	346.65
		V	-9.94	-4.17	0	-4.17	-1.45	1.45	-25.63	25.63
	B柱顶	M	-18.84	-9.50	0	-9.50	4.04	-4.04	80.74	-80.74
		N	3401.98	854.79	13.89	868.68	3.91	-3.91	16.73	-16.73
		V	7.03	3.52	0	3.52	-2.5	2.5	-49.84	49.84
	B柱底	M	-12.82	-6.33	0	-6.33	7.19	-7.19	143.54	-143.54
		N	3439.78	854.79	13.89	868.68	3.91	-3.91	16.73	-16.73
		V	7.03	3.52	0	3.52	-2.5	2.5	-49.84	49.84
	C柱顶	M	18.90	9.50	0	9.50	4.04	-4.04	80.74	-80.74
		N	3401.45	854.79	13.89	868.68	-3.91	3.91	-16.73	16.73
		V	-7.06	-3.52	0	-3.52	-1.45	1.45	-49.84	49.84
	C柱底	M	12.87	6.33	0	6.33	7.19	-7.19	143.54	-143.54
		N	3439.25	854.79	13.89	868.68	-3.91	3.91	-16.73	16.73
		V	-7.06	-3.52	0	-3.52	-2.5	2.5	-49.84	49.84

注：表中风载分左风、右风两列；地震作用分左震、右震两列。

续表

层号	截面位置	内力	恒荷载	楼面活载+屋面活载	雪荷载	楼面活载+雪荷载	风载 左风	风载 右风	地震作用 左震	地震作用 右震
1	D柱顶	M	-28.19	-11.65	0	-11.65	2.44	-2.44	42.67	-42.67
		N	2815.07	703.86	9.5	703.86	67.92	-67.92	346.65	-346.65
		V	10.06	4.17	0	4.17	-1.45	1.45	-25.63	25.63
	D柱底	M	-17.09	-7.11	0	-7.11	4.09	-4.09	72.66	-72.66
		N	2852.87	694.36	9.5	694.36	67.92	-67.92	346.65	-346.65
		V	10.06	4.17	0	4.17	-1.45	1.45	-25.63	25.63

注：M 单位为 kN·m；N 单位为 kN；V 单位为 kN。

表 4-94　框架柱内力组合

层号	柱	截面位置	内力	S_{GK} 恒载	S_{QK} 活载	S_{WK} 风载(±)	S_{EHK} 地震(±)	$1.3S_{GK}±1.5S_{QK}+0.7×1.5S_{WK}$	$1.3S_{GK}±1.5S_{WK}+0.7×1.5S_{QK}$	$1.3S_{GK}+1.5S_{QK}±0.6×1.5S_{WK}$	$\gamma_{RE}(1.3S_{GE}+1.4S_{EHK})$	$\gamma_{RE}(1.3S_{GE}-1.4S_{EHK})$
9	A	上	M			23.13	103.21	34.70	-34.70	20.82	115.60	-115.60
			N	262.53	63.32	5.75	25.66	416.39	399.14	441.44	367.62	310.14
		下	M	37.88	12.77	16.68	74.74	87.68	37.64	83.42	136.39	-31.03
			N	300.33	63.32	5.75	25.66	465.53	448.28	490.58	406.93	349.45
	B	上	M			27.15	121.34	40.73	-40.73	24.44	135.90	-135.90
			N	304.72	92.61	0.79	3.55	494.57	492.20	535.77	417.20	409.25
		下	M	-27.01	-8.57	22.21	99.28	-10.81	-77.44	-27.99	74.18	-148.21
			N	342.52	92.61	0.79	3.55	543.71	541.34	584.91	456.52	448.56
8	A	上	M	28.57	11.07	20.2	98.66	79.06	18.46	71.92	151.72	-69.28
			N	586.22	141.80	1.75	70.42	913.61	908.36	976.37	836.02	678.28
		下	M	24.44	-7.80	16.52	80.72	48.36	-1.20	34.94	107.71	-73.10
			N	624.02	141.80	1.75	70.42	962.75	957.50	1025.51	875.33	717.59
	B	上	M	-19.42	-7.62	24.9	122.29	4.10	-70.60	-14.26	108.84	-165.09
			N	693.17	188.28	1.75	7.94	1101.44	1096.19	1185.11	925.60	907.81
		下	M	-17.07	19.47	20.62	100.06	29.18	-32.68	25.57	114.56	-109.57
			N	730.97	188.28	1.75	7.94	1150.58	1145.33	1234.25	964.91	947.12

续表

层号	柱	截面位置	内力	S_{GK} 恒载	S_{QK} 活载	S_{WK} 风载(±)	S_{EHK} 地震(±)	非地震组合 $1.3S_{GK}±1.5S_{WK}+0.7×1.5S_{QK}$		非地震组合 $1.3S_{GK}+1.5S_{QK}+0.6×1.5S_{WK}$		地震组合 $\gamma_{RE}(1.3S_{GE}±1.4S_{EHK})$	
7	A	上	M	25.66	10.68	19.6	95.36	73.97	15.17	67.02	31.74	144.60	-69.01
			N	910.04	220.33	24.35	114.62	1450.93	1377.88	1535.47	1491.64	1303.96	1047.22
		下	M	25.66	10.68	17.31	84.67	70.54	18.61	64.96	33.80	132.62	-57.04
			N	947.84	220.33	24.35	114.62	1500.07	1427.02	1584.61	1540.78	1343.28	1086.53
	B	上	M	-17.65	-7.75	22.88	111.51	3.24	-65.40	-13.98	-55.16	98.48	-151.31
			N	1081.49	283.90	2.92	13.59	1708.42	1699.66	1834.42	1829.17	1435.23	1404.79
		下	M	-17.65	-7.75	22.88	111.51	3.24	-65.40	-13.98	-55.16	98.48	-151.31
			N	1119.29	283.90	2.92	13.59	1757.56	1748.80	1883.56	1878.31	1474.55	1444.10
6	A	上	M	25.66	10.68	18.59	89.31	72.46	16.69	66.11	32.65	137.82	-62.23
			N	1233.85	298.87	33.62	159.51	1968.25	1867.39	2082.57	2022.05	1772.68	1415.38
		下	M	25.66	10.68	18.59	89.31	72.46	16.69	66.11	32.65	137.82	-62.23
			N	1271.65	298.87	33.62	159.51	2017.39	1916.53	2131.71	2071.19	1811.99	1454.69
	B	上	M	-17.72	-7.68	23.04	110.71	3.45	-65.67	-13.83	-55.30	97.57	-150.42
			N	1469.83	379.51	3.84	17.99	2315.03	2303.51	2483.51	2476.60	1943.47	1903.17
		下	M	-17.41	-7.98	23.04	110.71	3.55	-65.57	-13.86	-55.33	97.59	-150.40
			N	1507.63	379.51	3.84	17.99	2364.17	2352.65	2532.65	2525.74	1982.78	1942.48
5	A	上	M	24.58	10.30	15.22	71.42	65.60	19.94	61.10	33.70	116.26	-43.72
			N	1559.12	377.93	42.78	202.95	2487.85	2359.51	2632.25	2555.25	2241.84	1787.23
		下	M	24.58	10.30	15.52	71.42	66.05	19.49	61.37	33.43	116.26	-43.72
			N	1596.92	377.93	42.78	202.95	2536.99	2408.65	2681.39	2604.39	2281.15	1826.54
	B	上	M	-17.02	-8.23	24.63	115.58	6.18	-67.71	-12.31	-56.64	103.19	-155.71
			N	1856.34	474.61	24.63	20.2	2918.08	2905.09	3129.05	3121.26	2446.81	2401.56
		下	M	-16.70	-8.53	24.63	115.58	6.28	-67.61	-12.34	-56.67	103.21	-155.69
			N	1894.14	474.61	24.63	20.2	2967.22	2954.23	3178.19	3170.40	2486.12	2440.88
4	A	上	M	24.58	10.30	14.11	65.37	63.93	21.60	60.10	34.70	109.49	-36.94
			N	1884.39	457.00	51.28	242.61	3006.47	2852.63	3181.35	3089.04	2706.76	2163.31
		下	M	24.58	10.30	14.11	65.37	63.93	21.60	60.10	34.70	109.49	-36.94
			N	1922.19	457.00	51.28	242.61	3055.61	2901.77	3230.49	3138.18	2746.07	2202.62

续表

层号	柱	截面位置	内力	S_{GK} 恒载	S_{QK} 活载	S_{WK} 风载 (±)	S_{EHK} 地震 (±)	非地震组合 $1.3S_{GK} \pm 1.5S_{WK} + 0.7 \times 1.5S_{QK}$		非地震组合 $1.3S_{GK} \pm 1.5S_{QK} + 0.6 \times 1.5S_{WK}$		地震组合 $\gamma_{RE}(1.3S_{GE} \pm 1.4S_{EHK})$	
4	B	上	M	-16.80	-8.44	22.83	105.8	3.55	-64.94	-13.95	-55.04	92.25	-144.74
		上	N	2242.86	569.69	4.19	19.52	3520.18	3507.61	3774.03	3766.49	2946.92	2903.19
		下	M	-16.80	-8.44	22.83	105.8	3.55	-64.94	-13.95	-55.04	92.25	-144.74
		下	N	2280.66	569.69	4.19	19.52	3569.32	3556.75	3823.17	3815.63	2986.23	2942.50
3	A	上	M	24.58	10.30	11.99	61.76	60.75	24.78	58.19	36.61	105.44	-32.90
		上	N	2209.65	536.06	58.85	279.47	3523.68	3347.13	3729.60	3623.67	3168.55	2542.53
		下	M	24.58	10.30	11.99	61.76	60.75	24.78	58.19	36.61	105.44	-32.90
		下	N	2247.45	536.06	58.85	279.47	3572.82	3396.27	3778.74	3672.81	3207.86	2581.84
	B	上	M	-16.80	-8.44	19.41	99.94	-1.58	-59.81	-17.03	-51.96	85.69	-138.18
		上	N	2629.38	664.78	4.07	18.89	4122.31	4110.10	4419.02	4411.69	3447.08	3404.76
		下	M	-16.80	-8.44	19.41	99.94	-1.58	-59.81	-17.03	-51.96	85.69	-138.18
		下	N	2667.18	664.78	4.07	18.89	4171.45	4159.24	4468.16	4460.83	3486.39	3444.08
2	A	上	M	24.52	10.27	8.41	61.76	55.28	30.05	54.86	39.72	105.36	-32.98
		上	N	2534.90	615.13	64.77	315.28	4038.41	3844.10	4276.36	4159.77	3629.15	2922.92
		下	M	24.72	10.36	8.41	61.76	55.62	30.39	55.24	40.10	105.65	-32.69
		下	N	2572.70	615.13	64.77	315.28	4087.55	3893.24	4325.50	4208.91	3668.46	2962.23
	B	上	M	-16.76	-8.42	13.61	99.94	-10.21	-51.04	-22.17	-46.67	85.75	-138.12
		上	N	3015.90	759.87	3.98	18.28	4724.50	4712.56	5064.05	5056.89	3947.27	3906.32
		下	M	-16.88	-8.48	13.61	99.94	-10.43	-51.26	-22.41	-46.91	85.56	-138.31
		下	N	3053.70	759.87	3.98	18.28	4773.64	4761.70	5113.19	5106.03	3986.58	3945.64
1	A	上	M	27.84	11.65	2.44	42.67	52.09	44.77	55.87	51.48	88.87	-6.71
		上	N	2860.61	694.36	67.92	346.65	4549.74	4345.98	4821.45	4699.19	4085.41	3308.91
		下	M	16.89	7.11	4.09	72.66	35.56	23.29	36.31	28.95	106.34	-56.42
		下	N	2898.41	694.36	67.92	346.65	4598.88	4395.12	4870.59	4748.33	4124.72	3348.22
	B	上	M	-18.84	-9.50	4.04	80.74	-28.40	-40.52	-35.10	-42.37	60.96	-119.90
		上	N	3401.98	854.79	3.91	16.73	5325.97	5314.24	5708.28	5701.24	4445.78	4408.30
		下	M	-12.82	-6.33	7.19	143.54	-12.52	-34.09	-19.69	-32.63	140.85	-180.68
		下	N	3439.78	854.79	3.91	16.73	5375.11	5363.38	5757.42	5750.38	4485.09	4447.61

注：M 单位为 kN·m；N 单位为 kN。

4.7 构件截面设计

在经过内力组合，确定了最不利荷载后则可进行截面设计，本例取⑥号轴框架 1 层 AB 跨梁、1 层 A 柱及①号轴剪力墙的截面配筋计算。

混凝土强度等级为 C40，$f_c = 19.1 \text{N/mm}^2$，$f_t = 1.71 \text{N/mm}^2$，纵筋采用 HRB400，$f_y = f_y' = 360 \text{N/mm}^2$。

4.7.1 框架梁

以 1 层 AB 跨框架梁为例，说明计算过程。

4.7.1.1 正截面受弯承载力计算

在之前进行的内力组合表 4-92 中选出非地震组合和地震组合中 AB 跨的跨中截面及支座截面的最不利内力，即

跨中弯矩：$M = 156.63 \text{kN} \cdot \text{m}$

支座截面：$M_{AB} = -151.13 \text{kN} \cdot \text{m}$，$M_{BA} = -196.03 \text{kN} \cdot \text{m}$。

(1) 跨中截面

先计算跨中截面，因梁板现浇，故跨中按 T 形截面计算。

梁宽 $b = 300 \text{mm}$，梁高 $h = 800 \text{mm}$，翼缘厚度 $h_f = 120 \text{mm}$。

梁受压翼缘宽度 $b_f' = \min\left\{\dfrac{1}{3}l_0, b + S_n, b + 12h_f'\right\} = \min\{2400, 3600, 1740\} = 1740 \text{(mm)}$，

按单排布筋，$h_0 = h - 40 = 760 \text{(mm)}$。

$\alpha_1 f_c b_f' h_f' \left(h_0 - \dfrac{h_f'}{2}\right) = 1.0 \times 19.1 \times 1740 \times 120 \times \left(760 - \dfrac{120}{2}\right) = 2791.66 \text{(kN} \cdot \text{m)} > M = 156.63 \text{(kN} \cdot \text{m)}$，属于第 I 类 T 形截面。

$$\alpha_s = \frac{M}{\alpha_1 f_c b_f' h_0^2} = \frac{156.63 \times 10^6}{1 \times 19.1 \times 1740 \times 760^2} = 8.2 \times 10^{-3};$$

$$\xi = 1 - \sqrt{1 - 2\alpha_s} = 1 - \sqrt{1 - 2 \times 8.2 \times 10^{-3}} = 8.2 \times 10^{-3} \leqslant \xi_b = 0.518$$

则：
$$A_s = \frac{\alpha_1 f_c b_f' x}{f_y} = \frac{1.0 \times 19.1 \times 1740 \times 8.20 \times 10^{-3} \times 760}{360} = 575.32 \text{(mm}^2);$$

$$\rho = \frac{A_s}{bh_0} = \frac{575.32}{300 \times 760} = 0.252\% > \rho_{min} = \max\left\{0.2\%, \frac{0.45f_t}{f_y} = 0.214\%\right\} = 0.214\%$$

满足最小配筋率的要求。

实配钢筋 4Φ16：$A_s = 804 \text{mm}^2$。

(2) 支座截面

B 支座最大负弯矩为 196.03kN·m，将底部两根纵筋伸入支座作为计算负弯矩时的受压钢筋，则 $A_s' = 402 \text{mm}^2$。

$$\alpha_s = \frac{M - f_y' A_s'(h_0 - a_s')}{\alpha_1 f_c b h_0^2} = \frac{196.03 \times 10^6 - 104.198 \times 10^6}{1 \times 19.1 \times 300 \times 760^2} = 0.0277 \leqslant \alpha_{s,max} = 0.384$$

$$\xi = 1 - \sqrt{1 - 2\alpha_s} = 1 - \sqrt{1 - 2 \times 0.0277} = 0.028$$

$$A_s = \frac{M}{f_y(h_0 - a_s)} = \frac{196.03 \times 10^6}{360 \times 740} = 756.3 (\text{mm}^2)$$

$\dfrac{A_s'}{A_s} = \dfrac{402}{756.3} = 0.53 > 0.3$，符合塑性铰区延性要求。

$$\rho = \frac{A_s}{bh_0} = \frac{756.3}{300 \times 760} = 0.3\% > \rho_{\min} = \max\left\{0.2\%, \frac{0.45f_t}{f_y} = 0.214\%\right\} = 0.214\%$$

满足最小配筋率要求。

实配钢筋 4Φ16：$A_s = 804\text{mm}^2$。

4.7.1.2 斜截面受弯承载力计算

查内力组合表 4-92 可知，支座截面最不利剪力值 $V = 144.71\text{kN}$，根据强剪弱弯要求，梁端剪力值要按下式适当调整，即：$V_b = 1.1\dfrac{M_b + M_b'}{l_n} + V_{Gb}$。

$$V_b = 1.1 \times \frac{52.51 + 196.03}{7.2 - 0.65} + 1.2 \times (77.15 + 0.5 \times 27.72) = 150.95(\text{kN}) \ (\text{地震调整过})$$

剪压比按下式计算：

$$\frac{\gamma_{RE}V_b}{\beta_c f_c b_b h_{b0}} = \frac{150.95 \times 10^3}{1.0 \times 19.1 \times 300 \times 760} = 0.0347 < 0.15，满足最小截面尺寸要求。$$

箍筋采用 HRB400 级钢筋，$f_{yv} = 360\text{N/mm}^2$，由下式有：

$$\frac{A_{sv}}{s} \geqslant \frac{\gamma_{RE}V_b - 0.42f_t b_b h_{b0}}{1.25f_{yv}h_{b0}} = \frac{150.95 \times 10^3 - 0.42 \times 1.71 \times 300 \times 760}{1.25 \times 360 \times 760} = -0.0374$$

按构造要求配箍筋。

$$\rho_{sv} \geqslant \frac{0.26f_t}{f_{yv}} = \frac{1.71}{360} \times 0.26 = 0.124\%$$

现在Φ8@200 双肢箍作为非箍筋加密区箍筋，箍筋加密区配筋Φ8@100，加密区长度为 $\max\{500, 1.5h\} = 1200\text{mm}$，取 1200(mm)。

$$\frac{A_{sv}}{bS} = \frac{101}{300 \times 200} = 0.168\%$$

4.7.2 框架柱

以 1 层 A 柱为例，来说明柱的截面配筋计算过程。

A 柱截面尺寸为 600mm×600mm，混凝土强度等级为 C40，$f_c = 19.1\text{N/mm}^2$，$f_t = 1.71\text{N/mm}^2$。

4.7.2.1 剪跨比和轴压比

根据《高层建筑混凝土结构技术规程》(JGJ 3—2010)，柱剪跨比可取柱净高与计算方向两倍柱截面有效高度之比，即：

$$\lambda = \frac{(4.5 - 0.12) \times 10^3}{2 \times (600 - 40)} = 3.91 > 2$$

A 柱为长柱，由柱内力组合表 4-94 可知，柱轴力 $N = 4870.59\text{kN}$，其轴压比为：

$$\mu = \frac{N}{f_c bh} = \frac{4870.59 \times 10^3}{19.1 \times 600 \times 600} = 0.71 < 0.8$$

满足柱轴压比限值的要求。

4.7.2.2 正截面抗弯承载力设计

为达到强柱弱梁的要求，选取的 $N_{\min}$ 及 M 上、下端的两组柱端弯矩设计值应按 $\sum M_c \geqslant \eta_c \sum M_b$ 调整。柱抗震等级为三级，取 $\eta_c = 1.1$，由梁内力组合可查得，$\sum M_b = 158.96 \text{kN} \cdot \text{m}$（边柱节点只有梁 AB），则 $1.1 \sum M_b = 1.1 \times 158.96 = 174.86 (\text{kN} \cdot \text{m})$。若同一节点柱端弯矩之和小于增大后的梁端弯矩之和，则其差值均分至柱端。由柱内力组合表可知，1 层 A 柱上端弯矩为 88.87kN·m，2 层 A 柱下端弯矩为 105.65kN·m，同一节点上、下柱端弯矩之和为：

$$88.87 + 105.65 = 194.520 (\text{kN} \cdot \text{m}) > 1.1) \sum M_b = 174.86 (\text{kN} \cdot \text{m})，故不需调整。$$

在计算过程中，取 $M_{\max}$（$M = 106.34 \text{kN} \cdot \text{m}$，$N = 4124.72 \text{kN}$）组和 $N_{\max}$（$M = 36.31 \text{kN} \cdot \text{m}$，$N = 4870.59 \text{kN}$）组进行配筋计算，并取其中配筋较大者，即：

$$M = 106.34 \text{kN} \cdot \text{m}；N = 4124.72 \text{kN}$$
$$M = 36.31 \text{kN} \cdot \text{m}；N = 4870.59 \text{kN}$$

A 柱截面尺寸为 600mm×600mm，混凝土强度等级为 C40，$f_c = 19.1 \text{N/mm}^2$，$f_t = 1.71 \text{N/mm}^2$。1 层 A 柱为现浇钢筋混凝土柱，计算长度为 $l_c = 1.25H = 1.25 \times 4.5 = 5.6 (\text{m})$。

采用对称配筋 $f_y A_s = f_y' A_s'$，钢筋选用 HRB400 级钢筋，$f_y = f_y' = 360 \text{N/mm}^2$。

$$N_b = \alpha_1 f_c \xi_b b h_0 = 1.0 \times 19.1 \times 0.518 \times 600 \times 560 = 3324.3 (\text{kN})$$

(1) $M_{\max}$ 组

$M = 106.34 \text{kN} \cdot \text{m}$；$N = 4124.72 \text{kN}$

判断是否考虑二阶效应：

$$a_s = a_s' = 40 \text{mm}，h_0 = h - a_s = 600 - 40 = 560 (\text{mm})$$

$$\frac{M_1}{M_2} = \frac{88.87}{106.34} = 0.84 \leqslant 0.9$$

$$\mu = \frac{N}{A f_c} = \frac{4124.72 \times 10^3}{600 \times 600 \times 19.1} = 0.6 < 0.9$$

$$i = \sqrt{\frac{I}{A}} = \sqrt{\frac{1/12 \times 0.6^4}{0.6^2}} = 0.173$$

$$\frac{l_c}{i} = \frac{5.6}{0.173} = 32.37 > 34 - 12\frac{M_1}{M_2} = 23.92$$

因此，需要考虑由弯矩二阶效应而引起的弯矩增大系数。

求弯矩增大系数 η_{ns}：

$$e_a = \max\left\{20\text{mm}, \frac{h}{30}\right\} = \max\left\{20\text{mm}, \frac{600}{30}\text{mm} = 20\text{mm}\right\} = 20\text{mm}$$

构件截面端偏心距调节系数 $C_m = 0.7 + 0.3\frac{M_1}{M_2} = 0.7 + 0.3 \times 0.84 = 0.952$；

截面曲率修正系数 $\zeta_c = \frac{0.5 f_c A}{N} = \frac{0.5 \times 19.1 \times 600 \times 600}{4124.72 \times 10^3} = 0.834$；

$$\eta_{ns} = 1 + \frac{1}{1300\left(\frac{M_2}{N} + e_a\right)/h_0}\left(\frac{l_c}{h}\right)^2 \zeta_c = 1 + \frac{1}{1300 \times \left(\frac{106.34 \times 10^6}{4124.72 \times 10^3} + 20\right)/560} \times \left(\frac{5600}{600}\right)^2 \times 0.834$$

$=1.68$;

$$M = C_m \eta_{ns} M_2 = 0.952 \times 1.68 \times 106.34 = 170.08 (\text{kN} \cdot \text{m})$$

判断偏心类型

$$\xi = \frac{N}{\alpha_1 f_c b h_0} = \frac{4124.72 \times 10^3}{1.0 \times 19.1 \times 600 \times 560} = 0.64 > 0.518$$

因此按小偏压计算。

确定 A_s 和 A_s':

对称配筋时,先按下式求出 ξ 值,再代入求 A_s 的公式计算配筋面积。

$$e_0 = \frac{M}{N} = \frac{170.08 \times 10^6}{4124.72 \times 10^3} = 41.23 (\text{mm})$$

$$e_i = e_0 + e_a = 41.23 + 20 = 61.23 (\text{mm}) < 0.3 h_0 = 168 (\text{mm})$$

$$e = e_i + \frac{h}{2} - a_s = 61.23 + 300 - 40 = 321.23 (\text{mm})$$

$$\xi = \frac{N - \xi_b \alpha_1 f_c b h_0}{\dfrac{Ne - 0.43 \alpha_1 f_c b h_0^2}{(\beta - \xi_b)(h_0 - a_s')} + \alpha_1 f_c b h_0} + \xi_b$$

$$A_s' = \frac{Ne - \alpha_1 f_c b h_0^2 \xi (1 - 0.5\xi)}{f_y'(h_0 - a_s')}$$

上式中,若 $N < \xi_b \alpha_1 f_c b h_0$ 及 $Ne < 0.43 \alpha_1 f_c b h_0^2$ 时,为构造配筋。

$N = 4124.72 \text{kN} > \xi_b \alpha_1 f_c b h_0 = 0.518 \times 1.0 \times 19.1 \times 600 \times \dfrac{560}{1000} = 3324.317 (\text{kN})$;

$Ne = 4124.72 \times 0.33 = 1361.16 (\text{kN} \cdot \text{m}) < 0.43 \alpha_1 f_c b h_0^2 = 0.43 \times 1.0 \times 19.1 \times 600 \times 560^2$
$= 1545.36 (\text{kN} \cdot \text{m})$;

仅需按构造配筋。

(2) N_{max} 组

$$M = 36.31 \text{kN} \cdot \text{m}; \quad N = 4870.59 \text{kN}$$

判断是否考虑二阶效应:

$$a_s = a_s' = 40 \text{mm}, \quad h_0 = h - a_s = 600 - 40 = 560 (\text{mm})$$

$$\frac{M_1}{M_2} = \frac{36.31}{55.87} = 0.65 \leqslant 0.9$$

$$\mu = \frac{N}{A f_c} = \frac{4870.59 \times 10^3}{600 \times 600 \times 19.1} = 0.71 < 0.9$$

$$i = \sqrt{\frac{I}{A}} = \sqrt{\frac{1/12 \times 0.6^4}{0.6^2}} = 0.173$$

$$\frac{l_c}{i} = \frac{5.6}{0.173} = 32.37 > 34 - 12 \frac{M_1}{M_2} = 26.2$$

因此,需要考虑由弯矩二阶效应而引起的弯矩增大系数。

求弯矩增大系数 η_{ns}:

$$e_a = \max\left\{20\text{mm}, \frac{h}{30}\right\} = \max\left\{20\text{mm}, \frac{600}{30}\text{mm} = 20\text{mm}\right\} = 20\text{mm}$$

$$C_\mathrm{m}=0.7+0.3\frac{M_1}{M_2}=0.7+0.3\times0.65=0.895$$

$$\zeta_\mathrm{c}=\frac{0.5f_\mathrm{c}A}{N}=\frac{0.5\times19.1\times600\times600}{4870.59\times10^3}=0.706$$

$$\eta_\mathrm{ns}=1+\frac{1}{1300\left(\frac{M_2}{N}+e_\mathrm{a}\right)/h_0}\left(\frac{l_\mathrm{c}}{h}\right)^2\zeta_\mathrm{c}$$

$$=1+\frac{1}{1300\times\left(\frac{36.31\times10^6}{4870.59\times10^3}+20\right)/560}\times\left(\frac{5600}{600}\right)^2\times0.706=1.96$$

$$M=C_\mathrm{m}\eta_\mathrm{ns}M_2=0.895\times1.96\times36.31=63.70(\mathrm{kN\cdot m})$$

判断偏心类型：

$$\xi=\frac{N}{\alpha_1f_\mathrm{c}bh_0}=\frac{4870.59\times10^3}{1.0\times19.1\times600\times560}=0.76>0.518$$

因此按小偏压计算。

确定 A_s 和 A_s'：

对称配筋时，先按下式求出 ξ 值，再代入求 A_s 的公式计算配筋面积。

$$e_0=\frac{M}{N}=\frac{63.70\times10^6}{4870.59\times10^3}=13.08(\mathrm{mm})$$

$$e_\mathrm{i}=e_0+e_\mathrm{a}=13.08+20=33.08(\mathrm{mm})<0.3h_0=168(\mathrm{mm})$$

$$e=e_\mathrm{i}+\frac{h}{2}-a_\mathrm{s}=33.08+300-40=293.08(\mathrm{mm})$$

$$\xi=\frac{N-\xi_\mathrm{b}\alpha_1f_\mathrm{c}bh_0}{\dfrac{Ne-0.43\alpha_1f_\mathrm{c}bh_0^2}{(\beta-\xi_\mathrm{b})(h_0-a_\mathrm{s}')}+\alpha_1f_\mathrm{c}bh_0}+\xi_\mathrm{b}$$

$$A_\mathrm{s}'=\frac{Ne-\alpha_1f_\mathrm{c}bh_0^2\xi(1-0.5\xi)}{f_\mathrm{y}'(h_0-a_\mathrm{s}')}$$

上式中，若 $N<\xi_\mathrm{b}\alpha_1f_\mathrm{c}bh_0$ 及 $Ne<0.43\alpha_1f_\mathrm{c}bh_0^2$ 时，为构造配筋。

$$N=4870.59\mathrm{kN}>\xi_\mathrm{b}\alpha_1f_\mathrm{c}bh_0=0.518\times1.0\times19.1\times600\times\frac{560}{1000}=3324.317(\mathrm{kN})$$

$$Ne=4870.59\times0.293=1427.08(\mathrm{kN\cdot m})$$

$$Ne<0.43\alpha_1f_\mathrm{c}bh_0^2=0.43\times1.0\times19.1\times600\times560^2=1545.36(\mathrm{kN\cdot m})$$

仅需按构造配筋。

根据构造要求，A 柱抗震设计时，全部纵向配筋率不应大于 5%，且不小于 0.6%，且柱截面每一侧纵向刚接配筋率不应小于 0.2%，采用对称配筋。

$$0.6\%bh=0.006\times600\times560=2016(\mathrm{mm}^2)$$

实际每侧配筋 4Φ18，共配 12Φ18（总配钢筋面积为 3054mm²＞2016mm²）。

4.7.2.3 斜截面抗剪承载力计算

为保证强剪弱弯，根据混凝土结构设计规范，框架柱的剪力设计值 V_c 应按下式计算：

$$V_c = 1.1 \frac{(M_c^t + M_c^b)}{H_n} = 1.1 \times \frac{88.87 + 106.34}{4.5 - 0.12} = 49.03 (\text{kN}) \, (\text{地震调整后})$$

对于剪跨比大于 2 的矩形截面框架柱的截面尺寸应符合下式：

$$V_c \leq \frac{1}{\gamma_{RE}} (0.2 \beta_c f_c b_c h_{c0})$$

对 A 柱，$V_c = 49.03 (\text{kN}) \leq (0.2 \times 1.0 \times 19.1 \times 600 \times 560) = 1283.52 (\text{kN})$，即截面尺寸满足要求。

选取柱内力组合表中 $V_{max} = 43.38 \text{kN}$ 相应的轴向压力设计值。

$N = 3308.91 \text{kN} > 0.3 f_c b_c h_{c0} = 0.3 \times 19.1 \times 600 \times 560 = 1925.28 (\text{kN})$；

取 $N = 0.3 f_c b_c h_{c0} = 1925.28 (\text{kN})$。

$\lambda = \dfrac{M}{Vh_0} = \dfrac{106.34}{43.38 \times 0.56} = 4.37 > 3$，取 $\lambda = 3$，由下式验算框架柱斜截面抗剪承载力：

$$V_c \leq \frac{1}{\gamma_{RE}} \left(\frac{1.05}{1+\lambda} f_t b_c h_{c0} + f_{yv} \frac{A_{sv}}{s} h_{c0} + 0.056N \right)$$

则：

$$\frac{A_{sv}}{s} \geq \frac{\gamma_{RE} V_c - 0.056N - \dfrac{1.05}{1+\lambda} f_t b_c h_{c0}}{f_{yv} h_{c0}}$$

$$= \frac{49.03 \times 10^3 - 0.056 \times 1925.28 \times 10^3 - \dfrac{1.05}{1+3} \times 1.71 \times 600 \times 560}{300 \times 560} = -1.25 < 0;$$

故仅需按构造配筋，根据规范柱端箍筋加密区应符合相关要求，选用四肢箍Φ8@100，$s = 100 \text{mm} \leq \min\{8d = 144 \text{mm}, 150 \text{mm}\} = 144 \text{mm}$。

柱端体积配箍率：

$$\rho = \frac{n_1 A_{s1} l_1 + n_2 A_{s2} l_2}{s A_{cor}} = \frac{4 \times 50.3 \times 460 \times 2}{100 \times 460 \times 460} = 0.875\% \geq \lambda_v f_c / f_{yv} = 0.1 \times \frac{21.1}{300} = 0.703\%$$

（最小配箍率特征值 λ_v 按柱轴压比 $\mu = 0.56$ 取 $\lambda_v = 0.1$）；

非箍筋加密区箍筋选用四肢箍Φ8@200，其配箍率为 $\rho_{sv} = 0.437\%$。

4.7.3 连梁

选取①号轴线 AB 跨进行设计，因为连梁的正截面受弯承载力及斜截面受剪承载力计算与框架梁计算相同，具体计算见框架梁计算过程，在此从略。

4.7.4 剪力墙

选取①号轴线 AB 跨剪力墙来说明计算截面的具体计算过程。

因为剪力墙的 M、N 及 V 的内力组合与柱的各相应的内力组合表达式相同，此时组合式中各弯矩、轴力及剪力为剪力墙在相应荷载作用下的上下墙端的内力值。以剪力墙 W-1 为例，说明计算过程。

混凝土强度等级为 C40，$f_c = 19.1 \text{N/mm}^2$，$f_t = 1.71 \text{N/mm}^2$。钢筋为 HRB400，$f_y = f_y' = 360 \text{N/mm}^2$。

剪力墙尺寸：墙肢长度 $h_w=7800\text{mm}$，墙肢宽度 $b_w=200\text{mm}$，$a_s=a'_s=400\text{mm}$，$h_{w0}=h_w-a'_s=7800-400=7400(\text{mm})$，$b'_f=600\text{mm}$，$h'_f=600\text{mm}$。

采用对称配筋，选用由地震作用的内力组合中的 $M_{\max}$ 的最大一组，则 $M=4982.53\text{kN}\cdot\text{m}$，$V=688.04\text{kN}$，$N=3951.86\text{kN}$。

水平及竖向分布筋选用 $\Phi10@200$，$\rho_w=0.30\%>\rho_{\min}=0.25\%$，满足最小配筋率要求。

4.7.4.1　剪跨比及轴压比验算

对同一层剪力墙，应取上、下端剪跨比计算，取计算结果的较大值。

$M=4982.53\text{kN}\cdot\text{m}$，$V=688.04\text{kN}$，

剪跨比 $\lambda=\dfrac{M}{Vh_w}=0.93$；$\lambda<2.5$，满足要求；

轴压比验算 $\dfrac{N}{f_cA_w}=0.12<0.60$，满足要求；

4.7.4.2　偏心受压正截面承载力计算

此时为矩形截面，假定 $\sigma_s=f_y$，由下式计算截面受压区高度：

$$N\leqslant A'_sf_y-A_s\sigma_s-N_{sw}+N_c$$
$$N_c=\alpha_1f_cb'_fx$$
$$N_{sw}=(h_{w0}-1.5x)b_wf_{yw}\rho_w$$

截面受压区高度：

$$x=\frac{\gamma_{RE}N+b_wb_{w0}f_{yw}\rho_w}{\alpha_1f_cb_w+1.5f_{yw}\rho_w}=421.1(\text{mm})$$

则 $x=421.1<\xi_bh_{w0}=0.518\times7400=3833.2(\text{mm})$，属于大偏心。

$$M_c=\alpha_1f_cb_wx\left(h_{w0}-\frac{x}{2}\right)=34.7\times10^9\text{N}\cdot\text{m}$$

则分布筋承受的抵抗弯矩为：$M_{sw}=\dfrac{1}{2}b_wf_{yw}\rho_w(h_{w0}-1.5x)^2=2.89\times10^9\text{N}\cdot\text{m}$；

$$e=\frac{M}{N}=1261\text{mm}$$

$$A_s=A'_s=\frac{\gamma_{RE}N(e+h_{w0}-h_w/2)+M_{sw}-M_c}{f'_y(h_{w0}-a'_s)}<0，\text{按构造配筋}$$

应取 $0.006A_c=0.006\times600\times600=2160(\text{mm}^2)$ 和 $6\Phi14$ 大值，选取纵筋为 $12\Phi16$（$A_s=A'_s=2412\text{mm}^2$）。

4.7.4.3　斜截面受剪承载力

斜截面受剪承载力计算时取 $\lambda=\dfrac{M}{Vh_{w0}}=\dfrac{4982.53\times10^6}{688.04\times10^3\times7400}=0.98$，又由于

$$N=3951.86\text{kN}<0.2f_cb_wh_w=0.2\times19.1\times200\times7800=5959.2(\text{kN})$$

故取 $N=3951.86\text{kN}$ 计算，同时选取水平分布钢筋为双排 $\Phi10@200$；

$$\frac{A_{sv}}{s}\geqslant\frac{\gamma_{RE}V-\dfrac{1}{\lambda-0.5}\left(0.4f_tb_wh_{w0}-0.1N\dfrac{A_w}{A}\right)}{0.8f_{yh}h_{w0}}=\frac{584.83\times10^3-1285.7\times10^3}{0.8\times360\times7400}<0；$$

按构造配筋。

选用两排$\Phi 10@150$，则$\dfrac{A_{sw}}{s}=\dfrac{157.1}{150}=1.047$，配筋率$\rho_{sw}=\dfrac{A_{sw}}{A}=0.42\%>0.25\%$，满足要求。

4.8 楼梯设计

在本工程中选用板式楼梯，标准层层高4.2m，上16级。楼梯尺寸如图4-14所示。楼梯的活荷载标准值$q_k=3.5\text{kN/m}^2$，混凝土选用C40；主要受力钢筋用HRB400。

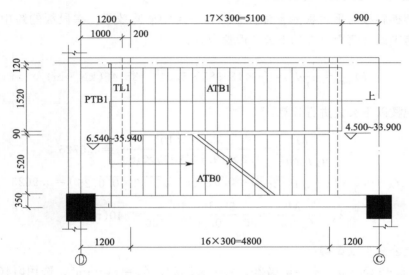

图4-14 楼梯结构布置示意

4.8.1 梯段板设计

4.8.1.1 梯段板跨度

梯段板计算跨度：$L=L_n+b=4800+150\times2=5100(\text{mm})\geqslant1.05L_n=5040(\text{mm})$；

因此取梯段板计算跨度为5040mm。按1m宽板带计算。

4.8.1.2 梯段板厚度

梯段板厚度：$h=\left(\dfrac{1}{30}\sim\dfrac{1}{25}\right)L=168\sim201.6(\text{mm})$

取梯段板厚度$h=180\text{mm}$，有效截面高度$h_0=180-20=160(\text{mm})$。

4.8.1.3 楼梯详情

踏步宽：300mm；

踏步高：120mm；

夹角余弦值：$\cos\theta=0.928$。

4.8.1.4 荷载计算

面层：$2.0\times(0.3+0.12)/0.3=2.8(\text{kN/m})$；

楼梯踏步自重：$0.12 \times 25 \times 0.5 = 1.5(\text{kN/m})$；

斜板自重：$0.08 \times 25/\cos\theta = 2.16(\text{kN/m})$；

板底粉刷：$0.24/\cos\theta = 0.259(\text{kN/m})$；

恒荷载标准值：$g_k = 6.719\text{kN/m}$；

活荷载标准值：$p_k = 3.50\text{kN/m}$；

恒荷载控制时工况：$1.35g_k + 1.5 \times 0.7p_k = 12.75(\text{kN/m})$；

活荷载控制时工况：$1.3g_k + 1.5p_k = 13.985(\text{kN/m})$；

综上所述，选用 $q = 13.985\text{kN/m}$ 进行截面设计。

4.8.1.5 楼梯板 ATB0 截面设计

考虑到楼梯斜板与平台板的整体性，存在一定的嵌固效果。梯段板的跨中弯矩将会减小。斜板的跨中最大弯矩可按如下公式近似取为：

$$M_{max} = \frac{1}{10}ql^2 = \frac{1}{10} \times 13.985 \times 5.04^2 = 35.46(\text{kN} \cdot \text{m})$$

配筋情况按以下公式进行计算：

$$\alpha_s = \frac{M}{\alpha_1 f_c b h_0^2} = \frac{35.46 \times 10^6}{1.0 \times 19.1 \times 1000 \times 160^2} = 0.0725$$

$$\gamma_s = 0.5 \times (1 + \sqrt{1 - 2\alpha_s}) = 0.5 \times (1 + \sqrt{1 - 2 \times 0.0725}) = 0.9623$$

$$A_s = \frac{M}{f_y \gamma_s h_0} = \frac{35.46 \times 10^6}{360 \times 0.9623 \times 160} = 640(\text{mm}^2)$$

根据以上公式可以算得：

$M_{max} = 35.46\text{kN} \cdot \text{m}$，$\alpha_s = 0.0725$，$\gamma_s = 0.9623$，$A_s = 640\text{mm}^2$，选用Φ14@160，实配钢筋 $A_s = 962\text{mm}^2$；

同时支座截面负弯矩钢筋数量不得小于跨中截面配筋的一半，即 $A_s \geqslant 481\text{mm}^2$，选用Φ12@200，实用钢筋 $A_s = 565\text{mm}^2$；

验算配筋率：

$$\rho = \frac{A_s}{bh} = \frac{962}{1000 \times 180} = 0.534\% > \rho_{min} = \max\{0.2\%, 0.45f_t/f_y\} = 0.21\%；$$

$$\rho = \frac{A_s}{bh_0} = \frac{962}{1000 \times 160} = 0.601\% < \rho_{max} = \xi_b \frac{\alpha_1 f_c}{f_y} = 2.75\%；$$

均满足要求。

分布钢筋按构造要求配置：

直径$\geqslant$6mm；间距$\leqslant$250mm；$\rho \geqslant 0.15\%$；$A_s' \geqslant 0.15A_s$；

选用Φ10@200，实配钢筋 $A_s' = 393\text{mm}^2$。

4.8.1.6 楼梯板 ATB1 截面设计

设计方法同 ATB0 板的设计：

最终结果为跨中钢筋：Φ14@160；支座截面弯矩为：Φ12@200；分布构造配筋为Φ10@200，满足各构造要求以及配筋率的要求。

4.8.2　平台板

4.8.2.1　平台板初选

$L_x = 1200 \text{mm}$，$\dfrac{l_{0x}}{l_{0y}} = \dfrac{3200}{1200} = 2.67$，且由于平台板为三边支承，故按照单向板计算。

板厚取为 $h = 100 \text{mm}$，$h_0 = 80 \text{mm}$。

4.8.2.2　荷载计算

面层自重：2.0kN/m；

楼板自重：$0.10 \times 25 = 2.5 (\text{kN/m})$；

板底粉刷：0.64kN/m

恒荷载标准值：$g_k = 5.14 \text{kN/m}$；

活荷载标准值：$p_k = 3.5 \text{kN/m}$；

恒荷载控制下工况：$1.35 g_k + 1.5 \times 0.7 p_k = 10.614 (\text{kN/m})$；

活荷载控制下工况：$1.3 g_k + 1.5 p_k = 11.932 (\text{kN/m})$；

综上所述，取活荷载控制下的工况，$q = 11.932 \text{kN/m}$。

4.8.2.3　截面设计

$$M_{\max} = \frac{1}{8} q L_x^2 = \frac{1}{8} \times 11.932 \times 1.2^2 = 2.15 (\text{kN} \cdot \text{m})$$

$$\alpha_s = \frac{M}{\alpha_1 f_c b h_0^2} = \frac{2.15 \times 10^6}{1.0 \times 19.1 \times 1000 \times 80^2} = 0.0176$$

$$\gamma_s = 0.5 \times (1 + \sqrt{1 - 2\alpha_s}) = 0.5 \times (1 + \sqrt{1 - 2 \times 0.0176}) = 0.9911$$

$$A_s = \frac{M}{f_y \gamma_s h_0} = \frac{2.15 \times 10^6}{360 \times 0.9911 \times 80} = 75.32 (\text{mm}^2)$$

由于配筋率小于最小配筋率，按构造配筋。选用 $\Phi 10@200$，$A_s = 392.5 \text{mm}^2$。

4.8.3　平台梁设计

4.8.3.1　平台梁初选

$$L_x = 3200 + 100 + 300 = 3600 (\text{mm})$$

梁高 $h \geqslant \dfrac{1}{12} L_x = 300 (\text{mm})$，取 $h = 350 \text{mm}$，同时由于板式楼梯平台梁 $b \geqslant 240 \text{mm}$，取 $b = 240 \text{mm}$；$h_0 = 310 \text{mm}$。

4.8.3.2　荷载计算

梁自重：$1.3 \times (0.35 - 0.10) \times 0.24 \times 25 = 1.95 (\text{kN/m})$；

TB1 传来荷载：$16.191 \times 5.355 / 2 = 43.351 (\text{kN/m})$；

TB3 传来荷载：$11.932 \times 1.2 / 2 = 7.159 (\text{kN/m})$；

梁侧抹灰：$1.3 \times (0.35 - 0.10) \times 0.24 \times 2 + 1.3 \times 0.24 \times 0.24 = 0.231 (\text{kN/m})$。

则取 $P = 52.691 \text{kN/m}$

4.8.3.3　正截面设计

计算跨度：$l_0 = 3.6 \text{m}$；

净跨度：$l_n = 3.2\text{m}$；

跨中弯矩：$M = \dfrac{1}{8} P l_0^2 = \dfrac{1}{8} \times 52.691 \times 3.6^2 = 84.359(\text{kN} \cdot \text{m})$；

支座剪力：$V = \dfrac{1}{2} P l_n = \dfrac{1}{2} \times 52.691 \times 3.2 = 84.301(\text{kN})$；

梯梁为倒 L 形，其宽度计算如下：

$$b'_f = \min\left\{\dfrac{1}{6} l_0, b + h'_f\right\} = \min\{600, 240 + 5 \times 180\} = 600(\text{mm}); h_0 = 310\text{mm}$$

$$\alpha_1 f_c b'_f h'_f \left(h_0 - \dfrac{h'_f}{2}\right) = 1.0 \times 19.1 \times 600 \times 100 \times \left(310 - \dfrac{100}{2}\right) = 297.96(\text{kN} \cdot \text{m}) > M = 84.359(\text{kN} \cdot \text{m})$$

$$\alpha_s = \dfrac{M}{\alpha_1 f_c b'_f h_0^2} = \dfrac{84.359 \times 10^6}{1.0 \times 19.1 \times 600 \times 310^2} = 0.0766$$

$$\gamma_s = 0.5(1 + \sqrt{1 - 2\alpha_s}) = 0.5 \times (1 + \sqrt{1 - 2 \times 0.0766}) = 0.9601$$

$$A_s = \dfrac{M}{f_y \gamma_s h_0} = \dfrac{84.359 \times 10^6}{360 \times 0.9602 \times 310} = 787(\text{mm}^2)$$

选用 3Φ20，实配钢筋 $A_s = 942\text{mm}^2$，满足配筋率要求。

4.8.3.4 斜截面设计

斜截面受剪承载力：

$0.25\beta_c f_c b h_0 = 0.25 \times 1.0 \times 19.1 \times 240 \times 310 = 355.26(\text{kN}) > 84.301(\text{kN})$，斜截面尺寸满足要求；

$0.7 f_t b h_0 = 0.7 \times 1.71 \times 240 \times 310 = 89.056(\text{kN}) > 84.301(\text{kN})$，仅需构造配箍；

构造要求如下：

箍筋间距不应大于 200mm，且应满足最小配筋率，$\rho_{\min} = 0.24 \dfrac{f_t}{f_{yv}} = 0.24 \times \dfrac{1.71}{360} = 0.114\%$。

选用 Φ10@200，双肢箍，$\rho_{sv} = \dfrac{A_{sv}}{bs} = \dfrac{2 \times 78.5}{240 \times 200} = 0.327\%$，满足配箍率要求。

4.9 楼板设计

4.9.1 基本条件

采用结构计算软件的计算结果，选用第二层①号轴线、②号轴线与Ⓔ、Ⓕ轴线所围的房间进行计算。

4.9.1.1 边界条件

左端/下端/右端/上端：固定/固定/固定/固定。

4.9.1.2 荷载

恒载荷载值：1.92kN/m^2，组合系数 1.30；

活载荷载值：$2.00kN/m^2$，组合系数 1.50；

计算跨度 $L_x = 7800mm$；计算跨度 $L_y = 7200mm$；

板厚 $H = 120mm$；混凝土强度等级：C40；钢筋强度等级：HRB400。

4.9.1.3　计算参数

计算方法：弹性算法；

泊松比：$\mu = 1/5$；

考虑活荷载不利组合；

程序自动计算楼板自重。

4.9.2　计算结果

$M_x = (0.05452 + 0.01444/5) \times (1.3 \times 1.92 + 1.5 \times 0.5 \times 2) \times 3.8^2 = 3.31(kN \cdot m)$；

考虑活载不利布置跨中 X 向应增加的弯矩：

$M_{xa} = (0.09285 + 0.01920/5) \times (1.3 \times 1.92 + 1.5 \times 0.5 \times 2) \times 3.8^2 = 5.58(kN \cdot m)$；

$M_x = 3.31 + 5.58 = 8.89(kN \cdot m)$；

$A_{sx} = 458.94mm^2$，实配Φ8@100（$A_s = 503mm^2$）；

$\rho_{min} = 0.213\%$，$\rho = 0.420\%$，满足要求；

$M_y = (0.01444 + 0.05452/5) \times (1.3 \times 1.92 + 1.5 \times 0.5 \times 2) \times 3.8^2 = 1.46(kN \cdot m)$；

考虑活载不利布置跨中 Y 向应增加的弯矩：

$M_{ya} = (0.01920 + 0.09285/5) \times (1.3 \times 1.92 + 1.5 \times 0.5 \times 2) \times 3.8^2 = 2.18(kN \cdot m)$；

$M_y = 1.46 + 2.18 = 3.64(kN \cdot m)$；

$A_{sy} = 444.72mm^2$，实配Φ8@100（$A_s = 503mm^2$）；

$\rho_{min} = 0.214\%$，$\rho = 0.420\%$，满足要求；

$M'_x = 0.11586 \times (1.3 \times 1.92 + 1.5 \times 2) \times 3.8^2 = 9.19(kN \cdot m)$；

$A'_{sx} = 279.04mm^2$，实配Φ8@150 （$A_s = 335mm^2$）；

$\rho_{min} = 0.214\%$，$\rho = 0.280\%$，满足要求；

$M'_y = 0.07855 \times (1.3 \times 1.92 + 1.5 \times 2) \times 3.8^2 = 6.23(kN \cdot m)$；

$A'_{sy} = 278.96mm^2$，实配Φ8@150 （$A_s = 335mm^2$）；

$\rho_{min} = 0.214\%$，$\rho = 0.280\%$，满足要求。

4.9.3　跨中挠度验算

M_q 为按荷载效应的准永久组合计算的弯矩值。

4.9.3.1　挠度和裂缝验算参数

$$M_q = (0.05452 + 0.01444/5) \times (1.92 + 0.5 \times 2) \times 3.8^2 = 2.42(kN \cdot m)$$

$$E_s = 200000N/mm^2，E_c = 32600N/mm^2$$

$$f_{tk} = 2.39N/mm^2，f_y = 360N/mm^2$$

4.9.3.2 在荷载效应的准永久组合作用下受弯构件的短期刚度 B_s

(1) 裂缝间纵向受拉钢筋应变不均匀系数 ψ

$$\psi = 1.1 - 0.65 f_{tk} / (\rho_{te} \sigma_{sq})$$

$$\sigma_{sq} = \frac{M_q}{0.87 h_0 A_s} = 98.71 \text{N/mm}^2$$

矩形截面：$A_{te} = 0.5bh = 60000 \text{mm}^2$；

$$\rho_{te} = \frac{A_s}{A_{te}} = 0.00465$$

$\psi = -2.28$；当 $\psi < 0.2$ 时，取 $\psi = 0.2$。

(2) 钢筋弹性模量与混凝土模量的比值 α_E

$$\alpha_E = \frac{E_s}{E_c} = 6.135$$

(3) 受压翼缘面积与腹板有效面积的比值 γ_f'

矩形截面：$\gamma_f' = 0$。

(4) 纵向受拉钢筋配筋率

$$\rho = \frac{A_s}{h_0 b} = 0.00276$$

(5) 钢筋混凝土受弯构件的 B_s

$$B_s = E_s A_s \frac{h_0^2}{1.15\psi + 0.2 + 6\alpha_E \dfrac{\rho}{1 + 3.5\gamma_f'}} = 1070.77 (\text{kN} \cdot \text{m}^2)$$

4.9.3.3 考虑荷载长期效应组合对挠度影响增大系数 θ

$$\rho' = 0, \quad \theta = 2.0$$

4.9.3.4 受弯构件的长期刚度 B

$$B = \frac{B_s}{\theta} = 535.39 (\text{kN} \cdot \text{m}^2)$$

4.9.3.5 挠度计算

$$f = \kappa Q_q \frac{L^4}{B} = 5.142 (\text{mm})$$

$$\frac{f}{L} = \frac{1}{735}，满足规范要求$$

4.9.4 裂缝宽度验算

4.9.4.1 X 方向板带跨中裂缝

裂缝间纵向受拉钢筋应变不均匀系数 ψ：

$$\psi = 1.1 - 0.65 \frac{f_{tk}}{\rho_{te} \sigma_{sq}}$$

$$\sigma_{sq} = \frac{M_q}{0.87 h_0 A_s} = 97.619 (\text{N/mm}^2)$$

$$\rho_{te}=\frac{A_s}{A_{te}}=0.005$$

当 $\rho_{te}<0.01$ 时，取 $\rho_{te}=0.01$；

$$\psi=1.1-0.65\frac{f_{tk}}{\rho_{te}\sigma_{sq}}=-0.491$$

当 $\psi<0.2$ 时，取 $\psi=0.2$；

$$\omega_{max}=\alpha_{cr}\psi\frac{\sigma_{sq}}{E_s}\left(1.9c+0.08\frac{D_{eq}}{\rho_{te}}\right)$$

$$=1.9\times0.2\times\frac{97.619}{200000}\times\left(1.9\times20+0.08\times\frac{8.00}{0.01}\right)=0.019(mm)，满足要求$$

4.9.4.2　Y 方向板带跨中裂缝

裂缝间纵向受拉钢筋应变不均匀系数 ψ：

$$\psi=1.1-0.65\frac{f_{tk}}{\rho_{te}\sigma_{sq}}$$

$$\sigma_{sq}=\frac{M_q}{0.87h_0A_s}=\frac{1.06\times10^6}{0.87\times93\times279}=46.957(N/mm^2)$$

$$\rho_{te}=\frac{A_s}{A_{te}}=0.005$$

当 $\rho_{te}<0.01$ 时，取 $\rho_{te}=0.01$；

$$\psi=1.1-0.65\frac{f_{tk}}{\rho_{te}\sigma_{sq}}=-2.219$$

当 $\psi<0.2$ 时，取 $\psi=0.2$；

$$\omega_{max}=\alpha_{cr}\psi\frac{\sigma_{sq}}{E_s}\left(1.9c+0.08\frac{D_{eq}}{\rho_{te}}\right)$$

$$=1.9\times0.2\times\frac{46.957}{200000}\times\left(1.9\times20+0.08\times\frac{8.00}{0.01}\right)=0.009(mm)，满足要求。$$

4.9.4.3　左端支座跨中裂缝

裂缝间纵向受拉钢筋应变不均匀系数 ψ：

$$\psi=1.1-0.65\frac{f_{tk}}{\rho_{te}\sigma_{sq}}$$

$$\sigma_{sq}=\frac{M_q}{0.87h_0A_s}=\frac{4.83\times10^6}{0.87\times101\times279}=197.02(N/mm^2)$$

$$\rho_{te}=\frac{A_s}{A_{te}}=0.005$$

当 $\rho_{te}<0.01$ 时，取 $\rho_{te}=0.01$；

$$\psi=1.1-0.65\frac{f_{tk}}{\rho_{te}\sigma_{sq}}=0.312$$

$$\omega_{max}=\alpha_{cr}\psi\frac{\sigma_{sq}}{E_s}\left(1.9c+0.08\frac{D_{eq}}{\rho_{te}}\right)$$

$$=1.9\times0.312\times\frac{197.02}{200000}\times\left(1.9\times20+0.08\times\frac{8.00}{0.01}\right)=0.060(mm)，满足要求。$$

4.9.4.4 下端支座跨中裂缝

裂缝间纵向受拉钢筋应变不均匀系数 ψ：

$$\psi = 1.1 - 0.65\frac{f_{tk}}{\rho_{te}\sigma_{sq}}$$

$$\sigma_{sq} = \frac{M_q}{0.87h_0 A_s} = \frac{3.28 \times 10^6}{0.87 \times 101 \times 279} = 133.792(\text{N/mm}^2)$$

$$\rho_{te} = \frac{A_s}{A_{te}} = 0.005$$

当 $\rho_{te} < 0.01$ 时，取 $\rho_{te} = 0.01$；

$$\psi = 1.1 - 0.65\frac{f_{tk}}{\rho_{te}\sigma_{sq}} = -0.063$$

当 $\psi < 0.2$ 时，取 $\psi = 0.2$；

$$\omega_{max} = \alpha_{cr}\psi\frac{\sigma_{sq}}{E_s}\left(1.9c + 0.08\frac{D_{eq}}{\rho_{te}}\right)$$
$$= 1.9 \times 0.2 \times \frac{133.792}{200000} \times \left(19 \times 20 + 0.08 \times \frac{8.00}{0.01}\right) = 0.026(\text{mm})，满足要求。$$

4.9.4.5 右端支座跨中裂缝

裂缝间纵向受拉钢筋应变不均匀系数 ψ：

$$\psi = 1.1 - 0.65\frac{f_{tk}}{\rho_{te}\sigma_{sq}}$$

$$\sigma_{sq} = \frac{M_q}{0.87h_0 A_s} = \frac{4.83 \times 10^6}{0.87 \times 101 \times 279} = 197.016(\text{N/mm}^2)$$

$$\rho_{te} = \frac{A_s}{A_{te}} = 0.005$$

当 $\rho_{te} < 0.01$ 时，取 $\rho_{te} = 0.01$；

$$\psi = 1.1 - 0.65\frac{f_{tk}}{\rho_{te}\sigma_{sq}} = 0.311$$

$$\omega_{max} = \alpha_{cr}\psi\frac{\sigma_{sq}}{E_s}\left(1.9c + 0.08\frac{D_{eq}}{\rho_{te}}\right)$$
$$= 1.9 \times 0.311 \times \frac{197.016}{200000} \times \left(1.9 \times 20 + 0.08 \times \frac{8.00}{0.01}\right) = 0.059(\text{mm})，满足要求。$$

4.9.4.6 上端支座跨中裂缝

裂缝间纵向受拉钢筋应变不均匀系数 ψ：

$$\psi = 1.1 - 0.65\frac{f_{tk}}{\rho_{te}\sigma_{sq}}$$

$$\sigma_{sq} = \frac{M_q}{0.87h_0 A_s} = \frac{3.28 \times 10^6}{0.87 \times 101 \times 279} = 133.792(\text{N/mm}^2)$$

$$\rho_{te} = \frac{A_s}{A_{te}} = 0.005$$

当 $\rho_{te} < 0.01$ 时，取 $\rho_{te} = 0.01$；

$$\psi = 1.1 - 0.65 \frac{f_{tk}}{\rho_{te}\sigma_{sq}} = -0.063$$

当 $\psi < 0.2$ 时，取 $\psi = 0.2$；

$$\omega_{max} = \alpha_{cr}\psi \frac{\sigma_{sq}}{E_s}\left(1.9c + 0.08\frac{D_{eq}}{\rho_{te}}\right)$$

$$= 1.9 \times 0.2 \times \frac{133.792}{200000} \times \left(1.9 \times 20 + 0.08 \times \frac{8.00}{0.01}\right) = 0.026(\text{mm})，满足要求。$$

4.10 基础计算

4.10.1 基础类型选择

本部分采用结构计算软件的结果。

① 本建筑为丙级工业与民用建筑，因此本建筑的地基基础设计等级为丙级。

② 地基基础设计时，根据本工程具体情况，所采用的作用效应与相应的抗力限值应符合下列规定。

a. 在确定基础或桩台高度、支挡结构截面、计算基础或支挡结构内力、确定配筋和验算材料强度时，上部结构传来的荷载效应组合和相应的基底反力、挡土墙土压力以及滑坡推力，应按承载能力极限状态下作用的基本组合，采用相应的分项系数。当需要验算基础裂缝宽度时，应按正常使用极限状态作用效应的标准组合。

b. 基础设计安全等级、结构设计工作年限、结构重要性系数应按有关规范的规定采用，但结构重要性系数不应小于 1.0。

c. 根据《高层建筑混凝土结构技术规程》（JGJ 3—2010）第 12.1.5 规定，高层建筑应采用整体性好、地基承载力和建筑物容许变形能满足要求且能调节不均匀沉降的基础形式；宜采用筏板基础或带柱基的筏板基础。因此根据本工程的地质条件，选用平板式筏板基础。

4.10.2 基本参数

4.10.2.1 总参数

室外地面标高：−0.45m；

室内地面标高：−4.50m；

抗浮设防水：−40.30m；

正常水位：−40.30m；

单位面积覆土重（覆土压强）：自动计算；

结构重要性系数：1.0；

基础人防等级：无；

基础混凝土强度等级：C40；

结构抗震等级：3；

柱钢筋连接方式：闪光对接焊接；

自动按楼层折减活荷载：否。

4.10.2.2 地基承载力参数

确定地基承载力时采用的规范和方法：《建筑地基基础设计规范》(GB 50007—2011)，综合法。

地基承载力特征值 f_{ak}：180.0kPa；

基础宽度的地基承载力修正系数 η_b：0.00；

基础埋深的地基承载力修正系数 η_d：1.00；

基础底面以下土的重度（或浮重度）γ：20.0kN/m³；

基础底面以上土的加权平均重度 γ_m：20.0kN/m³；

确定地基承载力所用的基础埋置深度 d：4.90m；

地基抗震承载力调整系数（$\geqslant 1.0$）：1.000。

4.10.2.3 筏板参数

基床系数：取板底土反力基床系数建议值4700.567kN/m³。

4.10.3 筏板基础设计

4.10.3.1 筏板尺寸

根据《高层建筑混凝土结构技术规程》(JGJ 3—2010) 第12.3.4 规定，平板式筏基的板厚可根据受冲切承载力计算确定，板厚不宜小于400mm。

在运用 PKPM 对基础进行设计时，平板式筏板基础板厚设定为1000mm，各边外挑长度均为1200mm。考虑到⑥轴线的 A 柱对筏板的冲切作用较大，故在对应的柱下设置柱墩。由于本工程设有一层地下室，而上柱墩布置在筏板之上，不适合有地下室的平板式筏板，故采用下柱墩。

4.10.3.2 埋置深度

本工程地上首层室内建筑标高为 ±0.000m，室外地面标高为 −0.450m。地下室层高为 4.500m，故其标高为 −4.500m。

筏板厚1000mm，故筏板底标高为 −4.50m−1.00m＝−5.500m。

4.10.3.3 荷载导入

将结构上部荷载导入基础，荷载值如表 4-95 所示。定义地下室地面恒荷载标准值为 1.5kN/m²，活荷载标准值为 3.5kN/m²。

表 4-95 上部结构荷载汇总　　　　　　　　　单位：kN

荷载工况	竖向力	X 向剪力	Y 向剪力
附加恒荷载标准值	0.00	0.00	0.00
附加活荷载标准值	0.00	0.00	0.00
SATWE 恒	171273.36	−57.79	83.30
SATWE 活	30764.28	−12.70	31.77
SATWE 风 x	0.00	1337.69	−20.58
SATWE 风 y	0.00	5.91	2443.16
SATWE 地 x	461.33	4778.09	214.83
SATWE 地 y	−75.13	50.80	6095.76

4.10.3.4 冲切验算及重心校核

(1) 柱抗冲切验算

检查所布置筏板的抗冲切能力，若 R/S 比值大于 1，则验算通过。电算结果如表 4-96 所示。

表 4-96 柱及柱墩抗冲切验算表

荷载	节点	N/kN	$M_x/kN \cdot m$	$M_y/kN \cdot m$	P_0/kPa	B/m	H/m	R/S
43	1	979.3	45.1	−1.7	139.69	0.600	0.600	7.34
42	2	1453.0	−48.5	−29.1	139.57	0.600	0.600	5.17
43	3	1022.9	31.5	−50.9	139.69	0.600	0.600	8.85
34	4	1202.9	−8.6	−73.9	146.92	0.600	0.600	5.90
43	5	1839.2	50.4	−41.1	139.69	0.600	0.600	3.69
42	6	1623.9	−55.1	−25.8	139.57	0.600	0.600	2.83
23	7	801.9	31.1	−18.5	162.93	0.600	0.600	13.29
23	8	3719.5	−23.6	31.2	162.93	0.700	0.700	2.29
43	9	1792.2	45.3	64.1	139.69	0.700	0.700	7.68
32	10	2143.3	2.8	99.2	154.97	0.700	0.700	5.18
23	11	4851.5	−0.3	46.8	162.93	0.700	0.700	1.61
41	12	1501.6	−19.9	−41.1	139.25	0.600	0.600	4.95
40	13	1867.9	30.7	56.6	140.00	0.600	0.600	3.64
23	14	3457.6	−30.7	−3.9	162.93	0.700	0.700	2.55
23	15	3281.4	26.5	−3.0	162.93	0.700	0.700	2.76
43	16	1124.0	27.0	29.0	139.69	0.600	0.600	22.16
42	17	1090.5	−26.2	38.2	139.57	0.600	0.600	7.95
40	18	1593.8	−22.6	49.3	140.00	0.600	0.600	2.93
41	19	1287.4	53.9	−40.3	139.25	0.600	0.600	6.05
23	20	4374.3	−35.2	−42.0	162.93	0.700	0.700	1.83
43	21	2391.1	80.6	−23.8	139.69	0.700	0.700	4.69
41	22	1274.5	−37.9	−51.9	139.25	0.600	0.600	6.21
40	31	1729.0	67.2	36.0	140.00	0.600	0.600	3.96
23	32	5520.6	−32.5	10.3	162.93	0.700	0.700	1.37
43	33	2844.3	85.7	−28.4	139.69	0.700	0.700	3.61
40	34	1368.8	−38.9	49.1	140.00	0.600	0.600	5.60
23	37	4741.8	18.5	1.3	162.93	2.000	2.000	1.34
23	38	5746.5	−21.7	2.5	162.93	0.700	0.700	1.31
23	39	5202.0	15.6	3.3	162.93	0.700	0.700	1.48
23	40	3578.7	−21.0	1.3	162.93	0.600	0.600	1.45
41	43	1694.7	68.5	−32.5	139.25	0.600	0.600	4.06
23	44	5507.2	−33.0	−5.6	162.93	0.700	0.700	1.37
43	45	2782.4	84.2	23.0	139.69	0.700	0.700	3.74
41	46	1307.4	−37.7	−44.8	139.25	0.600	0.600	6.00
40	55	1325.2	53.0	43.8	140.00	0.600	0.600	5.80
23	56	4336.7	−34.5	46.8	162.93	0.700	0.700	1.85
43	57	2684.8	85.7	33.2	139.69	0.700	0.700	3.92

荷载	节点	N/kN	M_x/kN·m	M_y/kN·m	P_0/kPa	B/m	H/m	R/S
40	58	1311.1	−40.7	55.7	140.00	0.600	0.600	5.94
41	61	1888.8	20.9	−47.5	139.25	0.600	0.600	3.61
23	62	3379.5	−25.0	6.2	162.93	0.700	0.700	2.64
23	63	3291.4	27.3	7.0	162.93	0.700	0.700	2.74
43	64	1147.8	29.2	−27.1	139.69	0.600	0.600	20.54
42	65	1102.8	−26.6	−36.2	139.57	0.600	0.600	7.80
41	66	1553.9	−23.2	−45.9	139.25	0.600	0.600	3.05
40	67	1867.0	29.6	46.8	140.00	0.600	0.600	3.65
23	68	4050.2	−27.1	−32.7	162.93	0.700	0.700	2.03
35	69	1763.5	23.5	−70.2	146.92	0.700	0.700	7.20
32	70	2147.7	3.7	−96.5	154.97	0.700	0.700	5.16
23	71	4882.7	1.0	−42.6	162.93	0.700	0.700	1.60
40	72	1562.5	−18.9	45.0	140.00	0.600	0.600	4.70
43	73	1868.8	54.3	29.4	139.69	0.600	0.600	2.30
42	74	1495.0	−51.1	34.7	139.57	0.600	0.600	4.93
43	75	1076.0	34.8	52.5	139.69	0.600	0.600	8.13
34	76	1191.8	−8.3	75.2	146.92	0.600	0.600	5.98
43	77	1873.2	53.6	42.3	139.69	0.600	0.600	3.60
42	78	1617.1	−55.6	27.6	139.57	0.600	0.600	2.85

（2）内筒抗冲切抗剪验算

结果说明：本结果是对平板基础的内筒进行抗冲切和抗剪计算；计算依据是《建筑地基基础设计规范》（GB 50007—2011）的 8.4.8 和 2.4.10；内外筒边界由程序使用者指定。

筏板参数：

筏板厚度 $h=1000$mm，$a_0=75$mm；

截面有效高度 925mm，混凝土强度等级 C40；

最大荷载组：23；

筏板内荷载：261368.1kN；

筏板底面积：1604.160m²，平均基底反力 162.9kPa。

平板基础的内筒抗冲切验算：

内筒最大荷载 $N_{max}=73144.7$kN，破坏面平均周长 $U_m=104.925$m；

冲切锥体底面积 542.701m²，冲切力 $F_1=-15278.4$kN；

$\dfrac{F_1}{U_m h_0}=-157.4185 < 0.7 B_{hp} \dfrac{f_t}{\eta}=789.0452$，即筏板基础的内筒抗冲切验算满足要求。

平板基础的内筒抗剪验算：

内筒外边长 $H_0=104.925$m，冲切锥体底面积 542.70m²；

单位长度剪力 $V_s=-140.60$kN/m；

$V_s = -140.60\text{kN} < 0.7B_{hs}f_th_0 = 894.725\text{kN}$；

即筏板基础的内筒抗剪验算满足要求。

(3) 重心校核

根据《建筑地基基础设计规范》（GB 50007—2011）第 8.4.2 条，基底平面形心与结构竖向永久荷载重心不能重合时，在准永久组合下，偏心距 $e/(0.1W/A)$ 的比值不宜大于 1.0。本工程的偏心距比值为 0.05<1，即满足重心偏心距要求。

4.10.4 沉降计算

4.10.4.1 沉降计算

计算方法：《高层建筑筏形与箱形基础技术规范》（JGJ 6—2011）弹性理论法；

考虑相互影响：是；

筏板底面积：1604.16m²；

对应于荷载效应准永久组合时的基底平均压力：141.36kPa；

筏板中心点底标高：-5.50m；

压缩层范围顶标高：-5.50m；

压缩层范围底标高：-21.57m；

压缩层厚度：16.07m；

计算沉降量：99.55mm；

沉降计算修正系数：0.90；

沉降调整系数：0.95；

地基最终变形量：85.11mm；

根据《建筑地基基础设计规范》（GB 50007—2011）第 5.3.4 条，体型简单的高层建筑基础的平均沉降量为 200mm。因 85.11mm<200mm，故符合规范控制要求。

4.10.4.2 沉降试算

本试算的目的是校核给定的参数的合理性。合理的沉降量是筏板内力及配筋计算的前提。本工程的沉降试算结果云图见图 4-15。由图可知，最大沉降结果为 28.7mm，按此校核结果，满足不大于 200mm 限值的要求，可进行筏板内力计算及配筋。

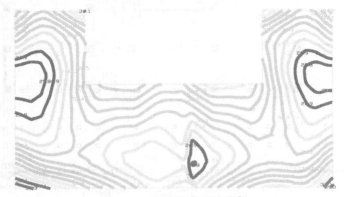

图 4-15　基础沉降云图示意

选取典型的部分结构施工图如图 4-16 所示。

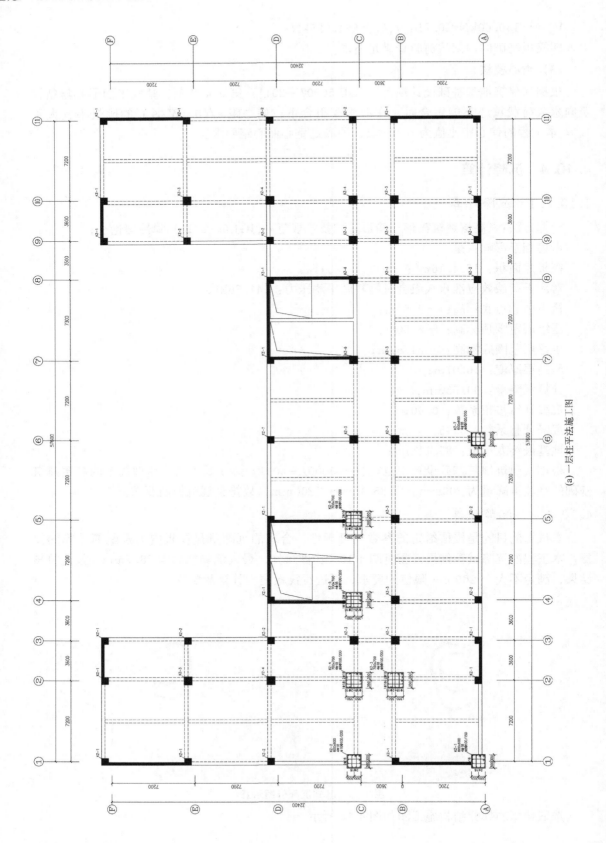

(a) 一层柱平法施工图

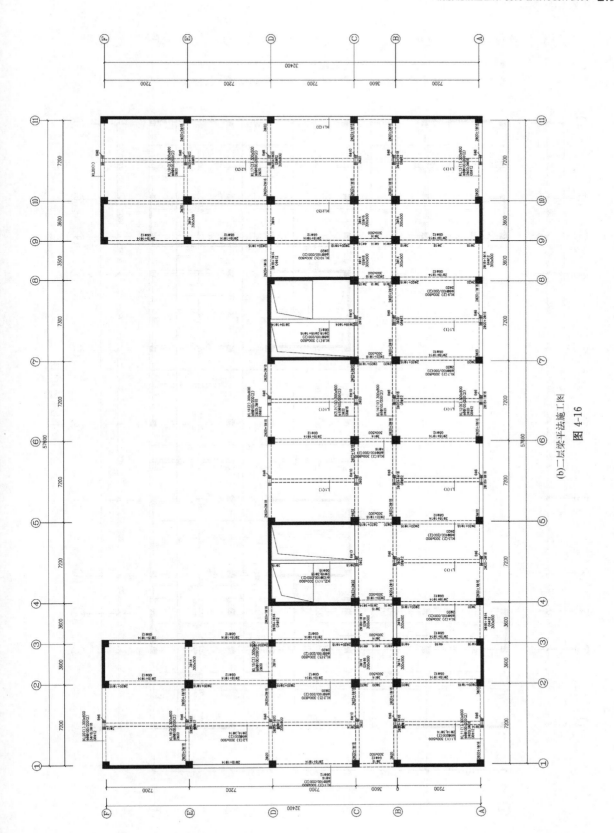

(b)二层梁平法施工图

图 4-16

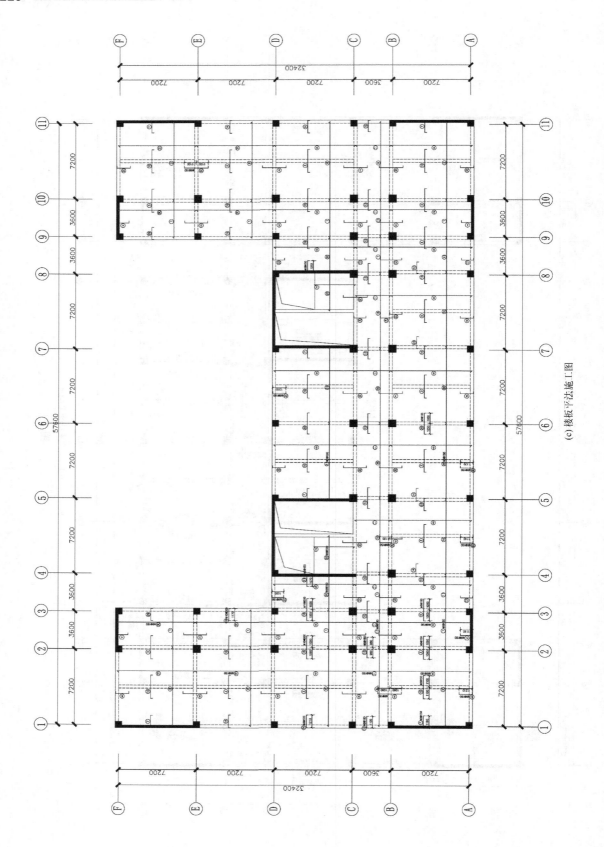

(c) 楼板平法施工图

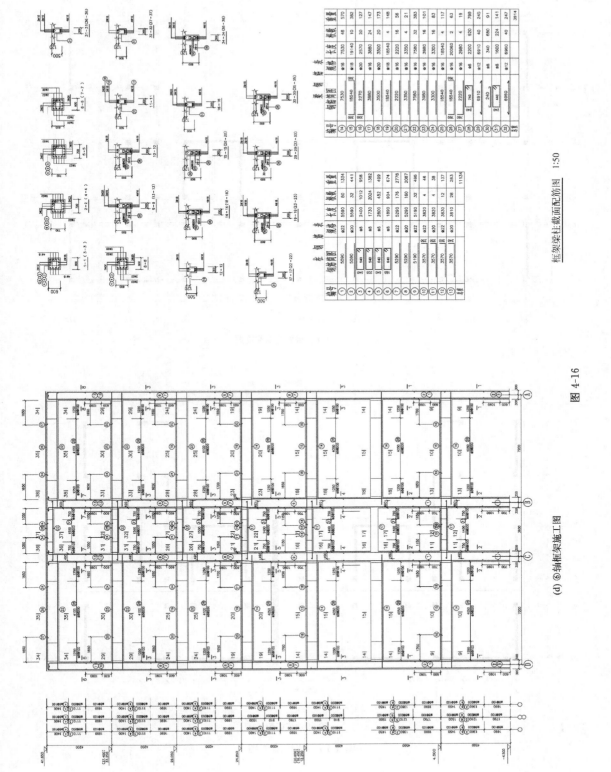

框架梁柱截面配筋图 1:50

图 4-16

(d) ⑥轴框架施工图

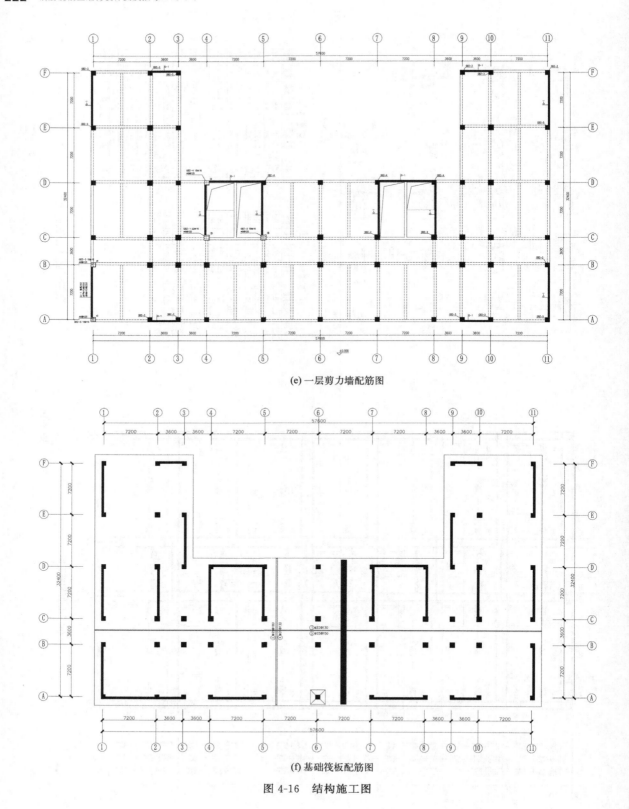

(e) 一层剪力墙配筋图

(f) 基础筏板配筋图

图 4-16 结构施工图

思考题

4.1 高层建筑结构中剪力墙的厚度如何确定?

4.2 高层建筑结构中剪力墙的数量如何确定?

4.3 框架-剪力墙的计算简图中,有哪些组成部分?

4.4 框架-剪力墙结构体系中的总框架抗推刚度如何计算?

4.5 框架-剪力墙结构体系中剪力墙的剪切刚度如何计算?

4.6 框架-剪力墙结构体系中连梁的约束刚度如何计算?

4.7 框架-剪力墙结构体系的计算简图中,刚接体系和铰接体系的主要区别有哪些?

4.8 简述剪力墙的类型有哪些?

4.9 双肢剪力墙的受力有何特点?

4.10 框架-剪力墙结构体系中结构刚度特征值如何计算?

4.11 何为剪力墙的等效刚度?

4.12 筏板基础的类型有哪些,各自的组成部分有哪些?

4.13 筏板基础的尺寸需要满足哪些要求?

参 考 文 献

[1] GB 55001—2021. 工程结构通用规范.

[2] GB 55002—2021. 建筑与市政工程抗震通用规范.

[3] GB 55003—2021. 建筑与市政地基基础通用规范.

[4] GB 55008—2021. 混凝土结构通用规范.

[5] GB 50010—2010. 混凝土结构设计规范 (2015 年版).

[6] GB 50009—2012. 建筑结构荷载规范.

[7] GB 50068—2018. 建筑结构可靠度设计统一标准.

[8] GB 50007—2011. 建筑地基基础设计规范.

[9] GB 50011—2010. 建筑抗震设计规范 (2016 年版).

[10] GB/T 51231—2016. 装配式混凝土建筑技术标准.

[11] JGJ 3—2010. 高层建筑混凝土结构技术规程.

[12] 16G320. 钢筋混凝土基础梁.

[13] 李九阳, 张自荣. 高层建筑结构设计 [M]. 北京: 中国电力出版社, 2017.

[14] 钱稼茹, 赵作周, 纪晓东, 等. 高层建筑结构设计 [M]. 3 版. 北京: 中国建筑工业出版社, 2018.

[15] 郭庆勇, 崔晓明. 钢筋混凝土结构设计 [M]. 哈尔滨: 哈尔滨工程大学出版社, 2015.

[16] 梁兴文, 史庆轩. 混凝土结构设计 [M]. 3 版. 北京: 中国建筑工业出版社, 2016.

[17] 郭靳时, 金菊顺, 庄新玲. 钢筋混凝土结构设计 [M]. 武汉: 武汉大学出版社, 2013.

[18] 王文栋, 沙志国, 孙金墀, 等. 混凝土结构构造手册 [M]. 5 版. 北京: 中国建筑工业出版社, 2016.

[19] 梁兴文, 史庆轩. 土木工程专业毕业设计指导 [M]. 北京: 科学出版社, 2002.

[20] 何颖成, 陆琨. 混凝土结构设计指导 [M]. 重庆: 重庆大学出版社, 2016.

[21] 吴东云. 土木工程专业毕业设计指导与实例 [M]. 武汉: 武汉理工大学出版社, 2022.

[22] 梁兴文. 混凝土结构设计 [M]. 重庆: 重庆大学出版社, 2014.

[23] 张季超. 混凝土结构设计 [M]. 北京: 高等教育出版社, 2017.

[24] 朱彦鹏. 混凝土结构设计 [M]. 上海: 同济大学出版社, 2004.

[25] 张晋元. 混凝土结构设计 [M]. 天津: 天津大学出版社, 2012.

[26] 罗福午. 单层工业厂房结构设计 [M]. 北京: 清华大学出版社, 1990.

[27] 雷庆关, 吴金荣. 混凝土结构设计 [M]. 武汉: 武汉大学出版社, 2015.

[28] 吕西林. 高层建筑结构 [M]. 武汉: 武汉理工大学出版社, 2003.

[29] 周克荣. 混凝土结构设计 [M]. 上海: 同济大学出版社, 2001.

[30] 万胜武, 吴晓春. 混凝土结构设计 [M]. 武汉: 武汉大学出版社, 2016.

[31] 郭仕群. 高层建筑结构设计 [M]. 成都: 西南交通大学出版社, 2017.

[32] 王祖华, 蔡健, 徐进. 高层建筑结构设计 [M]. 广州: 华南理工大学出版社, 2008.

[33] 薛建阳, 王威. 混凝土结构设计 [M]. 北京: 中国电力出版社, 2011.

[34] 方鄂华. 高层建筑钢筋混凝土结构概念设计 [M]. 2 版. 北京: 机械工业出版社, 2014.

[35] 宋玉普, 王清湘. 钢筋混凝土结构 [M]. 北京: 机械工业出版社, 2005.

[36] 舒士霖, 邵永治, 赵羽习, 等. 钢筋混凝土结构 [M]. 3 版. 杭州: 浙江大学出版社, 2013.

[37] 季韬, 黄志雄. 多高层钢筋混凝土结构设计 [M]. 北京: 机械工业出版社, 2007.

[38] 黄林青. 高层钢筋混凝土结构设计 [M]. 重庆: 重庆大学出版社, 2014.

[39] 戴自强, 赵彤, 谢剑. 钢筋混凝土房屋结构 [M]. 3 版. 天津: 天津大学出版社, 2002.

[40] 刘赟君, 凌云鹏, 陆泽西等. 土木工程专业课程设计 [M]. 北京: 化学工业出版社, 2012.

[41] 赵青. 土木工程专业毕业设计指导 [M]. 武汉: 武汉大学出版社, 2013.

［42］ 贾莉莉，陈政道，江小燕．土木工程专业毕业设计指导书［M］．合肥：合肥工业大学出版社，2014.

［43］ 姚谏．建筑结构静力计算实用手册［M］. 2版，北京：中国建筑工业出版社，2014.

［44］ 汪新．高层建筑框架-剪力墙结构设计［M］．北京：中国城市出版社，2014.

［45］ 梁兴文，史庆轩．混凝土结构设计［M］. 4版．北京：中国建筑工业出版社，2019.

［46］ 李哲，崔晓玲，郭光玲．混凝土结构设计［M］．北京：化学工业出版社，2019.

［47］ 东南大学，同济大学，天津大学．混凝土结构：中册 混凝土结构与砌体结构设计［M］. 7版．北京：中国建筑工业出版社，2020.